国家自然科学基金面上项目“中国东部地带欠发达地区污染密集型产业空间演变机理、环境效应与优化调控研究”（41871121）、“生态脆弱型人地系统可持续性评估与空间均衡研究”（41571525）

山东省高等学校“青创科技计划”项目“新旧动能转换背景下山东省工业结构调整的资源环境效应与政策体系研究”（2019RWE014）

生态文明建设和人地系统优化的协同研究

王亚平　任建兰　著

中国社会科学出版社

图书在版编目（CIP）数据

生态文明建设和人地系统优化的协同研究/王亚平，任建兰著．—北京：中国社会科学出版社，2021．2
ISBN 978－7－5203－7965－6

Ⅰ．①生…　Ⅱ．①王…　②任…　Ⅲ．①生态环境建设—关系—人地系统—研究—中国　Ⅳ．①X321．2

中国版本图书馆 CIP 数据核字（2021）第 034204 号

出 版 人　赵剑英
责任编辑　刘晓红
责任校对　周晓东
责任印制　戴　宽

出　　版　中国社会科学出版社
社　　址　北京鼓楼西大街甲 158 号
邮　　编　100720
网　　址　http：//www.csspw.cn
发 行 部　010－84083685
门 市 部　010－84029450
经　　销　新华书店及其他书店

印刷装订　北京君升印刷有限公司
版　　次　2021 年 2 月第 1 版
印　　次　2021 年 2 月第 1 次印刷

开　　本　710×1000　1/16
印　　张　15．5
插　　页　2
字　　数　231 千字
定　　价　88．00 元

目　录

第一章

绪　　言

中国在工业化中期提出生态文明建设，既是对全球工业文明以来人地关系矛盾导致的各种危机的深刻反思，也是对我国工业化以来人地矛盾不断加剧的积极应对，因此，生态文明建设的本质就是用已有的文化、文明成果来修复人地关系矛盾，以区域为单元实现不同地域人地系统的优化。本书通过生态文明建设和人地系统优化的协同研究，在深入剖析二者协同机理的基础上，测度中国省域层面生态文明建设和人地系统优化的协同发展度，探索二者协同发展的路径，以明确不同地域生态文明建设的任务指向和人地系统优化的重点内容，以期对提升区域可持续发展的质量有所贡献。

第一节　研究背景和意义

一　研究背景

工业文明以来，“人类中心主义”价值观占据主流，人类通过对自然资源的掠夺式索取和大量投入生产要素积聚了巨大的物质财富的同时，人地关系矛盾尖锐，进入后工业文明或生态文明时期的发达国家率先重新审视人与自然的关系问题，对工业繁荣背后人与自然的冲突、经济增长和资源环境问题的关系、经济社会发展和生态环境的不可割裂性等方面的认识更加深刻，可持续发展理念逐步形成和完善。

中国工业化中期的生态文明建设不同于已完成工业化的发达国家，其呈现出特有的形式，但不论是发达国家还是发展中国家，生态文明建设的本质都是实现人地系统的优化，二者有显著的协同机理。

（一）工业文明以来全球资源环境问题尖锐

人类5000多年的文明发展史中，文明的不断进步极大地鼓舞了人类改造自然和征服自然的信心。特别是英国产业革命以来，人类进入工业文明时代，科学技术的发展使生产力发生了质的飞跃，“人类中心主义”的价值观念占据主流，人类开始以经济增长为中心，财富的增长成为衡量社会发展的基本尺度，人类无视自然资源的有限性、环境的制约性和生态的脆弱性，通过对自然资源的掠夺式索取和大量投入生产要素积累了巨大的物质财富。经济高速增长、物质文明发展、生活富裕的同时，水土流失、臭氧层破坏、酸雨、全球变暖、土地荒漠化、资源枯竭、生物多样性减少和生存环境恶化等生态环境问题接踵而至，甚至出现了世界范围内的十大公害事件，而且贫富差距、人的异化等社会问题突出，人类面临着空前的生态危机、环境危机、能源危机、人口危机、粮食危机，甚至伦理危机、科技危机和生存危机，这种外延式的经济增长模式难以为继。简言之，工业文明促进了生产力的发展和物质财富的积累，也吞噬着人类文明的成果，威胁到人类自身的生存和发展。阿尔温·托夫勒曾说：“危机不是来自它的失败，而是来自它早期的成功，我们并不是处在历史的终结，而是处在史前阶段的终结。”① 因此，人类正处在一个文明阶段的终结时期，而且作为能自我反思的智能性存在，人类开始重新审视人与自然的关系问题。

（二）人类对人地关系的反思与可持续发展的提出和实践

从20世纪60年代《寂静的春天》出版，到70年代《增长的极限》发表，人类对工业繁荣背后人与自然的冲突认识更加深刻。在1987年世界环境与发展委员会《我们共同的未来》报告中，提出了

① ［美］阿尔温·托夫勒：《创造一个新的文明——第三次浪潮的政治》（中译本），上海三联书店1996年版，第3页。

“可持续发展”的理念，之后可持续发展思潮在全球范围内兴起。1992年联合国环境与发展大会（地球高峰会）通过《21世纪议程》，制定了全球可持续发展计划的行动蓝图，各国纷纷把可持续发展作为本国发展战略与指导思想，出台了相关文件并付诸实践，譬如《中国21世纪议程——中国21世纪人口、环境与发展白皮书》。2002年约翰内斯堡可持续发展世界首脑会议提请全世界注意实现可持续发展的行动。2012年，距1992年地球高峰会20年后，巴西里约召开了联合国永续发展大会（里约“+20”）。2015年联合国峰会上通过了《2030年可持续发展议程》及17项可持续发展目标，建立在千年发展目标取得的成就之上，呼吁所有国家共同采取行动促进繁荣并保护地球，旨在消除一切形式的贫困，需实施促进经济增长、满足社会需求和应对气候变化和环境保护的战略。2016年旨在遏制全球气候变暖的《巴黎气候变化协定》正式生效。一系列可持续发展的理论和实践使其内涵不断丰富，并引领了绿色发展、循环发展和低碳发展等理念的提出，体现了人类对自身发展历程的深刻反思，全球绿色新政和中国生态文明建设的实践更是对可持续发展理念和实践的进一步延伸。

（三）中国生态文明建设的特殊性

中国正处在工业化中期，生态文明建设不同于已完成工业化的发达国家。中国的生态危机呈现出不同于其他国家的两个特有形式：一是“人口与资源、环境问题”，二是“生态二元化”问题[①]。中国是世界上人口最多的发展中国家，以占世界7%的土地养活了20%的世界人口，人口对资源和环境的压力大。特别是改革开放40多年来，中国经济高速发展、快速城市化进程带来了大量的人地矛盾和生态环境问题，20世纪80年代中期以来，相继发生了黄河流域、长江和嫩江流域洪水，北方沙尘暴，21世纪频发大气污染（雾霾）、水污染事件甚至病毒感染事件，直接威胁人自身的生存和发展。近年来，生态“二元化”问题突出，由于经济“二元”结构和环境负外部性的存

① 孙大伟：《生态危机的第三维反思》，社会科学文献出版社2016年版，第10—22页。

在，导致发达地区生态环境在改善，而落后地区生态环境在恶化；城市地区生态环境在改善，而农村地区在恶化。一系列生态环境事件表明，尽管我国经济取得了发展，但仍未跨越资源环境基础脆弱这个“门槛”，随着环境负外部性对生产、生活的破坏性越来越大，缓解紧张的人地关系是国家一项长期的基本任务，生态文明建设是长期和持续的国家战略。

党的十七大报告指出：“建设生态文明，实质上就是要建设以资源环境承载力为基础、以自然规律为准则、以可持续发展为目标的资源节约型、环境友好型社会。”党的十八大以来，中国生态文明建设全面深化开展，有关部署涉及“大气十条”“水十条”“土十条”等环境污染防治，生态补偿、生态红线管控、生态修复等生态保护，自然资源资产有偿使用制度、再生资源产业发展等资源集约利用与再生。在实践层面，建立了生态文明建设先行示范区，并出台生态文明建设、绿色发展、循环发展等评价指标体系。党的十九大将生态文明建设提升至“中华民族永续发展千年大计”的高度，提出了建设生态文明和美丽中国的战略目标和重点任务。习近平总书记对生态文明建设做出了一系列重要论述，“绿水青山也是金山银山”“改善生态环境就是发展生产力”“山水田林湖草是一个生命共同体”等，用科学的眼光诠释了尊重自然规律、经济发展与生态环境保护相协调、可持续发展的理念①。我国在工业化中期提出生态文明建设战略，有独特的国情特点，在时间上、内容上都不同于后工业化国家的生态文明，探索中国生态文明建设和人地系统优化的协同机理，将为我国生态文明建设的理论和实践提供现实依据。

（四）生态文明建设和人地系统优化有显著的协同机理

生态文明建设以区域为空间载体，涉及经济、社会、环境、文化、政治等诸多方面的综合内容，具有地域性和综合性。地理学的研究核心人地关系地域系统，长期关注不断变化的人类与地理环境之间

---

① 周宏春、江晓军：《习近平生态文明思想的主要来源、组成部分与实践指引》，《中国人口·资源与环境》2019 年第 1 期。

的相互关系以及地球表层的区域差异特征，亦具有综合性、区域性特征。人类适应、改造利用自然带来的和谐、矛盾与动态发展意味着文化、文明成果的积累和提升，发展到一定阶段进入生态文明时期。可以说，人地相互作用史即是文明发展史，是生态文化从隐性到显性、从模糊到显著、从简单到复杂的过程，也是各区域人地系统不断优化的过程，与生态文明建设的根本目标一致，都是实现人与人、人与自然的和谐发展。因此，两者在基本特征和根本目标上有显著的契合点。

长期以来，学者们更多的是关注“地”的研究，或者是“人”的经济活动对地的影响，例如“地”的资源环境承载力、空间优化、生态红线的划定等内容，但从“人”的文化、文明视角研究人地关系的占少数，因为文化、文明无法定量研究。生态文明和人地系统在时空协同作用过程中相互促进和累积，人地系统优化是生态文明建设的重要路径，而生态文明形成过程中的文化、文明积淀又可以为人地系统优化提供新的认知思路。融入生态文明元素的人地系统认知，应该包含社会文化子系统，相互作用形成人地系统“三元”认知框架。人的经济活动在某个地域中能与资源环境、区域发展、就业和市场等密切联系起来的就是产业了，因此，“人”这一子系统以经济（产业）来表述，“地”这一子系统是生态环境，那么，“三元”结构的实质就是区域可持续发展理论的经济（产业）、生态环境和社会子系统以及“五位一体”中的生态、经济、社会和文化建设，这与生态文明建设在内容上相契合。

生态文明的视角既丰富了人地系统的认知内涵，又是缓解乃至遏制人地关系紧张的上层建筑，而人地系统优化是生态文明建设的实现路径，二者有着不可分割的关系。另外，中国传统文化中蕴含着丰富的生态智慧和文化，“道法自然”“天人合一”“万物有灵”等朴素的生态文化将人与自然界密切联系和有机统一，为中国生态文明建设和人地系统优化的协同提供了底蕴和思想精髓，为化解人与自然、人与人、人与社会之间的矛盾，提供哲学智慧。因此，拟进行生态文明建设和人地系统优化的协同研究，包括二者的协同机理和实现路径，探讨构建全面协调人地关系、建设生态文明社会的有效模式和现实路径，也体现了地理学为国家战略需求服务的独特视角。

二　研究意义

生态文明建设是国家长期战略，人地系统优化是地理学的核心内容，二者的协同研究，具有重要的理论意义和实践意义。理论意义上，生态文明视角为人地系统提供了文化、文明的认知角度，在传统的“人”“地”二元结构基础上增加了“文化”子系统；而人地系统“三元结构”视角为生态文明建设五次产业体系的构建提供理论依据。实践意义上，为我国省域生态文明建设的实践提供有效建议和现实依据，也可延伸到县域或企业等微观层面的生态文明建设实践中。

（一）丰富地理学人地系统理论认知和优化路径

传统观点认为，地理学的人地系统是由“人”和“地”组成的“二元”结构，即以人口和经济社会活动及社会环境组成“人”的一方，以人的生存环境和生态系统组成“地”的一方，这与其他关注人地关系的社会学、历史学、经济学和哲学并没有形式上的差别；而且尽管地理学强调人地关系地域系统的区域性，但在“二元”结构的表达形式下并没有充分体现出地域性。不同地域“人”和“地”互为作用形成各异的生态意识和文化，将社会文化作为一个单独子系统，构成人地系统“三元”结构，既能体现地理学人地系统理论相比其他学科的丰富性，也能以文化地域性的视角强调人地系统的地域性。某个地域，与资源环境、区域发展、就业等联系最密切的人类活动就是产业活动，所以用经济（产业）子系统代表人类活动。因此，人地系统是由经济（产业）子系统、生态环境子系统和社会文化子系统形成的“三元”结构模式。对地理学“二元”结构人地系统进行拓展延伸，并通过三个子系统的两两关系认知，丰富了人地系统的理论认知和优化路径。

（二）重构生态文明建设产业体系，明晰“人”的担当和“地”的诉求

传统三次产业体系的划分基本上依据原料—加工—流通的线性顺序构建，既未考虑到人地系统中“人”的担当——生态文化的构建，

也没正视人地系统中“地”的诉求——生态修复的实施；既未充分体现生态环境子系统的存在性价值，也没考虑人地系统三个子系统之间的两两联系，所以，传统产业分类系统以经济价值取向为主，单纯强调经济（产业）子系统在人地系统中的动力作用，掩盖了人地矛盾中“人”的担当和“地”的诉求，已经不适合社会—经济—生态环境复合系统内的产业体系划分。在人地系统“三元”认知框架下，社会文化—经济（产业）—生态环境复合系统的发展水平是综合效益的评价标准和尺度，因而，在传统三次产业体系的基础上前后向延伸，前向增加生态文化产业的构建，后向延伸生态修复产业，构建生态文明建设的五次产业体系。生态文明建设五次产业体系的划分具有重要意义，价值观念上，改变以经济价值取向为主的理念，转向以社会文化、经济和生态环境的综合价值和效益为主；发展模式上，以“原料—产品—废弃物”为主的线性增长模式，向“原料—产品—废弃物—原料”的循环发展模式转变。因此，生态文明建设五次产业体系不再是以原材料的加工、制造、销售为主要目标，而是实现五次产业链之间的耦合与相互促进，成为集“绿色设计—绿色生产—绿色消费—弃物回收处理—废物少排放”于一体的环境友好、资源节约的产业体系，以实现人地系统的综合效益，并为生态文明建设提供理论指导和现实依据。

（三）体现人文地理学服务国家战略需求的学科价值

人文地理学的研究核心是人地关系地域系统，生态文明建设是国家的发展战略，人地系统优化是生态文明建设的路径。因此，两者的协同研究体现了地理学服务社会和国家战略需求的学科价值。人文地理学的时间、空间维度及其综合性和区域性能有效解决不同时空尺度的区域可持续发展问题，而生态文明建设实质就是区域可持续发展的落实，因而，人文地理学能很好地应用于生态文明建设的实践，国土是生态文明建设的空间载体，国土空间开发格局的优化涉及的“格局、空间结构、均衡、开发强度、人口”等内容恰是人文地理学的研究强项，且生态文明建设涉及文化、生态环境、经济、社会等诸多方面的综合内容，这也是以综合性见长的人地系统责无旁贷的任务，而且地理学侧重于对要素的地理过程的研究，涉及格局和过程的影响因素、机制及时空分异特征，可以通过时空对比更清晰、直观地剖析生态文明建设过程中的制约因素，进而找到优化路径。

因此，深入分析生态文明建设和人地系统优化的内在逻辑关系和协同机理，是人文地理学义不容辞的责任和义务，因为人地系统是否优化是生态文明建设能否成功的关键，实证结果表明，生态文明建设高值区与人地系统优化的高效区在地域上是契合的，而二者的协同发展度评价能较科学地反映地区的综合发展水平，但由于中国地域差异大，即使协同发展度在不断提高，区域类型差异悬殊，人地系统的地域性是有效分析和解决这一问题的关键。

第二节　研究内容

本书以地理学、生态学、社会学、系统论、经济学等相关学科、理论为指导，深入分析我国生态文明建设与人地系统优化的协同机理，厘清二者协同的时间演变、空间差异、影响因素以及不协同因素，并以中国30个省域（不含西藏）进行实证分析，在分别评价生态文明建设水平和人地系统优化的基础上，对二者的协同发展度做了定量评价，最后从四个方面提出二者协同实现路径。

一是生态文明建设与人地系统优化的协同机理。分别从时间、空间维度解析二者的协同关系和过程，时间维度分为四个阶段，人地互为作用的过程就是文明成果积累升华的过程；空间维度上，不同地域人地系统孕育了不同的生态文明，因此，生态文明建设必须因地制宜，这与人地关系地域系统的地域性不谋而合，也是二者协同关系的体现。从自然地理条件、人的需求结构、文化价值取向和人的生产活动四个方面分析了二者协同的影响因素，二者是否协调关键在于人地系统中的“人”，而人的“三观”失衡、经济发展的利益分配、生态文明制度的缺失以及人性根源的双重属性成为主要不协同因素。

二是生态文明视角下人地系统“三元”结构认知和优化路径。文明、文化是贯穿人地系统生成和发展的一个主线，可以说，从生存文化到物质文化再到生态文化，这一过程就是生态文明建设提出的过程，也是人地系统不断发展的过程。此外，人类活动和地理环境两个子系统中最直接的、最能起到代表性作用的就是经济（产业）子系统和生态环境子系统（包括资源、生态和环境）了，明确了人地系统“三元”结构的划分，这也是作为上层建筑的生态文明对于地理学人地系统理论的启示和丰富，并通过两两子系统关系的优化，构建了人地系统优化路径。

三是中国生态文明建设与人地系统优化协同的实证分析。时间维度分析了中国不同时期的人地系统特征，以及中国特色生态文明建设下的人地系统现状特征；空间维度在分别评价生态文明建设水平和人地系统优化效率的基础上，进行二者的协同发展度分析，协同发展度定量化在一定程度上能反映出省域的综合发展水平，但由于是两个巨系统的协同且区域类型差异明显，结合生态文明建设评价基础上的不同人地系统类型划分，能更科学地反映我国省域人地系统的优化内容，这也是不同省域生态文明建设的任务指向。

四是中国生态文明建设和人地系统优化协同的实现路径研究。以二者协同的整体框架搭建和架构思路为指导，提出生态文明建设和人地系统优化的具体路径，包括生态伦理视角下的生态文化建设、“三元”结构下的产业体系优化、地域分工视角下的生态文明重点建设和以人为主导的生态文明制度建设。

第三节 研究方法和路径

一 研究方法

书中涉及两个系统庞大、结构复杂、内容丰富的主题——生态文明建设和人地系统优化，每一个主题都涉及很多相关学科，因此，二者协同机理的研究注重地理学、生态学、伦理学、社会学等学科交叉与融合，主要采用以下研究方法：

1. 文献查阅归纳法

通过文献图书资料、中国知网检索数据库等途径分别搜索国内外关于生态文明建设和人地关系的相关研究成果，归纳分析已有资料在研究尺度、综合内容、研究方法等方面的特点和不足，完成国内外生态文明建设和人地系统优化的文献综述。通过《中国统计年鉴》及各省市统计年鉴、统计公报、环境质量公报等获取研究区域的数据资料，并结合实际情况进行数据的分析以确保数据的真实性和实用性。

2. 定性与定量相结合方法

实证部分定性与定量方法相结合，不同省份的经济发展、社会进步、生态环境等因素叠加构成生态文明建设水平差异性，在构建评价指标体系的基础上，通过投影寻踪方法（PPM）来定量评价省域生态文明建设水平，并在此基础上进行不同类型生态文明建设区域的划分、人地系统特征分析，以及生态文明建设总体规律总结。在人地系统投入—产出定性分析的基础上，构建投入—产出指标体系，并运用DEA 模型定量评价人地系统优化的效率值。运用复合系统协同度模型评价了二者的协同发展度，并结合人地系统类型进行相关分析。

3. 空间分析方法

地理信息系统（GIS）能从时间、空间等维度综合解决地理问题，借助 ArcGIS 软件绘制不同时间断面、不同要素的空间分布图，并运用地理空间统计命令中的趋势面分析，直观反映省域的时空格局和差异情况，空间统计工具中的热点分析能反映出省域的聚类分布和空间关联特征，在实证部分生态文明建设、人地系统优化的评价以及二者的协同发展度分析中都用到以上方法。

4. 综合比较法

实证部分不同生态文明建设水平下的人地系统类型以及不同协同度的类型划分和比较，都运用综合比较分析法，通过横向与不同地区的比较和纵向同一省域不同年份的比较，深入分析在不同时间制约某一类型省域综合发展的瓶颈因素或促进区域发展的关键性因素，并在此基础上探索地域分工视角下的生态文明建设和人地系统优化的协同发展路径。

二　技术路线

研究按照从机理分析到实证研究，从实证剖析到规律性总结，再到提出优化路径的总体思路展开，依次进行了资料收集归纳、理论分析、实证分析、规律总结和优化路径研究。首先，通过文献查阅，梳理与生态文明建设和人地系统优化相关的国内外文献综述，归纳国内外研究的理论和实践特点、研究的不足等，为研究提供指导和借鉴。其次，进行相关理论基础分析，涉及地理学、系统科学、生态学、经济学等相关学科的五个基础理论，辨析人地关系、人地系统优化、生态文明、生态文明建设的概念。再次，分析生态文明建设和人地系统优化的协同演变、空间协同、协同影响因素和不协同因素，以及二者的协同演变机理和生态文明对人地系统认知的升华。展开中国的生态文明建设和人地系统优化协同的实证分析，在时空演变分析的基础上总结一般规律。最后，构建二者协同发展的优化路径。研究路线如图1－1所示。

第四节　研究创新点

生态文明建设的研究涉及地理学、生态学、社会学、环境科学、经济学等相关学科，将地理学“人地协调、多维视角、综合集成”等先进理念运用到生态文明建设研究中，通过协同机理复杂、格局差异悬殊、过程演化不确定的生态文明建设和人地系统优化的协同分析，将生态文明建设和地理学的时空格局有机融合，既丰富了地理学人地系统理论，也能以地理学的优势服务于生态文明建设。本书具有以下理论和实践创新：

理论创新方面，一是提出人地系统“三元”结构认知，丰富人文地理学人地系统理论。从生态文明建设提出和人地系统的协同过程分析，提出了一个认知人地系统的新视角——文化，更多从人的需求结构、人性的角度了解人地矛盾产生的根源，构建人地系统“三元”结构。二是将地理学的研究核心人地系统与国家战略生态文明建设紧密

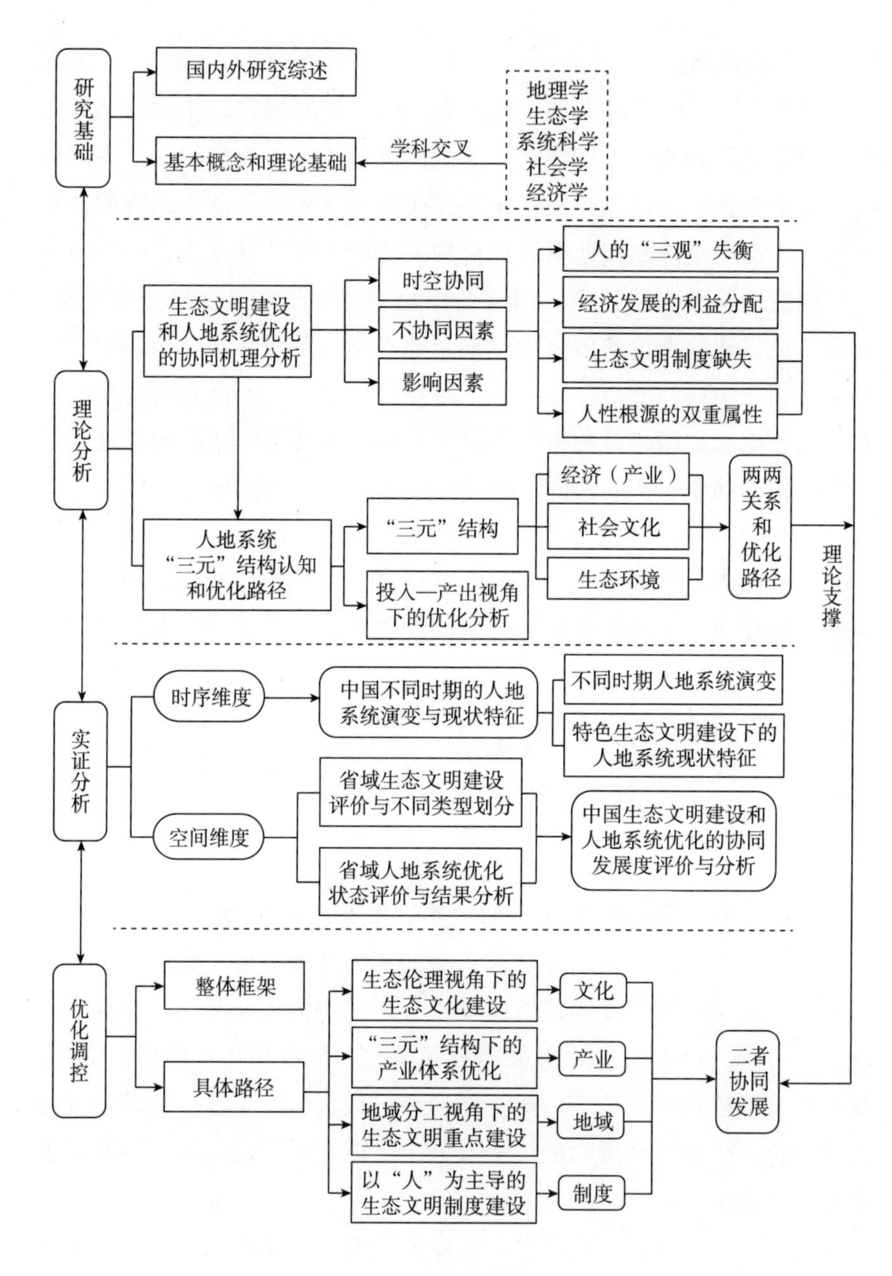

图 1－1　技术路线

结合，是地理学人地系统理论发展的契机。梳理生态文明建设和人地系统优化的协同逻辑关系，解析了二者通过“文化”这个枢纽的链接螺旋上升的协同过程。三是提出生态文明建设的五次产业体系，为生态文明建设实践提供理论指导。在传统三次产业体系划分的基础上，前后向分别增加生态文化产业和生态修复产业，充分明确人地系统中“人”的担当和“地”的诉求，是生态文明建设行之有效的路径，同时，也能实现人地系统的优化。

实践创新方面，一是从经济发展、社会进步和生态环境三个方面构建中国省域生态文明建设水平的评价指标体系，并运用投影寻踪模型定量评价，深入探索生态文明建设的时空格局。二是从投入—产出的角度构建人地系统优化的指标体系，并计算中国省域人地系统优化的效率值，时空格局与生态文明建设水平在地域上是契合的，进一步分析指出，人地系统优化的“因”促成了生态文明建设的“果”。三是二者的协同发展度评价与分析，根据协同度计算结果划分30个省域的协同等级类型，定量评价生态文明建设和人地系统优化的过程协同结果，同时，结合不同类型区域的人地系统特征分析，明确了不同人地系统的优化内容，也是不同区域生态文明建设的任务指向。

第二章

国内外研究进展与述评

已完成工业化进入后工业文明或生态文明时期的发达国家和正处于工业化中期的中国对生态文明、人地系统都开展了大量研究，但由于国情不同，研究的内容和侧重点也有所差别。

第一节　国外研究进展

一　生态文明研究

在西方生态思想中，对生态文明概念或内涵的认识主要有生态后现代主义、后工业社会、后工业文明、后工业主义、绿色资本主义、生态现代化等不同的提法[①]，其内涵与实质和生态文明很相近。美国学者丹尼尔·贝尔（1959）是最早提出后工业社会的学者，他把社会划分为前工业社会、工业社会和后工业社会，并在 1973 年出版的《后工业社会》一书，论述了“后工业社会”的概念，认为其理论知识的核心是组织新技术、经济增长和社会阶层的一个中轴。虽然后工业社会概念表面看起来与生态文明没有直接联系，但其社会结构的特征——技术、经济和制度都包含生态文明的理论特征。保罗·伯翰南在 1971 年发表的《超越文明》中预见一种“后文明”即将出现。

---

① 聂春雷、胡勘平、薛瑶：《生态文明建设理论发展历程初探》，《环境与可持续发展》2014 年第 3 期。

1995年美国学者罗伊·莫里森在其出版的《生态民主》中正式提出“生态文明”概念，并将其定义为工业文明之后的一种文明形式，莫里森于2006年出版的《生态文明2140》以前瞻性的视角描述了22世纪的生态文明。美国未来学家阿尔温·托夫勒、海蒂·托夫勒夫妇（1996）认为，以科技信息革命驱动的第三次浪潮，正在彻底改观建立在工业革命之上的现代文明，而且这一革命性的变迁已波及人类生活的所有领域，从而使一个崭新的文明初见端倪。这个新的文明以多样化和再生能源为基础，为人们重新制定行为准则并带来全新的生活方式。美国学者查伦·斯普瑞雷纳克（2001）认为，代表人类发展未来的“生态后现代主义”，是一个寻求超越现代性失败假设的方向，是一个重新将我们的理智建立在身心、自然和地方的现实基础上的方向，体现了生态文明时代人与人、人与自然协调的特征。俄罗斯学者伊诺泽姆采夫，基于马克思主义理论的视角提出后工业社会的“后经济性”，他认为，作为后经济的后工业社会的到来，是共产主义基本原则的实现，后工业社会不是工业社会的“量的”扩展，而是人类文明的一次重要的历史性转折。他还指出，“后工业主义”最伟大的成就之一是生态问题的尖锐性大大降低。美国学者莱斯特·R. 布朗在其《B计划：拯救文明的紧急动员》（2009）中指出，人类文明已经陷入危机，必须用经济可持续发展的新道路即B模式，来取代现行的经济发展模式即A模式，从而创造新的未来。俄罗斯学者Balchindorjieva O. B.（2016）分析了中国传统文化中的哲学思想与中国提出生态文明的关系，得出结论，生态文明是继工业社会后人类社会新阶段，是中国社会做出的必要文明选择。奥地利学者Ulrich Brand（2016）提出资本主义多元危机下一种新的模式将出现，叫作“绿色资本主义”（Green Capitalism），指出全球绿色左派存在的问题，提出“社会—生态转型”这一更为全面的社会转型，核心是全民生产生活方式的转变。美国社会学教授J. B. Foster（2017）提出全新世被“人类世”所取代，而生态约束和生态危险不断增加，客观需要一个新的更加可持续的社会，或者生态文明，且这种文明必须与资本主义向社会主义的转变密切联系。

20世纪60年代以来，生态文明理论在西方国家经历了“生存主义理论”“可持续发展理论”“生态现代化理论”的发展阶段，形成生态哲学、生态经济学、生态政治学、生态伦理学、环境伦理学等诸多学科领域。国外关于生态文明的研究集中于对生态文明或者类生态文明的概念、内涵方面的论述，是在对工业文明的反思基础上得出的一个不同于工业文明时期的发展理念。西方生态文明观概括起来，主要有以下几种思潮：生态伦理观与环境伦理观、生态马克思主义、绿色思潮与环境主义、政治生态学和绿色政治思潮、可持续发展观等。发达国家已经完成工业化，但工业化进程中的资源耗竭、环境污染和生态破坏问题也集中显现，由此，不管是政府层面还是学术层面，对工业化以来生态危机的反思较多，也为下一个文明阶段的到来提出了必要性和必然性分析，并对其生态、经济和制度等方面特征进行理论阐述。总体上，发达国家走了一条“先工业文明污染，后生态文明治理”的道路。

二　人地关系研究

人地关系研究始终是国内外的热点和焦点领域，国外人地关系研究最早可以追溯到古希腊的希波革拉第（公元前460—前377年）所著的《论空气、水和地方》，强调气候和海洋对人类特性的影响，而我国人地思想最早的萌芽可追溯到管仲（公元前685—前645年）的《管子·地员》：“地者政之本也，辨于土而民可富。”从时间上看，我国人地关系萌芽早于国外，但停留在治国理政或生存的论述或哲学层面，国外的人地关系思想处于不断发展变化中，从研究内容上看，侧重于人类与地理环境之间的辩证关系和人地关系演变、分布规律分析。随着“3S”技术和综合方法的运用，国外人地关系研究的广度和深度都在扩展，趋向于综合分析。

（一）人地关系思想的演变

国外围绕人地关系的相互作用和反馈展开理论研究，按照时间先后依次有地理环境决定论、或然论、适应论、文化景观论与和谐论等观点。

1. 地理环境决定论

早期地理环境决定论是在神创论、主观唯心论的重重压力下提出的，指出不是神或人的精神创造自然，而是地理环境影响着人的体格、气质和精神[①]。“历史学之父”希罗多德、哲学家亚里士多德是气候决定论的代表人物，柏拉图则有海洋决定论思想。后期的地理环境决定论者将地理环境的影响推广到人类社会，法国政治哲学家孟德斯鸠在《论法的精神》（1784）中指出，地理环境的影响不仅作用于人的生理，还影响到人的心理特征、法律与国家政体。德国地理学家拉采尔（F. Ratzel）在《人类地理学》（1882）和《人类的地理分布》（1891）中，阐述了地理环境对人的生理、心理、分布的影响和社会现象及其发展过程，被认为是环境决定论的代表。其学生森普尔（Semple）在其所著的《地理环境的影响》中将拉采尔的思想推广，不过其采取慎重态度，认为“只言地理要素与地理影响，不言地理的限定要素，慎言地理之支配也”。亨丁顿（Huntington）的《气候与文明》（1915）中探讨了地理环境对人口分布、经济发展和文明的影响。

2. 可能论（或然论）

该理论代表人物是法国地理学家维达尔·白兰氏（Blache），他于20世纪初提出可能论，认为自然环境提供一定范围的可能性，而人类在创造居住地时，按照自己的需要和能力来利用这种可能性。人类生活方式不完全是环境统治的产物，而是各种因素（社会的、历史的和心理的）的复合体。同样的环境可以产生不同的生活方式，环境包含许多可能性，对它们的差别化利用完全取决于人类的选择能力[②]。他的学生白吕纳（Brunhes）在1910年发表《人地学原理》，认为自然是固定的，而人文是无定的，“心理因素是地理事实的源泉，是人类与自然的媒介和一切行为的指导者，心理因素是随不同社会和时代而变迁的，人们可以按心理的动力在同一自然环境内不断创造出不同

① 蔡运龙：《人地关系研究范型：哲学与伦理思辩》，《人文地理》1996年第1期。
② 蔡运龙：《人地关系思想的演变》，《自然辩证法研究》1989年第5期。

的人生事实"[1]。法国历史学家吕西安·费弗尔（L. Febvre，1922）称这种理论为"或然论"，并用一句表达："世界并无必然，到处都存在着或然。人类作为机遇的主人，正是利用机遇的评判员。"

或然论批判地理环境决定论中人的客体性，强调人的主体性发挥，但对人地关系的解释是不全面的，它提出"心理因素"是地理环境与人类社会的中介，而心理因素的主观性较强，而且对人地相互作用的路径并没有提出可行模式，将人地关系仍然局限为因果关系，没有深刻认识到其复杂性和多重性。

3. 适应论

适应论是受法国地理学派的或然论影响而产生的，美国地理学家 H. H. 巴罗斯（H. H. Barrows）于 1923 年发表文章《人类生态学》。他主张地理学应当致力于研究人类对自然环境的反应，分析人类的活动和分布与自然环境之间的关系，提出了适应论的观点。英国地理学家罗士培（Percy M. Roxby）等认为，人文地理学是研究人地之间的相互关系，而不是研究控制问题，就是说从不同的侧面论述人类活动对环境的适应能力[2]。罗士培认为，人文地理学包括两个方向：一是人群对其周围自然环境的适应，二是居住在一定区域内的人群与其他地理区域之间的关系。适应论丰富了人地关系研究的广度和深度，不再局限于因果关系，借助生态学、地理学、历史学等相关学科分析人类在时间和空间上与地理环境的关系，注重人地协调。

4. 文化景观论

该理论由德国地理学家施吕特尔于 1906 年提出，他把文化景观分为可动的、不可动的两种形态，可动的文化景观指人以及随人移动的货物等；不可动的文化景观是指人通过文化作用于自然景观的全部效果，如道路及其形式。美国地理学家索尔（C. O. Sauer）继施吕特尔之后提倡文化景观论，他在 1925 年发表的《景观的形态》一文中，把文化景观定义为由于人类活动添加在自然景观上的形态，认为人文

---

① 赵荣、王恩涌、张小林：《人文地理学》，高等教育出版社 2006 年版，第 38 页。
② 罗士培、吴传钧：《人文地理学的领域和宗旨》，《国外人文地理》1986 年第 2 期。

地理学的核心是解释文化景观。美国地理学家惠特尔西（D. S. Whittlesey）1929 年更进一步提出“相继占用”概念，认为地理学不应是研究人类对环境的适应，而是研究一个地区内人类社会占用环境的历史演变过程[①]。

德国地理学家 A. 赫特纳反对施吕特尔关于地理学限于研究景观的可见现象的观点，在其所著的《地理学：它的历史、性质和方法》中（1927），认为地理学的价值就是从“三维”现实的区域——空间角度来了解人和自然。美国地理学家 R. 哈特向（R. Hartshorne）也对文化景观提出疑义，认为在任何地方只能存在自然景观和文化景观中的一种，没有人的情况下自然景观才存在。另外，他认为文化景观论不是建立在逻辑的和地理学历史发展的基础上。其在 1939 年出版的《地理学的性质》中，明确提出地理学的研究对象是地域差异，1959 年出版《地理学性质的透视》，对地理学性质作出重新评价，并系统阐述地理学的统一性和建立科学法则等。

文化景观论提出从文化景观的角度来分析人地关系的观点，意识到人是通过文化作用于地，这对人地系统的认知结构有很大的启发，但是有一定的局限性，人地关系研究应该是包含文化在内的多维度科学体系。

5. 和谐论

和谐论是 20 世纪 60 年代提出的，在发达国家相继完成工业化后，环境污染、生态破坏问题集中凸显，生物学、生态学、环境学、地理学等各领域的专家们纷纷著书立说，反思人类行为。地理学家提出人地关系和谐的思想，1980 年国际地理大会的开幕词指出：“如何和谐环境和人类文化生活关系，成为国际地理学界所面临的主要研究任务。”

其他学科对人地关系理论的发展，有英国历史学家汤因比的“挑战与应战学说”，文明的兴衰都是人类与地理环境相互作用的结果，不仅是人与自然环境的关系，还有人与文化环境的关系，将这些关系

---

① 赵荣、王恩涌、张小林：《人文地理学》，高等教育出版社 2006 年版，第 38 页。

综合起来分析的挑战与人的应战。德国社会学家马克斯·韦伯从社会学出发，分析了宗教思想对社会行为影响，认为由思想的变化改变生产与环境，为我们理解人地关系中人的主体性提供思路。年鉴学派把对人类历史的研究与自然环境的研究结合起来，为人地关系提供了时间维度的研究方法。人地关系思想演变经历了漫长的时间，和谐论的提出与早期的地理环境决定论相比，有了巨大进步（见表2-1），已经形成一种复杂的、科学的、多维的认知体系，并用于解决目前全球出现的生态危机、资源能源危机、环境危机、伦理危机等问题，随着研究方法和技术手段的重大革新以及文化观念的变革，人地关系的理论研究和实践研究仍在不断深化和完善中。

表2-1　　国外人地关系思想演变与分析

人地关系思想	盛行时期和地点	代表学者	主要观点	特点分析
地理环境决定论	19世纪中后期，德国、法国	拉采尔、森普尔、孟德斯鸠、巴克尔	人的身心特征、民族特性、社会组织、文化发展等受自然环境，特别是受气候条件的支配	过分强调人的客体性和自然性，忽视人的主体性和文化性
可能论（或然论）	20世纪初，法国	白兰氏、白吕纳	自然是固定的，而人文是无定的，心理因素的变化提供了多种可能性	人地关系仍局限为因果关系，没有深刻认识到其复杂性、多重性
适应论	20世纪20—30年代，美国、英国	罗士培、巴罗斯	人地关系应该研究人对于周围环境的适应，分析人类活动和分布与环境的关系	人地关系的研究不再局限于因果关系
文化景观论	20世纪初—30年代，德国、美国	施吕特尔、索尔	主张人地关系研究以解释文化景观为核心	重视人地关系中的文化因素，但有一定的局限性

续表

人地关系思想	盛行时期和地点	代表学者	主要观点	特点分析
和谐论	20 世纪 60 年代以来，发达国家和部分发展中国家	蕾切尔·卡逊、鲍丁等	主张人地和谐共生	在生态危机的反思基础上提出，是解决人地矛盾的重要理论

（二）人地系统综合分析

人类活动与地理环境交互作用形成一个复杂的人地关系系统，国外对人地关系系统的研究涉及人类增长、生产生活活动对资源、环境的影响以及地理环境对作用于之上的人类活动的区域响应。研究内容涉及土地利用/覆被变化、人口增长、经济增长与资源环境的关系、典型区域人地系统等方面。

1. 人类活动对土地的影响及土地的资源环境效应

土地是联结人类活动和地理环境的重要纽带，是人类生产活动和自然环境关系表现最为具体的景观。土地利用/覆被变化是区域环境变化的重要组成，能在一定程度上反映人地关系的紧张程度。土地利用/覆被变化（LUCC）计划由 IGBP（国际地圈生物圈计划）和 IHDP（全球环境变化的人文因素计划）于 1995 年共同提出。LUCC 是全球环境变化和陆地生态系统对全球气候变化和人类活动的响应之一，研究领域逐渐扩展到其区域的资源环境效应、驱动力研究①。LUCC 的资源环境效应体现在对气候变化、土壤退化、水循环、生物多样性和生态服务功能等各方面的影响②，从而影响到人类生活环境、健康和生存安全。特纳（Turner）、欧利希（Ehrlich）等学者将土地利用/覆被变化的驱动力归纳为人口变化、技术发展、富裕程度、制度文化等

① 程钰、孙艺璇、王鑫静等：《全球科技创新对碳生产率的影响与对策研究》，《中国人口·资源与环境》2019 年第 9 期。

② 程钰、尹建中、王建事：《黄河三角洲地区自然资本动态演变与影响因素研究》，《中国人口·资源与环境》2019 年第 4 期。

因素。

2. 人口和经济增长与资源环境的关系研究

第二次世界大战后，世界人口呈现快速增长，加之西方发达国家工业化以来对资源的掠夺和对环境的破坏，导致人口与资源环境的矛盾关系凸显，因此，关于人口、经济与资源环境的研究增多，主要有以下两个研究方向：

（1）人口增长与资源环境承载力的研究。

20 世纪 60 年代，美国学者鲍丁（K. Bolding）提出“宇宙飞船经济理论”，指出我们的地球就是茫茫太空中的一艘小小宇宙飞船，人口和经济的无序快速增长会使飞船内的资源消耗殆尽，与此同时，人类生产、生活和消费过程排出的废弃物会污染飞船，从而毒害乘客，此时飞船会坠落，为了避免这种悲剧，经济增长方式应从“消耗型”变为“生态型”①。1972 年罗马俱乐部发表《增长的极限》，运用系统动力学模型分析人口的快速增长与水、土、矿产资源和粮食供应的紧张关系，提出了人口零增长的结论，代表了一种人地关系的悲观论，说明人口的增长受到资源环境的约束。英国经济学家马尔萨斯（Malthus）的《人口原理》（1798），论证了人口的指数级数增长会超过生活资料的算术级数增长，保持两个级数平衡的方法就是抑制人口的增长，这是经济学首次涉足人口和自然承载力关系的研究。爱里希（Ehrlich）和霍尔德伦（Holdren）提出 IPAT 模式，指出人类活动对环境的影响（I）是由 P（人口）、A（富裕程度）和 T（技术）共同作用的结果。

（2）经济增长与资源环境的关系研究。

经济学家往往通过理论模型探讨经济发展与环境的协调问题，主要有生态系统服务资本核算、环境库兹涅茨曲线等理论。美国学者科斯坦萨（Costanza）于 1997 年发表《全球生态系统服务和自然资本的价值》一文，核算出全球生态系统服务的年平均估计值为 33 万亿美

① ［英］库拉：《环境经济学思想史》，谢杨举译，上海人民出版社 2007 年版，第 150—168 页。

元，如果真的按照生态系统服务对全球经济价值的贡献进行偿付，那么直接或间接使用了生态系统服务的商品的价格将高得多。1991 年，美国经济学家格罗斯曼（Grossman）、克鲁格（Krueger）等经济学家提出人均收入和环境质量的倒“U”形曲线，指出环境污染在低收入水平上随人均 GDP 增加而上升，在高收入水平上随人均 GDP 增长而下降。1996 年 Panayotou 将它命名为环境库兹涅茨曲线（EKC）。也有学者对环境库兹涅茨曲线提出了质疑，认为高收入水平下经济增长不可能带来环境问题的弱化①。

人口和经济增长作为“人”的一方，资源环境和生态系统作为“地”的一方，在时间和空间的交织下发生着错综复杂的关系②。因此，对于典型区域在某一时间段的人地系统研究成为一个重要方式，国外关于典型区域人地系统的研究，涉及资源型城市、海岸带、城乡接合部、海岛等区域，同时，以社区为单位的自然资源管理和环境保护正逐渐成为研究趋势或路径。

（三）人地关系定量方法研究

定量方法在人地关系研究中得到广泛应用，国外人地关系的定量研究有资源环境承载力核算、生态足迹评估、能值分析、生态效率、经济学模型、脱钩指数、系统动力学、物质流模型、综合集成评价等模型和方法。基于计算机模型的模拟与可视化研究等方法也相继展开。21 世纪以来，西方学者以“概念三元组”为分析工具，以“列斐伏尔”式的分析方法展开了人地关系的实证研究③。阿尔奎斯特（Ahlqvist）团队开发了一种模拟人地关系地理空间的通用框架，将地理信息系统（GIS）与多人在线游戏技术进行整合，以支持人地资源的管理与决策的一体化建模。还有学者通过计算机程序设计了旅行模

① 钟茂初、张学刚：《环境库兹涅茨曲线理论及研究的批评综论》，《中国人口·资源与环境》2010 年第 2 期。

② 程钰、尹建中、王建事：《黄河三角洲地区自然资本动态演变与影响因素研究》，《中国人口·资源与环境》2019 年第 4 期。

③ 韩勇、余斌、卢燕：《国外人地关系研究进展》，《世界地理研究》2015 年第 4 期。

拟器[①]，对旅游行为过程中的动态人地关系进行建模，结果证明，该模型能有效模拟人地相互作用，推进了人类对复杂系统进行建模的能力。

三 生态文明与人地系统研究

关于生态文明与人地系统的研究最早在发达国家中展开，因为发达国家工业化开始时间早、发展模式粗放，因此，生态环境问题凸显时间早。20 世纪 60 年代以来，面临环境危机、生态危机等威胁，发达国家从生态环境保护的法律体系建立、生态文化和生态意识的培养、产业结构转型升级和经济模式转变、环境经济政策实施等人地系统优化的路径着手[②]，开展了长期的、大量的工作，取得了生态文明建设的显著成效，具体表现在以下几个方面。

一是生态环境保护的相关法律法规完善。发达国家生态环境保护和管理方面立法先行，而且法律法规很具体、可操作性强，例如，法国政府出台了一系列生态环境保护方面的法律法规，内容涵盖水资源保护、垃圾分类处理和回收、电子废弃物回收、空气质量监督和噪声管理等方面，《环境宪法》更是将环境保护上升至国家利益高度。美国 20 世纪 70 年代先后颁布《国家环境政策法》《清洁空气法》等 30 多项法律法规，地方政府也在各自地域基础上制定了相应的地方法规，设有国家环保署和环境质量委员会等专门的环保机构。日本、德国、瑞典等国家同样是加强环境立法，同时，有效实施环境法规。总体来看，发达国家在生态环境保护的法律实施方面有很多值得我国借鉴的地方，完善环境立法、严格环境执法、增强环境管理、加强环保宣传和培训等，形成立法、执法和管理的无缝衔接，生态文明建设的法律保障逐步完善。

二是生态文化和生态意识的培养。发达国家已经形成专门的环保教育体系，包括对政府、公众和企业的环保教育机构设置和教育立法

① Roberts C. A. and Stallman D. , “Modeling Complex Human - environment Interactions: the Grand Ganyon River Trip Simulator”, *Journal of Ecological Modelling*, Vol. 153, No. 1, 2002.

② 岳波、吴小卉、黄启飞：《生态文明建设国内外经验总结分析》，《中国工程科学》2015 年第 8 期。

及实践，美国成立了专门机构——环境教育司，1970年就制定了《环境教育法》。瑞典义务教育阶段中一半以上课程都涉及环境与可持续发展教育的内容，而且每年都会开展生态环境意识培养的大型宣传活动。在法国巴黎、丹麦哥本哈根等城市，自行车出行是时尚，甚至成为一种文化，政府为提高绿色高效出行而不断出台鼓励政策，哥本哈根规划到2050年成为世界第一个排放归零的首都。在日本，分别设立了面向政府官员、企业管理人员和公众的环境教育课程，达成多方环保共识。在政府有意识的生态文化和生态意识引导和培养下，发达国家国民的绿色、生态、低碳等环保意识逐步提高，对应的生产、生活方式也走向生态化、文明化。

三是产业结构升级和经济发展模式的转变。欧美等发达国家和地区一方面大力发展高附加值的高新技术产业，使产业结构不断升级优化，同时，发达国家由于国内环境规制水平很高，高昂的资源税、环境税逼迫企业将环境成本高的污染密集型产业和劳动密集型产业通过跨国公司、国际投资等方式转移到发展中国家，将那里当作“污染天堂”，修建垃圾场、废弃物处理场等，以降低企业在本国的环境成本。另外，由于发达国家已经完成工业化，其技术水平高、资金充足，他们将更多的人力、精力投入到提高资源能源利用率以及新能源开发方面①，例如，德国经济的支柱产业是废弃物处理和再利用的“静脉”产业，循环经济发展模式集约，单位资源能源投入下的经济和社会福利产出更高。

四是环境经济政策的制定和有效实施。发达国家在生态补偿、排污权交易、环境税收政策等方面一直走在世界前列，例如，瑞典政府通过征收高额的燃油税、电力税，控制资源的消耗和污染排放。美国在20世纪70年代末推行排污权交易政策，涉及二氧化硫、水污染、机动车污染等很多项目，建立包括补偿政策、“气泡”政策（一个企业的多个排放点或工厂看作整体为一个“气泡”）、容量节余、污染

① 程钰、孙艺璇、王鑫静等：《全球科技创新对碳生产率的影响与对策研究》，《中国人口·资源与环境》2019年第9期。

物削减信用（ERC）银行储存等完善的环境经济政策体系。日本早在1882年就成立了第一部《森林法》，形成日趋完善的保安林制度，对私人造林的补贴率高达50%，对划为保安林的居民进行生态补偿，美国的流域生态补偿中政府承担大部分资金投入，同时，流域下游受益的居民和政府向上游居民交出部分补偿，补偿标准的确定采用竞标机制和责任主体自愿相结合的方式。

综合来看，国外关于生态文明和人地系统的研究中，生态文明建设体系是多分支、多空间、多层次的集合体，由于生态意识萌发时间早，生态文明建设的探索实践中形成多路径、高参与度、高技术的模式，而且由于经济发展到一定阶段，市场主导力量更明显。由资源安全或可持续发展、环境变化与环境问题等相对具体的方面，逐步走向人地系统的优化，研究的主导队伍也并非是人文—经济地理学家，而是以环境科学、生态科学和复杂系统科学为主导的研究团队①。

第二节　国内研究进展

一　生态文明研究

我国“生态文明”概念最早由生态学家叶谦吉于1987年提出②，比西方生态文明概念的提出略早，之后，学术界开始生态文明的广泛研究。2007年党的十七大报告将“建设生态文明”作为全面建设小康社会奋斗目标的新要求。生态文明成为许多学科的研究热点。党的十八大报告将生态文明建设纳入中国特色社会主义现代化建设事业“五位一体”的总体布局。党的十九大报告中独立成章地阐述了中国生态文明体制改革的重点任务和战略目标。2018年的《政府工作报

① 李小云、杨宇、刘毅：《中国人地关系演进及其资源环境基础研究进展》，《地理学报》2016年第12期。

② 陈洪波、潘家华：《我国生态文明建设的理论与实践》，《决策与信息》2013年第10期。

告》有18处谈到生态、生态环境与生态文明建设[①]。2018年5月全国生态环境保护大会确立了“习近平生态文明思想”，我国生态文明已完成从学术思想到政策导向的嬗变。截至2018年年底，以“生态文明”为主题的期刊论文、报纸文章、学位论文、会议论文等共67996篇。这些研究的主要内容有以下几个方面。

（一）生态文明的本质属性和概念内涵研究

关于生态文明本质属性研究，主要围绕生态文明是一种新的文明形态、文明阶段还是社会形态内部的某个文明领域、要素展开。沈孝辉于1993年最早提出，人类文明经历原始文明、农业文明、工业文明后正向第四个发展阶段——生态文明迈进。申曙光在1994年发文明确指出，生态文明将取代工业文明，“成为未来社会的主要文明形态”。俞可平（2005）提出，生态文明是“人类迄今最高文明形态”。余谋昌（2007）直接以《生态文明：人类文明的新形态》为题阐明观点。邱耕田（1997）持有不同观点，认为生态文明是一种有依附性或依赖性的文明形式。刘海霞（2011）认为，生态文明与工业文明不存在替代关系，因而不能将生态文明等同为后工业文明。廖曰文、章燕妮（2011）认为，生态文明有广义和狭义之分，狭义上是相对物质文明、精神文明、政治文明和社会文明而言，广义上是一种崭新的文明形态，是遵循人、自然、社会和谐发展这一规律取得的创造性的物质、精神和制度成果的总和。曾正德（2011）认为，生态文明能否成为像农业文明、工业文明那样的阶段性文明，取决于生态环境科学技术和生态环境生产力能否成为推动人类文明发展的第一动力，生态文明是“要素文明”。“生态文明不是、也不可能成为独立的阶段性文明”。王凤才（2018）提出，生态文明是未来文明发展的方向，是人类文明发展的新阶段、新类型和新形态，应该把“生态文明的地位提高”。习近平同志指出：“生态文明是工业文明发展到一定阶段的产

① 杜丽群、陈阳：《新时代中国生态文明建设研究述评》，《新疆师范大学学报》（哲学社会科学版）2019年第3期。

物，是实现人与自然和谐发展的新要求。”①

生态文明的本质属性是一种新的文明形态还是一个要素文明抑或是一种发展观念，从不同的维度理解有不同的见解。关于生态文明的内涵认知，学者的表达也有所不同。叶谦吉先生从生态学和生态哲学的视角来界定生态文明，认为生态文明是人类既获利于自然，又还利于自然，在改造自然的同时又保护自然，人与自然之间保持和谐统一的关系②。徐春（2004）指出生态文明应分初级形态和高级形态，初级形态指在工业文明取得的成果基础上用更文明的态度对待自然，改善和优化人与自然的关系；而高级形态是改善优化人与自然、人与人的关系，建设有序的生态运行机制和良好的生态环境。另外，将生态文明的内涵从历时性角度和共时性角度进行解读。俞可平（2005）认为生态文明既包含人与自然和谐相处的意识、法律、制度和政策，也包括维护生态平衡的科学技术、组织机构和实际行动。曾宪灵（2012）提出，生态文明的发展观蕴含着集约发展、绿色发展、协调发展、和谐发展、文化发展等内容。陈树文、郑士鹏（2012）认为，生态文明是人类文明发展的新范式，是人类面对生态危机的调整，建设和谐社会的必由之路。姚介厚（2013）认为，人与自然和谐共生是生态文明的首要含义，旨在实现可持续发展的文明，与物质文明、制度文明、精神文明互相联结、渗透，形成其多重子要素，促使社会整体文明良性发展。生态文明交往伦理的三条基本准则是生态责任、互相包容和互相合作。谷树忠（2013）认为，生态文明应该从人与自然的关系、生态文明与现代文明的关系和生态文明建设与时代发展的关系三个方面理解生态文明的内涵，并从建设主体、建设内容、建设领域和建设手段等方面做了深入分析。龚天平、何为芳（2013）认为，与渔猎时期的“自然人”、农业文明时期的“政治人”和工业文明时期的“经济人”不同，生态文明的人学基础是“生态—文化人”，内涵是人与自然、人与人、人与社会和人与自身的统一和谐。曾刚

① 黄承梁：《系统把握生态文明建设若干科学论断》，《东岳论丛》2017 年第 9 期。

② 宋豫秦：《生态文明论》，四川教育出版社 2017 年版，第 6—7 页。

（2014）提出，生态文明是与农业文明、工业文明并列的一种新的人类社会文明形态，认为生态文明是“由社会和谐、经济发展、环境友好、生态健康、管理科学五个结构性基本要素构成的结构性协调与功能性耦合的地域系统，即以人为主体的社会经济活动和自然生态系统在特定区域内，通过协同作用而形成的‘社会—经济—自然’复合生态系统”。诸大建（2015）指出了生态文明理解的三个误区，认为生态文明是资源环境保护和经济社会发展的整合（生态和文明的整合）、是强调源头导向和全生命周期的物质流和能源流控制并且是多部门和全社会的协同治理。张智光（2019）指出，生态文明的本质内涵是产业与生态互利共生。

综上所述，目前学术界对生态文明的本质形态属性和概念内涵的认知没有定论，然而，不管是把生态文明当成一种新的文明形态、阶段或某个文明领域或要素，还是一种发展观念，也不论是从广义还是狭义的角度去理解生态文明，不管是从哲学的角度剖析意识形态，还是从人类发展史切入探讨这种新文明，学术界达成了一个共识，即生态文明首先是人类发展与生态环境的和谐共生，即生态与文明的综合，从内涵认知方面看，主要包括几个角度，可持续发展角度下的生态文明认知是生态—经济—社会的复合；结构或要素角度下的生态文明是观念（意识形态）—制度—实践三要素的复合；主体关系角度下，生态文明是人—人关系、人—自然关系、人—社会关系、人自身关系的和谐统一。从哲学实质看，生态文明是人化自然和人工自然的积极进步成果的综合①。

（二）生态文明建设的概念内涵和理论基础

国内首次对生态文明建设进行界定的是刘思华教授。他认为“生态文明建设是根据我国社会主义条件下劳动者同自然环境进行物质交换的生态关系和人与人之间的矛盾运动，在开发利用自然的同时保护自然，提高生态环境质量，使人与自然保持和谐统一的关系，有效缓解社会活动的需求与自然生态环境系统的供给之间的矛盾，以保证人

① 李校利：《生态文明研究综述》，《学术论坛》2013 年第 2 期。

们的生态需要"①。后来，他界定了"人们"不仅包括当代人也包括后代人。高红贵（2013）指出，生态文明、生态文明建设和建设生态文明的概念有所区别，其中后两者是中国的特色概念。生态文明建设是迈向或实现生态文明这一目标的途径和过程，建设生态文明是理念、行为、过程和效果的有机统一体。

生态文明建设的理论基础，主要有中国传统文化、马克思生态思想、现代生态思想三种文化理论基础。孙彦泉（2000）认为，当代人类对生态危机的解决需要马克思恩格斯生态哲学思想、中国传统文化的生态智慧和现代生态哲学的内容为价值指引。王治河（2009）运用中国古代的阴阳思维，阐述了中国传统文化中和谐共生、相互平等、相互依存、相互转换的特征，并借此论述了生态文明中人与自然的关系。钱犇（2009）从先秦儒家、道家的生态思想出发，从生态规律——顺应自然、生态伦理情怀——平等爱物、生态保护观——崇俭抑奢三个方面分析其对我国生态文明的启示作用。李宗桂（2012）分析了中国传统文化中"天人合一"思想，并阐述了其对中国生态文明建设的价值，应该敬天、把天道与人道的统一等整体观念、协调观念渗透入生态文明建设中。蒋兆雷、张继延（2013）分析了马克思生态思想中关于人和自然的有关思想，包括自然的先在性、人与自然的物质交换、自然资源循环利用、人与自然矛盾的和解，并分别从文化、政治、经济和社会四个维度提出了马克思生态思想对我国生态文明建设的启示。现代生态思想融合了生态学、环境学、人类学、伦理学和哲学等多学科研究。黄勤（2015）提出生态文明建设的理论基础基于两个维度的再认识：人类社会发展史维度下生态文明的内涵解读和现实社会系统维度下生态文明的概念演进。翟慧敏（2017）从生态人类学视角解读了"文化生态"的自然属性和文化属性，并进而提出生态环境受损的原因是相关民族文化非正常运行，而不是纯粹的技术和自然变迁，"文化因生态的参与而不再空洞，生态因文化的指导而不再盲目"，各民族的传统文化是支持生态文明建设的文化财富和资源。

① 刘思华：《当代中国的绿色道路》，湖北人民出版社 1994 年版，第 18 页。

王云霞（2017）从生态伦理的两个逻辑环节——自然伦理和环境伦理，论述了生态文明建设的理论基础。郇庆治（2017）从政治哲学的角度辩证社会主义生态文明的哲学基础，认为一种能动性的、公正的社会关系以及建立在其上的不断改善的社会—自然关系是社会主义生态文明的基础。

（三）我国生态文明建设的现实基础与实现路径研究

生态文明建设的现实基础和路径研究，也就是生态文明的实现过程研究，这是“十三五”期间推动中国生态文明建设的现实问题，引发了不同学科学者的广泛关注。曾刚（2018）从国土空间开发与可持续发展之间的矛盾、经济增长与资源供给之间的矛盾、工业化发展与生态环境保护之间的矛盾、生态文明制度建设需求与现实之间的矛盾四个矛盾总结论述了中国生态文明建设的现实问题。另外，我国长期存在“城乡二元化”的现实，城市和农村生态文明建设面临不同的问题，应该采取不同的建设路径，生态文明建设具有复杂性。

程秀波（2003）从伦理学的角度出发，认为“生态文明建设的真正促进需要通过培育生态伦理、转变人们现有的思维方式、生产方式和生活方式，才能推动人类文明从工业文明向生态文明的转换进程”。甘晖（2011）认为，生态文明建设中有四种基本关系，即人与自身的关系、人与人的关系、人与天的关系、人与物的关系，在建设好这四种关系的同时生态文明建设落到实处。樊杰（2013）等以优化国土空间开发格局作为切入点，阐述了人文—经济地理学在生态文明建设中的学科价值。莫凡（2013）解读了马克思经典著作中的生态思想，认为人与自然分别构成生态文明建设的主体和客体，人类生产物质生活资料的实践对人与自然关系起到决定作用。孙新章、王兰英等（2013）认为，应当以全球视野推动我国生态文明建设，积极参与国际可持续发展进程，维护并拓展国际发展空间；统筹协调绿色转型、绿色转移和着力推动绿色、循环、低碳创新，并不断创新经济社会管理机制，把全面推行绿色 GDP 作为生态文明制度建设的重要抓手。谷树忠（2013）以全民参与、科学规划和制度创新三个方面为基本路径提出生态文明建设的具体政策建议。黄勤（2015）指出优化空间开发格局、产业结构调整、生产方式转变和消费模式转型四个领域是生态文明建设的突破领域。邓翠华、陈墀成（2015）从中国生态文明建设的物质基础——生态化生产方式、技术支撑——生态化创新科技、制度保障——生态化制度体系和思想基础——生态化哲学范式四个方面论述了中国生态文明建设的实施路径。彭向刚、向俊杰（2016）从生态文明建设的主体出发，构建了政府、市场和社会三方协同治理的生态文明建设主导模式。蓝庆新（2017）等从生态文明哲学观、历史观、经济观、政治观、文化观和社会观六个角度展开对生态文明阐释，从而为生态文明建设提供理论基础和实践路径。张荣华、王邵青（2017）认为，生态马克思主义对我国生态文明建设具有重要启示意义，要从制度建设完善和协调人与人的关系层面去解决生态问题；摒弃以奢侈消费和高消费为特征的异化消费行为，同时，高度重视生态殖民主义消极影响，切实履行政府的管理职能。王芳、黄军（2017）从共享经济的生态性和可实践性出发，分析其与生态文明的理论契合与实践互动。张智光（2017）构建了适应生态文明要求的新经济运行模式——超循环经济模型，以实现产业和生态互利共生。

城乡生态文明建设有共同的路径，如文化观念的转变、生产和生活方式的转变以及制度建设等，但面临的主要问题不同，例如农村的主要问题是农业面源污染以及农村发展方式的变革和农民生活方式的转变，城市生态文明建设面临工业化、城镇化过程中的资源约束趋紧、环境污染和生态退化问题，有学者提出新型城镇化与城市生态文明建设协同推进。王杰（2015）指出，以生态可持续顶层约束理念、经济—生态—民生协调的宜居环境提高资源的生态效率，并促进相关利益主体的生态公平是城市生态文明建设的核心内容。刘晓光、侯晓菁（2015）进行农村生态文明建设政策的制度分析，从提高规制性要素总量、平衡规制性要素结构和重视文化—认知性要素三个方面提出针对性建议。

综上所述，学界不同学科从不同的角度对生态文明建设的基本内涵、理论基础和实现路径进行了研究，并取得了丰富的研究成果。习近平总书记对生态文明建设作了一系列重要论述，全面、深刻、科学地回答了中国生态文明建设的价值理念、科学论断和现实问题，学界和政府呈现相互迸发状态。

（四）生态文明建设的评价和测度研究

我国以“生态文明”为专门评价对象的指标体系主要在党的十七大之后集中出现。评价方法涉及压力—状态—响应模型、生态足迹、真实储蓄法、能值分析法、指标体系综合评价方法①。现有的生态文明指标体系涉及国家、省域、城市、矿区、村庄层面。国家层面有朱松丽、李俊峰（2010）提出的环境、文化、经济、制度四层面构建法；朱成全、蒋北（2009）基于大气资源、水资源、土壤资源和其他资源的四维度法；梁文森（2009）以生态的自然构成要素为标准建立指标体系；王文清（2011）提出了包括生态系统、资源节约、环境保护、经济建设和社会和谐五个方面的生态文明评价指标体系。省域生态文明评价指标体系方面，杨开忠（2009）利用 EEI（生态效率），即地区产生单位生态足迹所对应的地区生产总值，进行省域生态文明测度；高姗、黄贤金（2010）从增长方式、产业结构、消费模式等几个子系统测算生态文明水平；成金华、陈军、李悦（2015）从资源能源节约利用、自然生态环境保护、经济社会协调发展和绿色管理制度实施四个方面建立指标体系，并对 2006—2011 年 30 个省市区的生态文明进行测度和排序。城市层面的生态文明评价方面，朱增银（2010）从承续性、发展性和创新性三个层次建立了包含生态意识文明、生态制度文明、生态社会文明、生态经济文明和生态环境文明五个方面的指标体系；王如松（2010）提出城市生态文明建设指标体系，包括生态文明支撑体系、生态文明彰显体系、生态文明运作体系和生态文明保障体系四个方面；秦伟山（2016）从生态制度、生态文化、人居环境、环境支撑、资源保障和生态经济六大体系建立指标体系。张智光（2019）根据文明演化的共生理论创立指标—指数耦合链方法，导出生态文明测度的阈值和绿值二步指数，依次运用扎根理论

① 严也舟、成金华：《生态文明建设评价方法的科学性探析》，《经济纵横》2013 年第 8 期。

法、PSIR 及 SEM 结构模型、足迹家族法、Lotka - Volterra 模型等工具，构建从生态文明指标体系到二步指数的结构化耦合链。

二 人地关系研究

中国人地关系的研究起源于春秋战国时期，道家和儒家的“道法自然”“天人合一”等哲学思想蕴含了人与自然和谐相处的朴素唯物主义观点，体现了我国古代地理学注重人地统一的特点，但对人地关系的研究多为现象性描述的方志地理，缺乏系统性、科学性分析，人地关系的科学化研究起步于20世纪初期，大致可分成三个阶段：人地关系理论初步借鉴阶段（20世纪初至40年代）、人地关系研究停滞阶段（20世纪50—70年代）、人地关系研究繁荣发展阶段（20世纪80年代以来）。

20世纪40年代以前是我国人地关系理论初步借鉴阶段。1909年成立的中国地学会创办了中国第一个地理学术刊物《地学杂志》，并组成一支最早研究地理学的队伍，有力地推动了我国近代地理学的发展。20世纪30年代，随着西方人文地理学学术著作的引进和出版，如森普尔《地理环境的影响》、白吕纳《人地学原理》等，以及国外人地关系理论和研究方法引入，在竺可桢、张其昀等老一辈地理学家的引导和推动下，我国的地理教育、自然地理学和人文地理学研究都取得了一定的成就。人地关系的研究方法由现象性描述转向重视因果关系、野外考察和逻辑推理。这一时期有关人地关系论文受到西方地理环境决定论的影响，多是围绕人口和耕地，自然环境如气候、土壤等对人生、文化等的影响。

20世纪50—70年代是人地关系研究停滞阶段。20世纪50年代以来，受苏联地理学“二元论”的影响，人地结合的传统被抛弃，自然地理学和人文地理学割裂，人地关系研究削弱，人地关系研究的科学体系中断。

20世纪80年代以来，我国地理学界关于人地关系的研究极为活跃，研究命题从80年代的“地球表层、经济发展”，到90年代的“区域可持续发展、人类活动与全球变化”，再发展到21世纪以来的

“资源环境承载力、城市化”等主题[①]，现代人地关系的研究历程趋向深度和广度发展。概括而言，国内人地关系的研究主要体现在哲学思辨、理论研究、实证研究、优化调控、方法研究等几个方面。

（一）人地关系研究的推进与人地关系演变研究

李春芬（1982）提出了区域地理学的发展之道，倡导自然地理学与人文地理学的统一，重视人地关系研究。吴传钧院士 1991 年在《论地理学的核心——人地关系地域系统》一文中提出，将人地关系地域系统研究作为地理学的核心。王恩涌和李旭旦（1992）等对西方各种流派的人地关系论进行了系统的介绍和评述，重新启动并推进了我国人地关系的研究。

许多学者从不同视角切入评述了人地关系的演变历史，例如朱国宏（1995）从经济学研究视角分析人地关系与经济发展、生态保护的辩证关系及演变过程。王铮（1996）总结了 1979 年以来中国人地关系研究的主要理论、主要研究模型、研究方法等。龚建华、承继成（1997）从人的生存、活动空间以及生存活动、社会生产活动与自然环境的交流，来论述人地关系演变的阶段性以及人地关系的 10 个一般性原则。申玉铭（1998）研究人地关系演变的阶段，指出其原始型、掠夺型、协调型人地关系的演变过程。王爱民、樊胜岳（1999）提出人地关系演进的渗透律、人地矛盾律、人地互动律、人地作用加速律、人地关系不平衡律，并提出人地关系的基本原理，即土地承载力限制与超越原理、人地关系关联互动原理。香宝、银山（2000）从生产力角度，分别研究了农业经济、工业经济和知识经济时代三个阶段人地系统矛盾的演变。刘俊杰（2001）通过研究传统文化中的人地关系思想、早期重商和重农主义人地关系思想、古典学派人地思想演变的前期历史，探讨悲观论、适度人口论、人口承载力论等现代人地关系思想的演变。徐象平（2005）从历史视角出发，研究人地变化的全过程，提出宏观、中观、微观尺度的人地关系发展演变的过程，特

① 李扬、汤青：《中国人地关系及人地关系地域系统研究方法述评》，《地理研究》2018 年第 8 期。

别是中观尺度认识人地关系演变的普遍性和特殊性，为掌握人地矛盾在不同历史时期的阶段性提供科学依据。李小云（2018）将人地关系演变分为四个阶段，即萌芽阶段、一元化人地关系阶段、多元化人地关系阶段、和谐共生阶段。

国际上人文地理学研究的新环境论、新人本主义、生态伦理学、全球环境哲学和可持续发展等思潮的注入，使人地关系研究更具生机和活力。

（二）人地关系的理论、概念内涵研究

吴传钧提出“人地关系地域系统”理论，“人地关系地域系统是以地球表层一定地域为基础的人地关系系统，人与地在特定的地域中相互联系、相互作用而形成的一种动态结构”①。研究人地关系地域系统的总目标是为探讨系统内各要素的相互作用及系统的整体行为与调控机理。随后许多地理学者对人地关系地域系统展开了综合研究，包括以下内容：

第一，人地系统的结构特点、特征分析研究。蔡运龙（1996）从哲学与伦理思辨的角度提出人地关系研究范型。方修琦（1994）指出，人地关系具有多重性、异地相关性、异时相关性、主动性、动态性、多重决定性等特征。杨青山等（2001）分析人地关系地域系统理论及其内容框架体系，研究了人地关系地域系统的形成过程、结构特点。有学者主张对人地系统的解剖和各部分相互联系进行研究，即人地系统的结构认知，通过“结构”研究而认识“系统”（毛汉英，1991；陆大道，2002；樊杰，2013）。叶岱夫（2001）探讨了人地系统发展的本质，可持续发展的本质以及二者相互作用机理的哲学本质等。郑冬子（2003）指出地理环境与人文要素之间的关系具有并协、泛协特征，人类因素的性质对系统性质有着关键的作用。王长征、刘毅（2004）指出，从时间和空间维度解析人地关系的特征，区际人地关系有封闭式、掠夺式、转嫁式和互补式四种类型。任启平（2006）

① 吴传钧：《论地理学的研究核心——人地关系地域系统》，《经济地理》1991 年第 3 期。

从人地系统中人的一方——经济结构入手，分析人地系统的经济结构特点。吕拉昌（2013）提出文化、人（经济人）和地的“三元”结构模型，并从两两关系分析入手提出人地关系的优化路径，包括文化生态与生态文化、生态经济与经济生态和文化经济与经济文化，并提出地理学人地关系地域系统空间差异的全息地域分工理论。

第二，人地关系的概念内涵研究。吴传钧从人的客体性和主体性两方面论述了人地关系，“人对地具有依赖性，地理环境制约着人类社会活动的广度、深度和速度，制约作用随着人类对地的认识和利用能力而变化；人具有能动功能，人地关系是否协调抑或矛盾，取决于人而不决定于地”[①]。李振泉（1985）提出，人地关系是指人类社会为了满足人的需求，不断地加大和改造利用地理环境，在适应和改变地理环境的同时，人类活动的地域特征和地域差异不断形成。王恩涌（1991）指出，人地关系着重研究人与地的交互过程，是人的生存、生产和社会活动与地理环境在共同作用界面上相互影响、相互制约的关系。方修琦（1996）认为，人地关系是人地系统中各组成部分之间的相互关系的总称。陆大道提出，人地关系即地球表层人与自然的相互作用和反馈作用。王爱民（1999）从不同层面深入分析了人地关系的内涵，认为最基本的层面是人类生存问题，综合层面是人类与生存环境之间的协调和持续发展问题。杨青山（2001）提出人地关系的经典解释和非经典解释。人地关系的经典解释是人类社会及其活动与自然环境之间的关系，非经典解释是指人类社会生存与发展或人类活动与地理环境（广义的）的关系。郑度（2002）提出，人地关系中“人”的要素表现为按照一定生产关系集结起来的人类整体及其为生存发展进行的核心社会活动，“地”的要素表现为为满足人类需求而被纳入人类认知和实践领域的自然资源和环境，二者始终围绕“人”对“地”的依赖性和能动性发生关系。吕拉昌（2013）认为，人地关系是包含人、地和文化的三元结构，文化是人和地相互联系、相互

① 吴传钧：《人地关系地域系统的理论研究及调控》，《云南师范大学学报》（哲学社会科学版）2008 年第 2 期。

作用和演化的纽带。

（三）人地关系的影响机制和优化路径

蔡运龙（1995）指出协调人地系统的矛盾关键在于新的科学机制。李光全、刘继生（2001）提出，全准思维方式下有介入型、协调型两种人地关系，且两者之间不断转化，为人地关系的研究提供了一个新的视角。樊杰指出，土地利用变化是人地关系地域系统研究的核心领域和重要载体。杨青山（2002）提出，人类需求结构、活动结构、地理环境和区际关系是影响人地系统的基本要素，其中人类需求结构推动人地系统的发展。王长征（2004）认为，影响人地关系的因素有气候、地形、地理位置和自然资源等自然因素和人口增长及人类活动等人为因素。王义民、乔慧（2004）指出自然力和社会力是人地关系演化的主要机制，社会力有经济、市场和文化作用等。叶岱夫（2005）从“人”本性内涵的表现探寻人地关系，认为人所创造的文化在人与地之间起到了中介作用，人性的本质内涵是内省式的“自己创造自己”，从而实现人地协调。罗峰（2007）指出，产权明晰的产权制度有利于缓解人地矛盾。孔翔（2010）以徽州文化为例分析了传统文化形成中的人地作用机制，认为地域人口的社会、经济结构是人地相互作用的链接因素。李小云等（2018）总结了中国人地关系演变历程，从历史视角提出了影响人地关系演变的五大因子，即生产力、人口、生产关系、战争、灾害（PPPWD）。

人地系统整体调控途径与优化研究，吴传钧（1991）指出，从空间、时间、组织序变、整体效应、协同互补等方面，认知全球、国家、区域等不同尺度人地系统的整体优化及有效调控机理。王黎明（1997）提出面向 PRED 问题的人地关系系统构型理论与方法研究。吕拉昌（1999）主要从人的视角，提出从制度、技术和文化三个方面提出优化人地系统的主要路径。陆大道（2002）从制度层面，提出生态环境补偿、资源价格等人地系统调控的政策机制。杨青山（2002）指出，人地系统优化调控应从人口生产、物质生产、生态生产和社会文化生产四个方面协调。方创琳（2003）指出区域人地系统的优化调控应该从 PRED 系统改进为 $P_DR_DE_DE_DE_DS_D$，在人地系统各组成要素之间、区际之间进行动态协调和优化，以实现人地系统中人的经济社会行为对地的空间区位有序占据。胡涛、李雪梅（2008）通过环境管理的视角制定法律制度、经济政策、管理体制、环境监控、公众参与、科技信息六位一体的区域环境管理体系。张洁（2010）分析渭河流域人地系统耦合状态，提出从人地关系地域系统构成要素的空间格局差异，调控区域人地关系。孙才志（2015）将沿海地区人海关系地域系统分为掠夺型、冲突型和协同型，并从海洋资源的科学利用、海洋灾害的科学防御和海洋生态补偿机制建设等方面提出协同演化路径。

（四）不同尺度人地系统研究和人地系统类型划分

学者从不同尺度、不同地域对人地系统展开研究，对干旱区、西部限制开发区、山区和少数民族地区、城乡交错带、经济高度发达地区、流域、三角洲地区、沿海地区等典型人地系统作了有深度的研究。

对人地系统类型划分为三个角度，每一种是根据“人”在长期的人地互为作用过程中的组织形态，包括聚落类型和社会经济发展水平，可以划分为城市人地关系地域系统、农村人地关系地域系统、城乡接合部（或半城镇化）人地系统、贫困地区人地关系地域系统等；第二种是根据人地系统中“地”的不同要素或不同的主导功能属性，可以划分为人海地域系统、流域人地关系地域系统、人山地域系统、人矿地域系统、喀斯特人地关系地域系统、岩溶区人地系统、干旱区人地系统等；第三种人地系统类型划分是根据“人”“地”本身或互为作用表现出的综合功能属性，划分为生态脆弱型、资源枯竭型和海陆兼备型人地系统。根据人地系统互为作用的综合表现，将人地系统类型划分为脆弱型、成长型、破坏型等。也有学者提出人地关系敏感型地域系统（方创琳，2001；哈斯·巴根，2013）。辛馨、张平宇（2009）从经济、社会、资源和环境的组合角度分析中国矿业城市的脆弱性，划分为6种不同的脆弱型，以ERS型（经济资源环境均衡脆弱型）为主。韩瑞玲、佟连军（2012）以资源型城市鞍山市为例，构建经济、社会、生态环境脆弱性指标体系，指出鞍山市属于低敏感型、高应对能力型人地系统。

（五）人地关系的研究方法和研究趋势

人地关系的研究方法有定性和定量分析法，定性研究涉及历史文化理论（蓝勇，2000）、三种生产理论（张力小、宋豫秦，2003；甘晖，2018）、文明产生扩散、地理要素的时空演变（李同升，2009；李小建，2012）、历史地图法（周长山，2008）等方法。黄秉维（1996）指出，人地关系研究方法应该注重自然要素和人文要素的综合集成研究。人地关系的定量研究，是判断区域人地关系状况进而制定区域发展战略的基本出发点，已有的研究中有系统动力学、GIS 技术空间叠置分析、耦合度模型、生态经济模型、地理熵、能值分析、生态足迹、TRIZ、综合指数评估等方法。姚辉（2010）等构建了人地关系演进状态系数的评价模型，计算了 2004 年中国 31 个省、市、自治区的人地关系结果状态。张远索（2011）采用生态足迹模型分析了北京市人地关系现状。

人地关系的理论研究趋势是从时间、空间、学科等不同角度全面分析“人”和“地”的互为作用机理，目前关于“地”的研究取得了丰硕的成果，而从人性、文化的角度深入剖析人地系统将是一个研究趋势。分析不同地域人地系统的结构和功能。不同层次、不同尺度区域的人地系统可持续性研究，人地系统是一个复杂的巨系统，因地、因人、因文化而异，应加强不同尺度、不同地域、不同时间人地系统的研究。结合国家生态文明建设的战略需求，加强地理学人地关系地域系统理论服务国家战略的学科导向。

三　生态文明与人地系统研究

根据前面的综述可以看出，国内学者对生态文明和人地关系的研究都取得了丰硕的成果。目前，生态文明建设是我国一项长期的发展战略，因此，学界和政府层面呈现相互促进状态，关于生态文明和人地系统的研究在我国学者中广泛开展，二者关系研究主要从以下几个方面展开：

一是生态文明和人地系统中的“人”“地”或文化中某一方面的研究。涉及生态文明和“地”的研究：生态文明建设与资源环境承载力（安翠娟，2015）、生态文明建设与土地利用（翟晓东，2017；陈从喜，2018；郧文聚，2018）、生态文明与绿色矿山（刘彦，2016）；涉及生态文明和“人”的研究：生态文明建设与城镇化的协调发展（李凯，2018；史敦友，2018；韩景云，2019；杨钟悦，2019）、生态文明建设与共享经济（杨振凯，2019）、生态文明城市建设与人口容量（张鹏，2017）、生态文明建设与“生态人”培育（周琳，2018）、生态文明和主体功能区（李宏伟，2013；王立和，2015）、生态文明建设与传统地域文化的保护（孔翔，2014）等方面。史敦友（2018）从人口、土地和产业三个视角分析城镇化对生态文明建设的影响，新型城镇化协同推进整体上有利于改善生态文明质量，但人口、土地城镇化协同推进不利于改善生态文明质量。刘彦指出，城市矿山建设要构建生态文化体系，“将民族的传统文化、现代企业文化及循环生态理念理融入到绿色矿山的建设中”①。陈从喜等（2018）提出生态国土建设是生态文明建设的必然趋势和客观要求，根本目的是要发挥自然资源在生态文明建设中的主力军作用，其还指出，生态国土建设是生态文明建设的空间载体和物质基础，也是必然要求和趋势。

二是中外传统文化中的人地关系学说对我国生态文明建设的启示。徐小跃（2011）分析了儒道两家的哲学智慧，认为儒道两家所蕴含的精神最能反映人地关系的实质，对生态文明建设的意义重大。武晓立（2018）从现代生态伦理的视角审视了我国传统文化，认为其敬畏自然、尊重生命的思想具有人文理性，与可持续发展理念顺承。王士良（2018）解析了《国语》中的生态哲学思想，认为其蕴含着“人事必将与天地相参”的天人关系论、“懋昭明德，物将自至”的生态德性论、“上下内外小大远近皆无害”的生态共同体论等思想。宋丽（2017）则挖掘了加尔文神学思想中的人性思想及其与中国“天人合一”哲学思想的不同。王雪松（2009）解析了马克思主义生态哲学思想，认为社会关系与生态危机密切相关，个人中心主义或群

① 刘彦：《建设绿色矿山的哲学思考》，博士学位论文，中国地质大学，2016年。

体中心主义的价值尺度才是生态危机的根源，而不是人类中心主义，所以，要解决生态问题需从根本上建立社会关系和社会制度。

三是可持续发展、生态伦理、文明演进与人地系统的关系研究。有学者从生态文明的不同角度分别展开人地系统的研究。蔡运龙（1995）认为，可持续发展是人地系统优化的思路，人类通过文化调节可实现人类生态系统的持续性。吕拉昌（1999）研究了人地关系与我国西部民族地区的可持续发展，提出了民族地区可持续发展的模式，即文化与生态耦合、文化与经济耦合、生态与经济耦合等。陈红（2002）论述了生态伦理与人地系统优化之间的关系，认为生态伦理为人类重新认识自身的价值和意义提供了一种全新的尺度，需以内在的生态伦理自觉进行人自身行为的规范和约束。郑度（2005）论述了人地关系与环境伦理，认为正确处理好人地关系，需要树立正确的环境伦理观念，人类是地球自然界的一部分，应当以尊重自然及其内在价值为基础来规范人类的实践活动，构建新时代的文明发展模式。王如松（2008）指出，生态文明是发展的上层建筑，包括人与环境的耦合关系、进化过程、融合机理、和谐状态；以及生产关系、生活方式、交往方式和思维方式等。黄琳（2010）从不同文明阶段出发论述了人地关系思想的演变。张智光（2013）从产业—生态复合系统的视角，研究人类文明演进与生态安全变化的一般规律。认为人类文明与生态安全演化的本质属性是共生属性，构建了人类文明与生态安全的椭圆演化模型。黄洪雷（2016）认为，人地关系视角能为生态文明建设提供良好的实践启迪，指出以自然环境依恋为生态文明建设的外源性动力，以人地依恋为着力点，带动自然和社会生态文明建设。强调生态文明建设，归根结底就是回应人地关系面临的新挑战。程钰等以黄河三角洲生态脆弱型人地系统为研究对象，分析其自然资本动态演变的影响因素及可持续发展模式[①]。

---

① 程钰、尹建中、王建事：《黄河三角洲地区自然资本动态演变与影响因素研究》，《中国人口·资源与环境》2019 年第 4 期。

第三节 国内外研究述评

综合国内外研究来看，国内外学者围绕人地关系思想与人地系统的内涵、结构、功能、类型、影响机制、定量评价与优化调控等内容开展了相关研究，生态文明、人地关系的研究分别取得了丰硕的理论和实践成果。西方发达国家工业化开始和结束时间早，对人地关系矛盾和生态危机的反思和关注早于中国，20 世纪 60 年代在对人地关系的反思中萌发了生态文明的思想，涉及概念有后工业文明、生态后现代主义、后工业社会、后工业主义、生态现代化等不同的提法，在对人与人、人与自然关系反思的基础上，走向一条与工业文明不同的发展道路。在实践层面，在法律法规的完善和实施、生态文化和意识培养、产业结构转型升级和经济发展模式的转变、环境经济政策的制定和实施方面都走在世界的前列。中国在工业化中期的生态文明建设和发达国家在工业化之后进行生态文明建设有着显著的差别，中国面临经济发展和环境保护的双重压力，但中国传统文化蕴含的生态智慧启迪了生态文明的萌发，中国最早对生态文明内涵进行系统阐述，并且将其纳为国家发展战略。目前，国内学者在关于生态文明的内涵和本质属性、生态文明建设的概念内涵、影响因素、基础路径、现实基础和评价测度等方面都取得了丰硕的研究成果，但还存在以下亟待解决或反思的问题。

一是从人性和文化的角度研究人地关系理论。“地”的资源环境承载力、主体功能区划、土地利用/土地覆被变化、全球气候变化、国土空间优化等内容都引发了学者的广泛关注，取得了丰硕的研究成果，但从人性、文化的角度深入剖析人地系统的研究成果较少，需要综合哲学、文化学、社会学、行为学等相关学科知识，从“人”的角度出发全面分析“人”和“地”互为作用机理以及优化路径。人地系统是一个复杂的巨系统，因地、因人、因文化而异，应加强不同尺度、不同地域、不同时间人地系统中“人”的研究，结合国家生态文明建设的战略需求，加强地理学人地关系地域系统理论服务国家战略的学科导向。

二是生态文明建设在不同地域、不同层面的具体实施路径。自党的十七大报告提出生态文明作为全面建设小康社会的新要求后，关于生态文明的研究在我国哲学、社会学、生态学、伦理学、经济学等不同领域的学者中广泛开展，生态文明建设的理论研究日趋完善，但只停留在对生态文明的解读和理论辨析的层面，缺少与企业、政府和公众层面的决策和行为的有效结合。虽然也有学界的研究服务于国家战略的实施，例如，严耕等学者通过对中国不同年份的省域生态文明建设的进展与评价分析，对国家生态文明建设的现状和动态变化进行分析，并提出具体可行的实现路径，为国家战略决策提供现实依据；樊杰等地理学者研究的主体功能区划，服务于生态文明建设的主体——国土的空间优化。但关于生态文明建设的理论研究硕果累累与实践层面的推动困难重重不相符。虽然有不少学者从理论上提出生态文明建设应该包括生态文化建设，但具体如何构建生态文化产业体系，缺少具体的可行路径。

三是地理学的研究核心——人地系统如何服务于生态文明建设国家战略。人地系统的综合性、区域性、人性、开放性等特点，与生态文明建设的系统性、复杂性、地域性等特点对应，而人地系统研究的人口、资源、环境、发展问题正是生态文明建设致力于解决的问题，通过人地系统的优化为生态文明建设提供了一个很好的研究范式和解决路径。另外，二者以文化为“纽带”联系起来，是如何发生联系并螺旋上升相互促进的。生态文明建设和人地系统优化二者结合，是两个庞大主题的融会贯通，是从地理学人地关系的独特视角服务国家战略的体现，是国家战略任务带动地理学科发展的良好契机。但关于二者结合起来的研究并不多见，关于人地关系和生态文明的研究，也只是涉及替代的概念，如人地关系与生态伦理、环境伦理的关系研究，或者人地关系与可持续发展的关系。二者关系研究多是单向的，将生态文明作为一种理念，分析生态文明视角下的人地关系，或者人地关系是生态文明建设的重要维度。已有文献缺少对生态文明建设和人地系统优化的协同发展机理分析，以及二者的协同发展路径。

因此，本书拟深入分析生态文明建设和人地系统优化的协同机理，并从生态文明视角下丰富人地系统的“三元”结构认知理论，增加文化这一重要子系统，同时，融入文化的人地系统认知可以将生态文明建设的产业体系重新划分，在传统三次产业体系的基础上前后向延伸，分别增加生态文化产业、生态修复产业，从而明确人地关系中“人”的担当和“地”的诉求。人地关系理论是生态文明建设的重要理论，人地系统优化是生态文明建设的实现路径，生态文明是人地系统优化的上层建筑，两者之间有着密不可分的联系，二者犹如DNA的两条链，在文化这个氢键的链接下螺旋上升。

第三章

基本概念与理论基础

对基本概念的界定和理论基础的梳理是研究开展的基础，本书的研究涉及生态文明建设和人地系统两个内容庞杂的主题，人地关系、人地系统优化、生态文明和生态文明建设是基本概念，地理学、生态学、资源经济学等相关学科理论和系统工程理论为本书的研究奠定理论基础。

第一节　基本概念

一　人地关系

根据前面关于人地关系内涵的综述，学者对人地关系概念和内涵的界定有不同的表达，但共同之处在于，人地关系是“人”和“地”的双向作用。随着经济社会的发展和人们认知水平的提高，人地关系的内涵和外延在不断丰富和深化中。本书对人地关系的界定和认识如下：

首先，人地关系是人和地之间关系的简称。关于人和地的分别界定，“人”既不是单个的人，也不是自然状态的人，是指地球表面一定地域空间从事生产活动、社会活动的人，在某一区域，由人的人口生产、环境生产和物质生产形成一个包含人口、社会、文化、经济等要素在内的经济社会综合体。“地”在不同学科、不同时期有不同的叫法，不管是古代的“天”，还是哲学中的“自然”，还是环境学中的“自然环境”，其含义有相近的地方。“地”是与人类生产、生活活动密切相关的无机物和有机物的综合，既包括大气圈、水圈、岩石圈和生物圈等综合要素在特定地域下不同组合形成的自然环境和生态服务，也包括矿产、气候、生物等各种自然资源，是人类经济社会活动影响与改变下的具有生态关系的自然环境，是人类生存和发展的物质基础和必要条件，因此，“地”更倾向于“生态环境”这一叫法，而地理环境是特定区域空间下的生态环境，或者说，某一地域的生态环境也可以称为地理环境，包括资源、环境和生态三个要素。

其次，人和地理环境的特征。人类按照自身的需求从地理环境中获取所需的生产、生活资料和生态服务，并向地理环境中排放废弃物，同时，也能根据地理环境的反馈作用调控自身行为，人类既有依赖性也有能动性，是客体性和主体性的统一，具有需求力、能动力和调控力；地理环境向人类提供资源供给、环境承载和生态服务的同时，也消纳分解人类生产、生活中排放的废弃物，并进行一定程度的自我修复。地理环境不以人的存在为条件，但因人的改造和利用而提高价值，具有供给力、消纳力和弹性力。

最后，人类和地理环境的互为作用。人对地的作用有直接利用、改造利用和适应三种形式。直接利用是指直接从地理环境中获取生产、生活所需的资源、环境和生态服务；改造利用是指人通过主观能动性改变地理环境，以满足人的需求，如将坡度大的地形改造成梯田，以适应种植业发展需求；人对地的适应是指，对于自然规律和自然环境的自觉遵守和适应，从而形成不同的生产、生活方式，例如，人们在长期的农业活动实践中总结出的春播秋收等农时。地对人的作用分为自然影响和反馈作用两种形式，自然影响是自然规律约束下的人类活动，反馈作用是地理环境系统对作用于其上的人类行为的响应，分为正反馈和负反馈，在这个过程中“人”逐步形成对“地”的认知，会修正人类的需求和人的主观改造行为，进而推动人地关系不断演变。在人地互为作用的过程中，产生了丰硕的物质文化和精神文化成果，物质文化体现在人所创造的工具、物质成果，精神文化体现在对人地关系的认知，包括天命论、天人合一、人定胜天、人地和谐等理念和各种制度的确立，文化一旦形成就会独立于人和地而单独存在，但又不断指导着人对地的认知和改造行为，推动着人地关系不断演变。

根据以上分析，人地关系如图3-1所示。

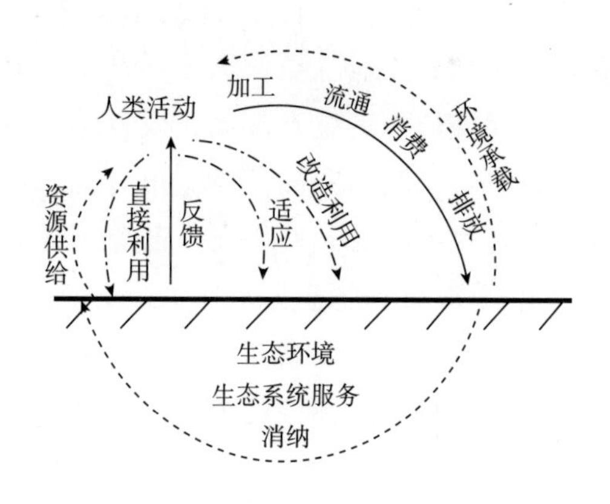

图3-1 人地关系相互作用

二 人地系统优化

人地系统是人地关系地域系统的简称，是以地球表层一定地域为基础的人地关系系统，由地理环境和人类活动两个子系统交错构成的复杂的开放系统（吴传钧，1991）。根据本书中的人地关系定义，人地互为作用的过程中产生文化成果的积累，而且社会文化独立于人、地两个子系统，因此，人地系统除了人、地子系统外还应包括社会文化子系统，三个子系统相互作用、相互影响构成人地系统，如图3-2所示。

人类子系统指人类自身人口和其社会经济活动，生态环境子系统包括大气、水、土壤、生物、岩石、矿物等自然环境和自然资源，以及它所提供的生态系统服务。社会文化子系统是人适应、利用和改造生态环境的过程中所产生的一切物质、精神和制度成果，搭建起人和地互为作用的桥梁。人地系统以一定地域为基础，在空间上表现为区位、区际联系，另外，人地系统随着主体人类子系统需求的变化而不断演变、发展，呈现出时间上的动态性，在静态上表现为一定的结构、

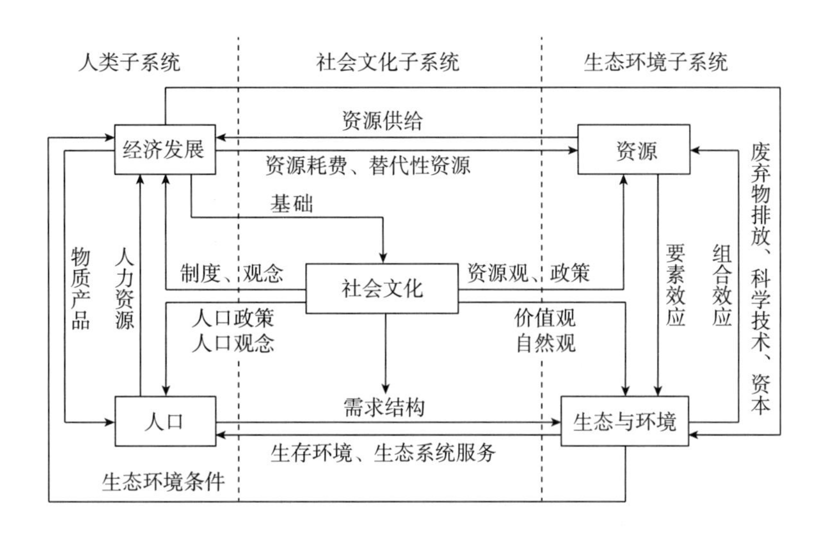

图3-2　人地系统

功能、规模等，人地系统符合系统工程论中的理论描述，具有开放性、自组织性、整体性等，是具有耗散特征、复杂反馈结构的多层次地域系统，与此同时，人地系统内部各子系统之间的相互作用也可以看作一个不稳定的、非线性的、远离平衡态的耗散结构。

人地系统优化以“改善区域人地相互作用的结构、开发人地相互作用潜力和加快人地相互作用在地域系统中的良性循环为目标”①。简单地说，人地系统优化以人地关系的协调发展为宗旨，人地系统优化的主体是人类子系统，人类作用于生态环境，生态环境反馈给人类，人类可以调整自身的行为或运用科学技术、政策法规等手段进行合理的规划和调控，实现人地系统的调控优化，使其向可持续发展的方向演化。人类子系统的优化包括经济优化、社会文化优化等，经济优化的关键在于产业结构的合理化以及经济发展过程中注重与社会和生态效益的统一。社会文化优化由人类的价值观念、制度安排以及社会组织管理方式组成。价值观特别是人类如何看待自然的观念，影响着制度安排以及社会组织管理的方式，是人地系统优化的基础。人地系统

① 毛汉英：《人地系统优化调控的理论方法研究》，《地理学报》2018年第4期。

优化的价值观应该是充分尊重和保护自然前提下的生态优先的自然观。制度是规范人类行为的一系列规则，人地关系制度的优化包括资源的产权、生态补偿、生态治理等方面的法律法规和政策保障。组织管理方式既包括人类开发利用自然系统的组织管理方式，也包括人类系统内部的技术结构、消费结构在内的组织管理方式。组织管理方式的调整直接或间接地影响了人地关系的基本过程和发展。

人地系统优化的另一组成部分是生态环境子系统，应在各地域自然条件、自然资源的差异性基础上，由人类根据价值观念进行制度安排和社会组织管理方式的调控，作用于特定地域从而使其资源环境承载能力与人类自身的生产和经济社会生产达到一种有序而且系统熵值不断减小的状态。文化子系统的优化，就是通过建立与生态环境协调发展的价值观念和发展理念，构建生态文化产业体系，以此来指导人类子系统的需求结构和行为方式，最终通过非线性的相互作用使人地系统趋向自组织性和有序性。人地系统优化的最终体现就是区域PRED协调发展，即人口（P）、资源（R）、环境（E）和发展（D）之间的协调，需通过PRED相互关系的调整，构建相互适应、相互促进的人地系统结构①。

三　生态文明

“生态文明”一词从词根上可以分解为“生态”和“文明”两个词语，深入了解生态和文明的概念内涵有助于更深层次地掌握生态文明的概念和内涵，这是生态文明建设以及探究生态文明和人地关系协同机理的前提和基础。

德国生物学家海克尔（H. Haeckel）于1866年首次把生态学定义为“研究动物与有机及无机环境相互关系的科学”。1930年前后武汉大学张挺教授将生态学翻译成中文，并编写了我国第一部植物生态学著作。20世纪中期在贝塔朗菲提出了一般系统论思想之后，生态学进入生态系统时期。1971年美国生态学家奥德姆（E. P. Odum）指

① 申玉铭、方创琳、毛汉英：《区域可持续发展的理论与实践》，中国环境出版社2007年版，第20—51页。

出，生态学是研究生态系统的结构和功能的科学。1980年中国生态学家马世骏认为，生态学是研究生态系统与环境系统之间相互作用规律及其机理的科学，提出了社会—经济—自然复合生态系统。生态从字面意义上讲，就是生物的存在和生活状态，即生物（包括人类）在其生存和发展过程中与环境的关系。

“文明”一词在中国古代经典著作里早已使用。最早的汉语“文明”一词出于《周易·文言传》，曰：“见龙在田，天下文明。”唐代孔颖达疏：“天下文明者，阳气在田，始生万物，故天下文章而光明也。”（《周易正义》卷1）我国学者对文明的研究多集中在中国文明的起源探索（严文明，1996；李仰松，1997）、文化与文明的辨析以及中华文明的内涵理解上（王炜民，2004），对文明内涵的理解多秉承西方的学术传统，用文明来指称人类社会发展到较高水平的阶段。史学家李学勤认为，人类历史可分为史前时期、原始时期和历史时期。青铜器的使用、文字的产生、城市的出现、礼制的形成、贫富的分化、人牲人殉的发端等都是文明起源中重要的因素之一[①]；徐苹芳、张光直（1999）认为：“文明社会是指人类历史发展过程中达到的一个文化发达的高级阶段，是从无阶级到有阶级，从氏族到国家的阶段，国家的出现是文明社会的标志。”[②] 文化学家陈序经（2005）认为：“从其文雅的意义来看，文明可以说是文化的较高的阶段。”

“文明”（Civilization）这个词语在西方首次出现于1756年，正值法国大革命时期，政治家米拉波在其所著的《人类之友》中用了“文明”这个概念，用来指代一个文雅、有教养、举止得当、具有美德的社会群体。之后不到10年时间，“文明”一词风靡欧洲，成了启蒙思想中的常用词。启蒙思想家在抨击中世纪的黑暗统治时，把“文明”一词与“野蛮”相对（曹顺仙，2006）。19世纪文明演变为一种具有排他主义、殖民色彩的意识形态（马兹利什著，汪辉译，2017）。

---

① 李学勤：《失落的文明》，上海文艺出版社1997年版，第78—93页。

② 徐苹芳、张光直：《中国文明的形成及其在世界文明史上的地位》，北京大学出版社1999年版，第12—13页。

西方国家认为生产方式先进、知识丰富就代表文明，而生产能力低下、礼仪不合西方的就是野蛮，所以当对非洲和美洲进行侵略的时候总是定义为文明战胜了野蛮，但却没有意识到他们的行为其实是真正的野蛮。法国历史学家基佐对文明的定义是："文明"一词的天然含义是进步、发展的概念，它是以运动着的人民为前提的，是公民生活和社会关系的完善化，是在所有成员之间进行最公正的力量和幸福分配，这是关于文明的最早的定义（孙进己、千志耿，2005）。恩格斯在《家庭、私有制和国家的起源》中写道："从铁矿的冶炼开始，并由于文字的发明及其应用于文献记录而过渡到文明时代"，"文明时代就是学会天然产物进一步加工时期，是真正的工业和艺术产生的时期"。用文明来形容人类文化创造的进步程度与开化状态。美国历史学家爱德华·伯恩斯等认为："文明可定义为人类组织的这样一个阶段，其行政结构、社会机构和经济机构已发展到足以处理（不论如何不完善）一个复杂社会中与秩序、安全和效能等有关的问题"①。美国历史学家威尔·杜兰解释："文明是增进文化创造的社会秩序，包含四大因素：经济的供应、政治的组织、伦理的传统，以及知识与艺术的追求。"②

综上所述，文明的内涵具有历史性，不同时代具有不同的含义，但它表征着一个社会的政治、经济、文化、社会和生态以及它们之间的发展水平和整体状态。生态文明是随着人类对工业文明的反思和适应当前经济社会发展要求的产物，生态文明的内涵丰富。本书对生态文明内涵的界定和认识如下：

首先，生态文明是一种高级形态的文明，或者说，是与农业文明、工业文明并列的文明发展的高级阶段，生态文明既不是追求生态中心主义的纯生态，也不是追求人类中心主义的纯文明，而是生态和文明的结合，是一种以生态文化理念为指导的注重保护自然和人类发展相结合的高级形态。

---

① 何星亮：《文明会冲突吗》，《中南民族学院学报》（人文社会科学版）2002 年第 4 期。

② ［美］威尔·杜兰：《世界文明史》第 1 卷（上册），东方出版社 1998 年版，第 3 页。

其次，生态文明并不是对传统文明的完全否定，而是在农业文明和工业文明已取得的物质成果和精神成果的基础上，为了满足人们的精神需求和生态需求，即用更文明的态度对待自然，改善优化人与自然的关系，本质上需要优化人与人的关系、人与社会的关系和人与自身的关系。

最后，生态文明的实现具有阶段性，生态文明的初级阶段是通过生态文明建设，用已取得的文明和文化成果——生态文化，以及工业文明时期取得的物质成果——科学技术和信息化，通过价值观念的转变、生产方式的变革、绿色消费行为的实施，来修复工业文明时期的人地矛盾，使人和自然的紧张关系趋向缓和；中级阶段是通过不同利益的国家之间、区域之间、部门之间和不同代之间的协同治理，就是实现不分国界、不分利益、不分文化的人与人之间的和谐；生态文明的高级阶段是指，生态文化的理念内化成人类一种自觉的行为，在对支撑人类生存和发展的自然有了充分的认识后，政府、企业和公众等社会各界发自内心的热爱、尊重“自然之母”，精神需求和生态需求完全代替物质需求，人与人之间互助友爱、共同发展，当代人和后代人之间持续、公平发展，最终实现人与自身关系、不同地域人与人的关系、人与社会的关系和人与自然关系的和谐发展。

四　生态文明建设

“生态文明建设”这个词在我国提得较多。刘思华教授在《当代中国的绿色道路》（1994）中指出，生态文明建设是根据我国社会主义条件下，劳动者同自然环境进行物质交换的生态关系和人与人之间的矛盾运动，在开发利用自然的同时保护自然，提高生态环境质量，使人与自然保持和谐统一的关系，有效解决社会活动的需求与自然生态环境系统的供给之间的矛盾，既能保证满足当代人福利增长的生态需要，又能提供保障后代人发展能力的必需的资源与环境基础①②。

① 高红贵：《关于生态文明建设的几点思考》，《中国地质大学学报》（社会科学版）2013年第5期。

② 刘思华：《当代中国的绿色道路》，湖北人民出版社1994年版，第18页。

生态文明建设，实质路径就是建设生态文明，其根本目的和最终目标是实现人的发展与自然的和谐，即追求公平、和谐、高效的人文发展，以尊重和把握自然规律为前提，以人与自然、人与人、人与社会、环境与经济、环境与社会的和谐发展为目标，以建立可持续的生态理念、生产方式、消费方式为着眼点，最终实现人的全面发展。其内涵从价值取向看，要以生态文化、生态伦理、生态道德等观念的树立为基础，而且从政府到企业再到公众都应该具有先进的生态意识，具有生态意识和理念就会从被动的执行转为积极的维护，起到人心所向众志成城的效果；从物质基础看，要有发达的经济支撑，而且是环境友好、资源节约的生态经济，提高绿色经济、低碳经济和循环经济在整个经济结构中的比重；从保障体系来看，生态文明的实施必须得有相应的制度保障。

生态文明建设的具体内容包括生态文化建设、生态经济建设、生态环境建设和生态制度建设四个方面，目标是实现社会文化、经济（产业）和生态环境的协调发展，如图 3－3 所示。

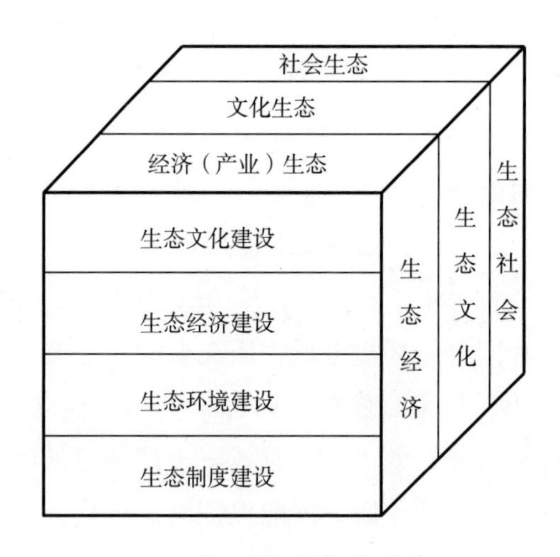

图 3－3　生态文明建设

第二节　理论基础

当代科学发展的趋势和特征是各学科之间互相渗透、互相借鉴，往往会形成一些新的边缘学科，多学科之间共同的特点是科学的方法论。生态文明建设和人地关系地域系统分别是两个涉及多学科的主题内容，二者的协同具有综合性，需要综合多学科理论指导，涉及地理学、系统学、生态学、资源经济学相关学科的区域可持续发展理论、系统工程论、人地关系地域系统协调发展理论、生态伦理理论、自然资本理论等，人地关系研究涉及的相关学科如图3－4所示。

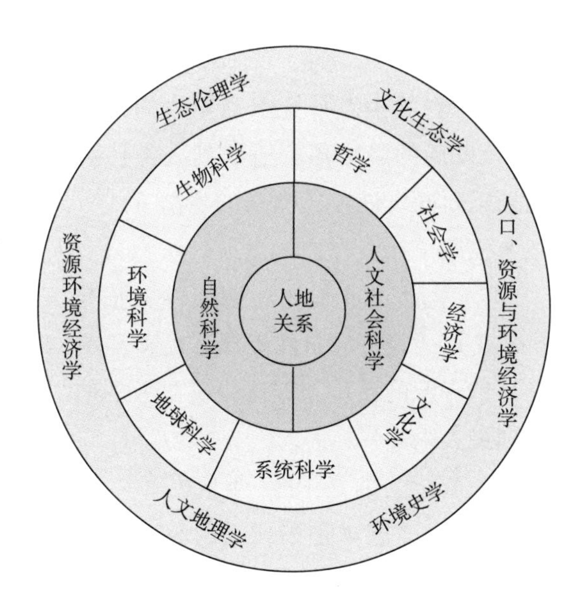

图3－4　以人地关系为研究内容的相关学科梳理

一　区域可持续发展理论

区域可持续发展理论涉及发展经济学、文化生态学、生态伦理学、人文地理学、人口、资源与环境经济学等诸多学科，因此，也是人地系统研究和生态文明建设研究的基础理论之一。发展是人类永恒的主题，发展过程中带来的经济、资源、环境和社会问题以及由此引发的生存危机、生态危机使人们开始理性反思传统发展观中人与自然的关系，可持续发展的概念是在人地关系的反思中提出的。

可持续发展理论是人类社会发展到一定阶段后，对人地关系的深刻认识和反思，不仅是发展模式的变革，更是一场思维和价值观念转变的风暴。自提出后，其概念内涵也在不断完善中，开始局限于可持续能力（Sustainability），可持续能力这一概念由生态学家针对资源的开发利用而提出的，后来这一概念扩展到生态环境系统。1991 年国际生态学联合会和国际生物学联合会联合举行关于可持续发展问题的专题研讨会，将可持续发展定义为：保护和加强环境系统的生产和更新能力。可见，这个可持续发展的定义侧重于生态环境方面。同年，世界自然保护同盟、联合国环境规划署和世界野生生物基金会共同发表了《保护地球——可持续生存战略》一文，文中对可持续发展的定义如下："在不超出支持它的生态系统承载能力的情况下，改善人类生活质量"，将可持续发展的最终落脚点放到人类社会，人们要建立可持续的社会必须采用新的发展方式和新的生活方式。这个定义在保护生态环境的基础上强调了社会方面的发展，认为只有人类社会发展才是真正的发展。也有学者侧重于从经济属性方面定义可持续发展。Edward B. Barbier 在其《经济、自然资源不足和发展》中定义可持续发展为：在保持自然资源的质量和其所提供服务的前提下，使经济发展的净利益增加到最大限度①。

国际社会较为普遍接受的是 1987 年世界环境与发展委员会上提出的可持续发展的定义："能满足当代人的需要而不对后代人满足其需要的能力构成危害的发展。"随着绿色、低碳、循环发展等新概念的出现和生态文明建设的提出，可持续发展的内涵也在不断丰富完善，思想体系逐渐走向成熟。可持续发展包括经济、社会和生态的可持续发展，核心思想是：健康的经济发展应该建立在生态可持续能力、社会公正和人民积极参与自身发展决策的基础上。关注经济活动

---

① 任建兰：《区域可持续发展导论》，科学出版社 2014 年版，第 20 页。

的生态合理性和代际、代内的公平。

区域可持续发展理论是地理学区域视角下与可持续发展理论的结合，可持续发展的经济、社会和生态三个维度与地理学的经济、人文和自然等方面契合，可持续发展落实到不同地域就需要区域可持续发展理论的指导，为人地系统的“三元”结构认知和协调发展提供了理论基础和实践路径（如图 3－5 所示），这也是生态文明建设遵循的基础理论之一。

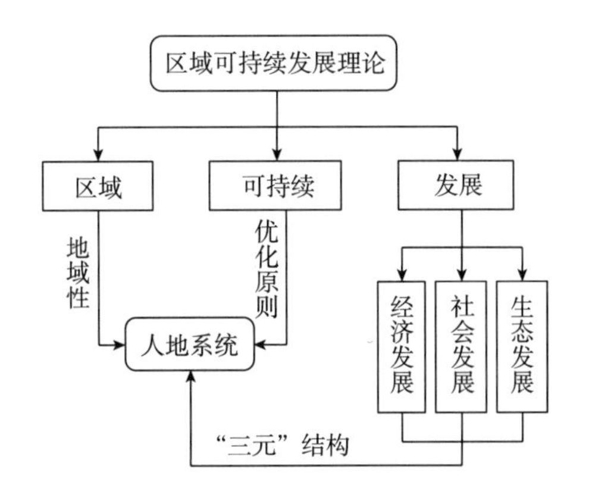

图 3－5　区域可持续发展理论对人地系统的启示

二　系统工程理论

系统工程理论包括经典系统论和现代系统论，其中经典系统论包括一般系统论（研究和处理的对象是相互联系、相互作用的系统）、信息论（主要解决对信息的认识问题）和控制论（解决信息的利用问题），这三个理论是 20 世纪 40 年代末创立，统称为“老三论”。现代系统论包括耗散结构理论、协同论和突变论，创立于 20 世纪 60 年代末 70 年代初，统称为“新三论”。“老三论”和“新三论”中揭示的基本原理和蕴含的哲学观点适用于各种科学，成为各学科的基本方法论，这些理论同样适用于以人地关系地域系统为研究核心的人文地理学。人文地理学可以从“三论”中吸取许多有益的方法论的原理和观点。

（一）系统论观点

一般系统论来源于理论生物学中的生物机体论，是在研究复杂的生命系统过程中产生的，由生物学家贝塔朗菲于1945年发表的论文《关于一般系统论》中正式提出并在1968年出版的《一般系统论——基础、发展和应用》中做了系统阐述，他提出不论系统的种类、组成部分的性质和它们之间的关系如何，存在着适用于综合系统的一般模式、原则和规律，其基本观点是系统具有整体性，要素和系统不可分割，但系统整体的功能不等于各组成要素的功能之和，系统整体具有不同于各组成要素的新性质或功能。另外，系统具有开放性（与环境进行物质、能量和信息的交互）、动态相关性（要素、整体和环境三者之间的动态关系）、层次等级性（结构层次）和有序性（包括结构有序和发展有序）。地理信息系统就是在以“三论”为方法论的基础上创立的。

根据系统论的观点，人地系统作为一个系统，具有整体性、开放性、动态相关性、有序性等特点，同样，人地系统各子系统自身也具有这些特征。

（二）因果反馈原理

根据信息论的研究方法，把系统看作借助于信息的获取、传送、加工、处理而实现其有目的性的运动，其意义在于揭示不同系统的演变过程以及共同信息联系。根据系统论的反馈控制方法，几乎一切控制都有反馈，系统的输出变为输入就是反馈，任何系统只有通过反馈信息才能实现控制。以甲、乙两个子系统为例，其关系如图3－6所示。

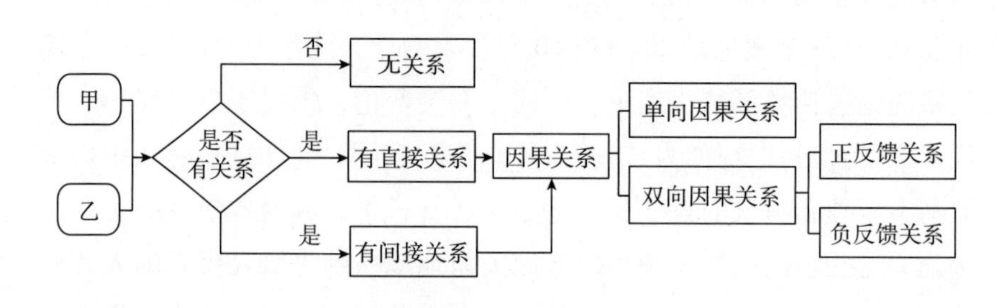

图3－6　两者关系

如果甲和乙之间有正因果反馈关系，则甲增加引起乙的变化，而乙的变化使甲进一步增加；如果是负因果反馈关系，则甲增加引起乙的变化，乙的变化使甲减少，在这个过程中，乙这个子系统的变化由输出变为输入，对甲产生了反馈，正的因果反馈关系使系统远离初始状态而发展，负的因果反馈关系使系统克服外界干扰保持初始状态而稳定。

人类认识自然、利用自然和改造自然的过程就是一个因果反馈过程。人类系统和地理环境系统分别是甲和乙。人类接触自然环境是信息的源泉，感官起着检测信息的作用，感官产生的反应通过神经系统传送给大脑，大脑对信息加工处理后，作出判断并发出指令，再通过神经系统把指令信息传给执行器官（输出），产生相应的控制作用，使人类按指令处理自然环境（甲引起乙的变化），感官再把利用、改造自然环境中的效果作为新信息反馈给大脑（输入），大脑据此做出修正调节的控制机制，经过反复的修正调节达到人类预期的改造自然的结果。

（三）耗散结构理论

耗散结构理论由比利时物理学家普利高津于1969年提出。他指出，“一个远离平衡态的、非线性的开放系统不断与外界交换物质和能量，当系统内某个参量的变化达到一定的阈值时，系统可能发生突变即非平衡相变，由原来的混沌无序状态转变为一种在时间上、空间上或功能上的有序状态。这种在远离平衡的非线性区形成的新的稳定的宏观有序结构，由于需要不断与外界交换物质或能量才能维持，因此称之为‘耗散结构’”（Dissipative Structure）①。平衡态指系统内部没有宏观不可逆过程的状态，系统的自发运动总是向着熵增加的方向。

一个孤立的系统会随着时间增加熵达到极大值，达到最无序的平衡状态，所以孤立系统不会出现耗散结构。在开放的条件下，系统的熵增量 dS 是由系统与外界的熵交换 dS_e 和系统内的熵产生 dS_i 两部分

---

① 唐卫东：《生态经济区运行机制研究》，博士学位论文，武汉理工大学，2012年。

组成的，即 $dS = dS_e + dS_i$[①]。dS 可以衡量系统的状态，负熵越多，有序性越强，系统越来越完善，功能越来越好。一个系统形成耗散结构时 $dS = 0$，此时 $dS_e = -dS_i$，即一个系统只要给予足够的负熵流便可以形成耗散结构。

人类系统和地理环境系统相互作用、相互影响构成了更高级的系统——人地系统，人地系统良好功能的维持必须从外部环境不断获取负熵。同时人类系统和地理环境系统也分别存在熵流，对地理环境系统（以 $d_{地} S$ 来表示）而言，成为耗散结构时 $d_{地} S = 0$，则 $d_{地} S_e + d_{地} S_i = 0$，对其积分有：

$$\int d_{地} S_e + \int d_{地} S_i = C (C 为常数) \qquad (3-1)$$

由此可见，地理环境系统的熵流和系统内熵产生的和是固定的，那么二者就是此消彼长的关系。人类系统也是耗散结构，不断地从地理环境系统中获得负熵而维持其有序结构，这意味着地理环境系统熵产生，$\int d_{地} S_i$ 不断增大，那么其熵流 $\int d_{地} S_e$ 在不断减小，这意味着地理环境系统在不断走向退化和无序，而要想达到人地系统的共生和谐，人类系统和地理环境系统均需要向有序方向发展，因此，必须约束或限制人类系统从地理环境系统中获得的熵流。

耗散结构理论从熵流的角度为人地系统中人类系统对自然环境系统的开发强度与人地系统的和谐发展提供了理论支撑。人地系统的每一次动态演化都伴随着物质、能量和信息的传递和交换，并可以看作一个远离平衡态、非线性的耗散结构。

（四）协同论（协同学）

协同论是研究不同事物的共同特征及其协同机理的理论，由德国物理学家哈肯创立，主要研究远离平衡态的开放系统在与外界有物质、能量交换的情况下，如何通过自己内部协同作用，自发地出现时间、空间和功能上的有序结构。它着重探讨各种系统从无序变为有序

---

① 潘玉君、李天瑞：《困境与出路——全球问题与人地共生》，《自然辩证法研究》1995 年第 6 期。

时的相似性。哈肯认为，之所以称为“协同学”，一方面是因为研究对象由许多子系统组成，子系统通过联合作用产生宏观尺度上的结构和功能；另一方面，它又是由许多不同的学科进行合作，来发现自组织系统的一般原理。哈肯在阐述协同论时讲道：“我们现在好像在大山脚下从不同的两边挖一条隧道，这个大山至今把不同的学科分隔开，尤其是把‘软’科学和‘硬’科学分隔开。”①

生态文明建设和人地系统优化是两大不同内容的主题，但是有共同的特征和协同机理。协同学理论能为生态文明建设和人地系统优化两座大山提供了一个连接的隧道，实现二者的协同分析和相互促进。

三　人地关系地域系统协调发展理论

1979 年吴传钧先生在第四次地理学代表大会上提出，地理学研究的特殊领域是人地关系地域系统，人地关系地域系统中的“人”是以人口、人的经济活动及社会环境为一方组成的系统，“地”是指由人的各项活动赖以生存的自然环境和生态系统组成的自然生态系统。“‘人’和‘地’两方面的要素按照一定的规律相互交织在一起，交错构成复杂的、开放的巨系统，内部具有一定的结构和功能机制，空间上具有一定的地域范围，构成一个‘人地关系地域系统’。”② 吴先生于 1981 年明确提出了“人地关系地域系统”这个概念，1991 年提出人地关系地域系统是地理学的研究核心，于 2008 年对人地关系地域系统理论做了重要阐释，指出人地系统优化调控的紧迫性和必要性。在理论层面上，王铮于 1995 年提出人地关系的中心是 PRED（人口、资源、环境和发展），人地关系转向更具体、更有意义的 PRED 系统的协调路径探讨。陈传康和牛文元于 1998 年提出“人地关系优化”这一概念，胡焕庸和严正元围绕人口问题提出协调人地关系的路径，从环境人口容量、人口与水资源、人口与耕地资源、人口增长与资源消耗等方面分析人口和环境、人口与资源的关系；在优化调控方

① ［德］赫尔曼·哈肯：《协同学——大自然构成的奥秘》，凌复华译，上海译文出版社 2005 年版，第 12 页。

② 吴传钧：《论地理学的研究核心——人地关系地域系统》，《经济地理》1991 年第 3 期。

法上，吴先生赞同钱学森的观点，要以“定性和定量相结合的综合集成方法”研究人地关系巨系统的结构和功能，认为人地关系地域系统内部的协调度，人类开发利用和调控的幅度等都应该量化，因此国家或区域层面的指标体系研究和制定具有重要意义。

人地关系地域系统的形成过程、结构特征以及发展趋势等方面的理论研究，人地系统中各子系统潜力估算、相互作用强度分析和评价，特定地域人地关系的仿真模型和预测分析，人地系统的地域差异规律和人地系统的地域类型划分，这些内容都是人地关系地域系统协调发展的重要研究命题。

人地关系地域系统内部结构复杂、具有一定的功能，作为一个系统主要有以下特征：整体性、动态性、复杂性和协调性，其人口、资源、环境的协调发展是区域可持续发展的理论基础。人地关系地域系统协调发展理论为本书人地系统优化提供直接的理论支撑，与生态文明建设的协同在于，人地系统不断优化的过程就是生态文明建设过程。生态文明作为人地系统优化的上层建筑，以生态文明、生态文化的理念指导人地系统优化成为生态文明实现的路径。

四　生态伦理理论

生态伦理的探讨始于法国思想家施韦兹在《文明的哲学：文化与伦理学》一文中提出的新伦理观点，他指出不仅人与人之间是平等的，万物之间也是平等的，主张创立生态伦理学。传统的伦理观只存在于人与人之间，而生态伦理观将伦理道德观念扩大到人和自然界中。美国环境学家莱奥波尔德于1933年出版的《大地伦理学》指出人类并不是自然的统治者和主宰者，而是大自然中平等的一员，人类应当从全局出发来重新认识与自然的关系而不是仅考虑自身的利益。生态伦理学在20世纪40年代逐渐发展起来，成为一门新兴的伦理学分支学科。它将人类社会中伦理学的知识与生态学相结合，将伦理学中人与人的道德关系和规律用于研究人与自然关系方面，探索人们对自然的行为准则和规范，其致力于保护自然环境的生态平衡，使人类在良好的生态环境中生存和发展。

生态伦理自诞生以来，引发了非人类中心主义对人类中心主义的谴责和批判。人类中心主义认为，物我中心法则是一切生命的本性，也是生命进化、生存的内在动力，人类作为最高等的生物也符合这一法则，而且认为人类中心主义是以全人类共同的利益为目标。非人类中心主义则认为，"工业文明并不是生态危机产生的深层原因，社会普遍认同的征服与主宰自然的观念才是引发全球生态危机的根源，人类中心主义的观念是造成地球困境的罪魁祸首"①，主张摒弃人类中心主义、建立非人类中心主义的生态伦理体系，即认可自然的固有价值和存在权利，给予其以平等的道德关怀。人类中心主义与非人类中心主义都有合理性，也有一定的片面性。人作用于地的过程中，应该尊重自然界中其他生物的生存和发展权利，避免单纯从人类需求和利益出发去认识和改造自然，但同时，人类是地球上唯一具有伦理道德观念和理性思维的主体，生态伦理学规则的制定和执行都由人类自身来承担，最终的目的还是给人类提供一个适宜的生存环境。如果放弃人类在生态伦理学问题上的主体地位和责任，为保护生态环境而停止对自然的开发和利用，则人类自身的生存和发展就将成为问题。因此，生态伦理学为人地关系的和谐共生提供了新的视角，即人类既要生存和发展又要保护好生态环境，同时，生态伦理学也为人地系统内部子系统的相互关系提供了一个多元化视角，人与人之间、人与社会之间的利益分配关系以及人与自身的关系都应该是人地系统的组成部分（如图 3 -7 所示），为人地系统的优化提供路径，同时也为生态文明建设和人地系统优化中的不协同因素识别提供理论指导。

五　自然资本理论

资本理论属于经济学基础理论之一，亚当·斯密提出，国民财富多少取决于资本存量，这里的资本指机器、厂房、土地，可见，在早期的西方经济学中就把土地这项自然环境资源资本化。后期发展的生产理论中生产函数仅包括劳动力、资本等投入要素，这里的资本一般指固定资产投资，能为资本家带来财富的物，并没有涉及自然环境资源要素。马克思、恩格斯却认为，资本不是物，而是以物为媒介的一

① 周围：《生态伦理学的若干热点问题》，《环境教育》2010 年第 4 期。

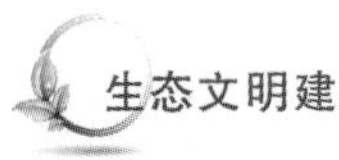

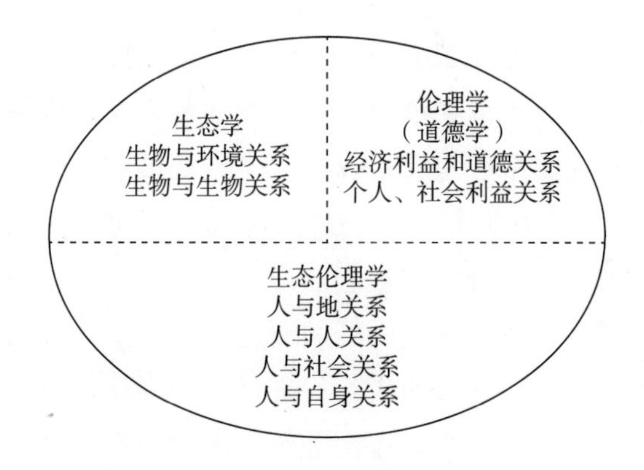

图3-7　生态伦理学对人地系统的启示

种人与人之间的生产关系，例如纺纱机只有在一定的生产关系下才能成为资本，他们关于资本的价值理论与西方经济学家的观点一致，即资本是能为资本家增加价值或财富的，或者说，资本是能带来比自身价值更大的价值。随着经济社会快速发展，全球范围的生态危机显现，环境污染与资源短缺、生态系统服务功能降低使人们重新认识财富和资本的内涵。1948年美国学者 William Vogt 首次提到“自然资本”这一概念，认为滥用自然资本会对美国产生不利影响。可持续发展思想的提出，充分重视自然环境资源的价值，认为环境资本是人类一切发展活动的基础，决定了人类经济活动的上限，因此应把环境当资本来看待。资本的内涵随着可持续发展思想的提出而得到延伸和扩展，自然资本的理念受到重视，将自然环境资源资本化、价值化也实现了经济发展和环境保护的有机统一。但这里所说的资本并不等同于西方经济学中关于资本为资本家增加财富的理解，也不是马克思、恩格斯透过现象看本质的资本是生产关系的理解，而是应该看到自然本身能通过繁衍而增加价值，而且即使没有人类的劳动，自然价值也存在，对人类的现在或未来带来更大的生产、生活以及生态系统服务功能。自然资本的解析如图3-8所示。

Daly于1996年界定了自然资本的内涵：能够在现在或未来提供有用的产品流或服务流的自然资源及环境资产的存量。Mark T. Brown 和 Sergio Ulgiati（1998）从能值理论的角度，将自然资本定义为产生

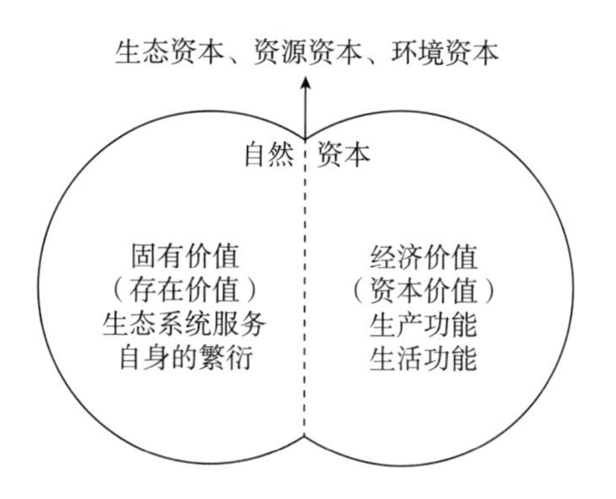

图 3-8　自然资本理论的解析

环境资源的物质和能量储存，把自然资本具体划分为可更新资源（生物量、有机质、动物和水等）和不可更新资源（化石燃料、矿藏等）的储存量。孙冬煜与王震声等（1999）以及陈劭锋与杨红（1999）将自然资本内涵扩展为：自然资源存量和环境服务的总称。长期以来，人类为了满足自己的物质需求无视自然资源的有限性，不断从自然界中获取物质和能量，当自然环境急剧恶化、自然生态系统服务功能降低时，人类才认识到自然的价值，随着可持续发展思想的提出，自然资本的理念也逐渐被接受，自然资本理论在生态文明建设、协调人与自然关系以及人类经济活动与保护环境的关系、人类的可持续发展等方面具有重要的应用。首先，自然是一种资本，能提供各种物质资料，而且自然能通过自身的增值不断生产更多的物质资料，因此自然有很大的价值。其次，为了让资本增加而带来更大服务价值，人类需要帮助自然不断扩大、改善自然的繁衍。另外，自然作为资本具有稀缺性，必须提升自然资本的利用率和投入产出率，这就需要人类科学技术的介入①。因此，自然能通过本身的繁衍和增值为人类提供更大的服务和功能，人类不仅能从自然中获取当代人生产、生活需要的物质材料，子孙万代的物质生活资料和美好环境也能够得到满足，因

① 程钰、尹建中、王建事：《黄河三角洲地区自然资本动态演变与影响因素研究》，《中国人口·资源与环境》2019 年第 4 期。

此，当前人类应该在尊重自然、珍惜自然的基础上适度地利用、改造自然，以扩大自然资本的功能与服务。同时，人类可以使自然不断增值和扩大，自然资本提供更多价值。

综上所述，生态文明建设和人地系统优化的协同理论基础如图3－9所示。

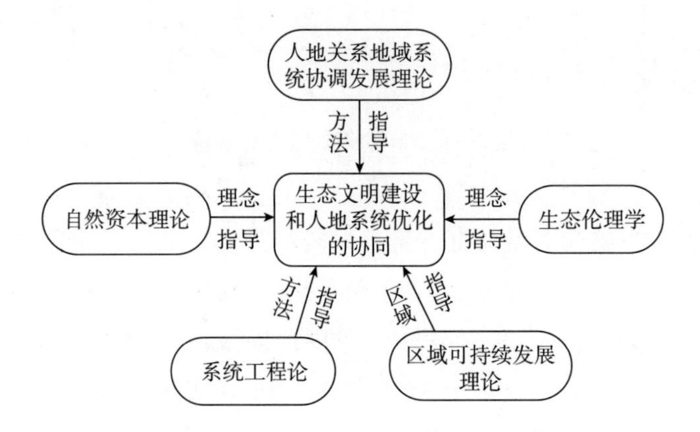

图3－9　生态文明建设和人地系统优化协同的理论基础

第四章

生态文明建设与人地系统优化的协同机理

生态文明建设与人地系统优化有着显著的协同机理。从时间尺度看，人地系统是地理学研究的核心内容，人地互为作用的过程就是文化、文明成果不断积淀升华的过程，从采集渔猎文化到农业文明、工业文明再到生态文明，人地关系由共生协调到人地矛盾逐渐升级甚至激化进而提出了生态文明建设。生态文明建设既是推进我国社会主义现代化建设可持续发展的伟大实践，也是对人类文明发展的重大创新。文化、文明成为人地系统优化和生态文明建设的纽带。从空间尺度看，人地系统具有地域性，不同地域的人地系统孕育了不同的生态文化、生态文明意识，因此，人地系统的优化也具有地域性，这与生态文明建设不谋而合，因为生态文明建设就是在考虑区域本底条件和地域文化基础上的建设，其实现的根本路径就是人地系统的优化。二者的协同既体现了地理学服务国家建设的战略需求，也通过生态文明的视角拓宽了对人地系统的理论认识，由人地“二元”结构升华为“三元”结构，因此，梳理生态文明建设和人地系统优化的关系、深入追溯分析二者的协同过程并透彻理解其协同的影响因素和不协同因素，将有助于二者协同机理的剖析。

第一节 生态文明与人地系统的协同演变

自距今三四百万年前人类起源后就产生了人地关系，可见，人地关系的演变是一个漫长的历史过程。地是客观存在且没有自身利益的实体，人既是地的产物也是人地关系中的能动者，人的生存与发展、生活与享受、占有的多寡都取之于地、谋之于地，且人在认识和改造地的过程中形成复杂的社会关系，所以人具有多重对立而又统一的身份，既有自然属性又有社会属性，既依存于地又独立于地，既是地的产物也是地的改造者。人地关系也随着人类的不同行为而产生并不断发展变化，这个过程产生了文化，当文化的成果积淀升华就会产生文明，人类文明史距今有五六千年时间，所以文明并不是与人类伴随出现的，而是社会经济条件发展到一定阶段的产物，代表了一种开化的状态，文明的创造和进化是一个长期的历史过程，指人类在改造自然、社会以及自身的过程中所取得的积极成果。人类文明发展史也是一部人地关系史，不同历史时期的文明形态都是当时人地关系互为作用的结果，同时，每一时期文明的升华都离不开人对人地关系认知的深化。人地关系与文明的积累升华呈螺旋上升状态（见图4－1）。

现代时—空理论认为，物质系统的演化和发展特性是在它的内部结构组织影响下形成的，外部因素主要通过对结构组织的作用而影响物质系统的发展。按照此原理，人地系统内部结构组织的变化推动了人地系统的发展演化，而内部结构组织的变化又是以人地系统中的主导因素人的需求为推动力的，以外部地理环境因素、区际关系因素、人类的产业活动等为驱动因素。人地关系中“人”的要素集中表现为按照一定生产关系集结起来的人类整体及其为生存发展而进行的核心社会活动[①]，包括拓荒、耕种、采掘和加工等农业、工业生产活动以

① 李小云、杨宇、刘毅：《中国人地关系的历史演变过程及影响机制》，《地理研究》2018年第8期。

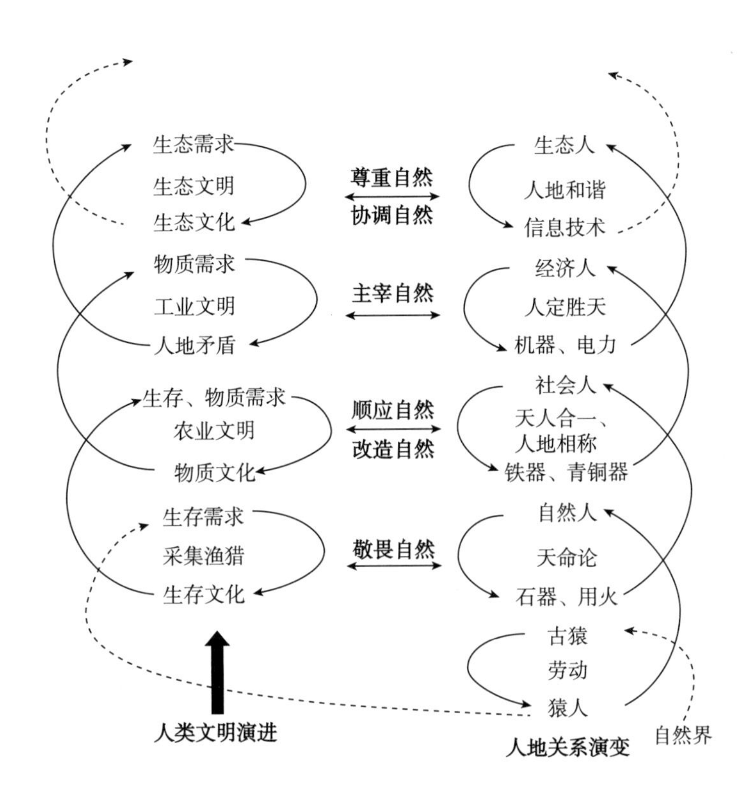

图4－1　人地关系互为作用与文明成果的积累升华

及人自身的生产活动等，这个过程中也会有工具、制度以及对“地”的价值取向的发展变化，具体内容和形式随时代而变迁；“地”的要素体现在为了满足人类需求而被纳入人类认知和实践领域的自然资源和环境，如土地资源、水资源、能源、生态环境等。两者之间始终围绕人对“地”的依赖性和能动性产生关系①，即人的生存活动、发展活动离不开“地”所提供的空间场所、资源、环境，同时人也根据自己的需求主动认识、利用和改造“地”。人为了适应、利用、改造自然而创造生产工具，在人地互为作用过程中产生组织形式、设立制度，同时，形成不同的人地关系价值观。因此，工具、制度和价值观念构成了文明的三个基本要素，生态文明就是文明要素不断积累升华

① 郑度：《21世纪人地关系研究前瞻》，《地理研究》2002年第1期。

的产物，也就是人地互为作用发展到一定阶段的产物，这是一个漫长而又曲折的过程，先后经历了四个阶段：人地互为作用形成敬畏自然的生存文化观——采集渔猎时期，人地互为作用形成顺应、改造自然的阶段——农业文明时期，人地互为作用形成的主宰自然阶段——工业文明时期，以及人地互为作用形成的尊重、协调自然的阶段——生态文明时期。不同文化、文明时期人地系统的结构特征如表4-1所示。

表4-1　不同文化、文明阶段人地系统的结构特征

发展阶段	采集渔猎	农业文明	工业文明	生态文明
人的需求	生存需求	生存、物质需求	物质需求	精神、发展需求
主导产业	渔业、狩猎	农业	工业、信息产业	生态产业
环境响应	自然演进	低度、缓慢退化	环境恶化、污染加剧	修复协调
主要影响因素	自然条件	自然条件	自然资源、科学技术	文化、制度
区际关系	封闭孤立	封闭、掠夺	掠夺、产业转移	互补互助
空间尺度	个体/部落	部落/国家	地区/国家	国家/全球
人地观	敬畏自然	顺应、改造自然	主宰自然	尊重、协调自然
文化积淀	生存文化	物质文化	物质文化	生态文化
制度建设	氏族、部落	君主专制/民主法治	资本主义制度	生态文明制度

一　采集渔猎阶段人地互为作用形成敬畏自然的生存文化观

最早的人类——猿人是古猿经过数百万年的漫长岁月，在万物更迭交替变化中通过劳动逐渐进化而来的，形成在距今三四百万年前。当远古的猿人使用粗糙的石器脱离了古猿动物界和单纯的自然状态使自己成为人开始，就形成了人地关系，采集渔猎社会就形成了，这是人类发展史上最长的一个阶段。

（一）“人”“地”状态背景分析

这一时期人的状态是“自然人”，只是自然生态系统食物链中的一个环节，与其他生物共同竞争生存资源，主要的需求是生存和安全需求。人口规模总体上很小，据古人类学家推算，旧石器时代末期地

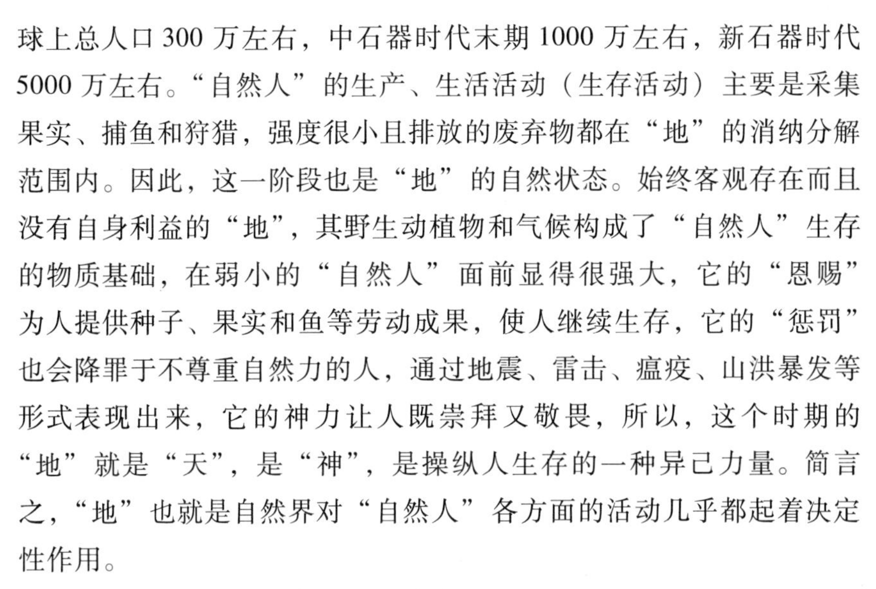

球上总人口300万左右，中石器时代末期1000万左右，新石器时代5000万左右。“自然人”的生产、生活活动（生存活动）主要是采集果实、捕鱼和狩猎，强度很小且排放的废弃物都在“地”的消纳分解范围内。因此，这一阶段也是“地”的自然状态。始终客观存在而且没有自身利益的“地”，其野生动植物和气候构成了“自然人”生存的物质基础，在弱小的“自然人”面前显得很强大，它的“恩赐”为人提供种子、果实和鱼等劳动成果，使人继续生存，它的“惩罚”也会降罪于不尊重自然力的人，通过地震、雷击、瘟疫、山洪暴发等形式表现出来，它的神力让人既崇拜又敬畏，所以，这个时期的“地”就是“天”，是“神”，是操纵人生存的一种异己力量。简言之，“地”也就是自然界对“自然人”各方面的活动几乎都起着决定性作用。

（二）适应自然环境的工具创造

人类初期用双手或简陋的、几乎是自然界的直接产品——石制、骨制、木制等工具进行采集和渔猎活动，直接获取少量的物质资料用以果腹和生存，除此之外没有真正意义上的经济活动，改造自然的能力极其薄弱。在漫长的渔猎竞争生活中，学会了改进工具和生火，骨制鱼钩和木制弓箭发明以及磨制石器工具的使用，极大地提高了“自然人”获取生活资料和适应自然的生存能力。恩格斯认为：“弓箭对于蒙昧时代乃是决定性武器。”从害怕火到使用天然火，从偶尔使用天然火，到有意识地保存天然火种以便经常使用，再到掌握人工取火的方法，经历了一个漫长的探索过程。火的使用极大地改变了人们的安全条件和健康条件，用火驱逐野兽保护自己的安全、用火照明、取暖、狩猎、做熟食、制造生产工具，他们的生命有了更多的保障，生存和安全的需求得到了极大的满足。陶器的发明开启了人类最早利用化学变化改变天然性质的时代。

（三）适应自然环境的组织或制度形式的确立

由于“自然人”单身无法同自然抗争，为抵御野兽的侵袭和合作捕食必须共同劳动而群居。生产活动的方式是简单分工协作，以年龄和性别进行自然分工，男子主要从事渔猎活动，妇女主要从事采集活动，但获取的生活资料平均分配。到了旧石器时代晚期，生产力的发展和对作物的培育使人类转入相对稳定的定居生活，人口数量逐渐增多，同时意识到家族内部近亲婚姻对后代体质不利，逐渐走向氏族公社，实行族外婚制，互相通婚的两个氏族形成部落。妇女在采集的过程中逐渐了解某些农作物的生长过程并加以培植，于是出现了原始农业，由于女性采集和种植比男性渔猎获取的生活资料更有稳定性，女性劳动在生产中占有重要地位，加之女性在氏族中承担着繁衍后代的作用因而受到尊敬，于是进入母系氏族社会。

有的部落中从事狩猎的男子学会驯养动物以获得乳、肉等生活资料，随着较大规模畜群的形成，这些部落发展起畜牧业，畜牧业成为生活资料的主要来源，进而成为社会生产的一个主要部门，农业和游牧从采集狩猎中分离出来，也就是第一次社会大分工，改变了人们与自然界相处的方式，人类不再以现成的自然物为劳动对象，而是更有效率地获得所需的食物，而且满足人类的生存需求后还出现了剩余农产品。有了剩余粮食，部分人可以不参加劳动而专门从事手工业，于是出现了手工业从农业、畜牧业中分离出来的第二次社会分工。于是，在各部落的接触点上出现了小范围偶然性的产品交换和初级的不稳定的地域分工。男子在农业、畜牧业和手工业等主要的生产部门中逐渐占据主导地位，于是母系氏族社会慢慢过渡到了父系氏族社会。

（四）人地适应过程中形成的价值观

“自然人”对“地”是完全依赖和被动服从的，利用现成的自然资源谋生，生产方式和生活方式是与自然融为一体的，但在外部自然界的压迫和驱使下随时随地都可能遭到强大的、异己的自然力量的威胁和侵扰，因此，在“自然人”看来，他们的生存和延续取决于对自然力的态度，万物有灵论、图腾崇拜、巫术、宗教禁忌和自然神灵等原始宗教形式产生，通过仪式表达对“神”的顺从和敬畏，以实现和自然关系的和解，体现了“自然人”敬畏自然的生存文化观，人地关系是一种原始共生状态，但这种共生更多地表现为对自然的被动依赖和服从，对自然的认知很少。采集渔猎后期英雄崇拜的出现，意味着“自然人”的观念从对自然的顶礼膜拜转向增强人的主体意识，对人

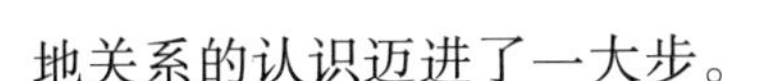

地关系的认识迈进了一大步。

综上所述，为了获取更多的食物来源而改进生产工具，为了不成为生物链中的被食者而群居，为了繁衍后代而尊重女性进入母系社会，为了不遭受自然的惩罚而对自然顶礼膜拜，“自然人”为了生存和安全而进行的物质、精神活动以及生产、生活方式的所有活动都构成了这一时期敬畏自然的生存文化观。带着这些生存文化的积淀人类进入文明时期。

二　农业文明阶段人地互为作用形成的顺应自然的文明观

采集渔猎社会末期，原始农业得到了发展，人们过上了相对稳定的生活，随着牧业、手工业和商业相继从农业中分离出来，形成三次社会分工，生产效率得到极大的提高，生产力水平提高有了剩余产品，一些氏族部落首领为了占有更多剩余产品，对外商品交换、对内分配产品的过程中私自占有集体财产，另外，生产力的发展使个体劳动取代了集体劳动，私有制日益发展和巩固。私有制的产生必然伴随着贫富分化和社会分工，随之出现了对立的奴隶主阶级和奴隶，奴隶主为了维护自身的经济利益和社会地位而逐步建立了军队等管理机构，城市、国家、文字等都随之出现，社会开始多元化，文明也随之产生，按照生产方式划分，人类先后进入农业文明和工业文明时期。两河流域的古巴比伦、尼罗河流域的古埃及、印度河流域以及中国黄河中下游成为世界农业文明的发源地。农业文明在距今五六千年前形成，持续到18世纪初。

（一）“人”“地”状态背景分析

人口的自然增长呈“高高低”模式，即高出生率、高死亡率和低自然增长率，但自然增长率大于零，人口数量不断增加，产生了更多的粮食需求，而土地资源是获取粮食的重要来源，因此人口（后期是劳动力）和土地资源的关系成为农业文明时期人地关系的主要内容。经历了采集渔猎时期的“自然人”状态，这一时期人的社会属性得到最大限度的发挥，根据马克思、恩格斯对社会属性的阐述，人的社会属性包含劳动、政治和教育三个基本特性，农业文明时期朝代更替、政治动荡，人与人的生产关系复杂，等级制度将人划分为不同的社会集团，使社会结构呈金字塔形。因此，这一时期人的状态可以称为“社会人”。“社会人”不再从大自然中直接获取生活资料，而是通过畜牧业和种植业等经济活动获取五谷杂粮、牲畜和家禽等生活所需品，因此，整个社会的人的低层次需求满足程度比采集渔猎时代有所提高，不同阶层人的需求得到不同程度的满足。被统治阶层生理需求和安全需求得到极大提高，归属和爱的需要得到一定程度的满足，而统治阶层除了生理需求、安全需求、归属和爱的需求之外，尊重需求和自我实现需求也基本得到满足，人的能动性得以积极发挥，促进了经济的增长，人类结束了缓慢发展的状态而开始加速发展。从自然环境看，地球上最后一次冰期结束进入间冰期，气候变暖使很多动植物的生存条件发生改变，有些动植物适应生存条件而保留了下来，总体上，保障人生存和发展的“地”类要素可归纳为土地和淡水等农业资源。为了争夺水土资源而发生的人类战争更是占据了这一时期战争的绝大多数，也使人与自然、人与人的紧张关系呈现出局部性特点。

（二）改造自然的工具创造

青铜器的冶炼和铸造技术，成为世界文明的象征，铁器的大规模冶炼和牛耕的发明，使农业生产效率大幅提高，人们不仅使用金属工具，而且学会使用畜力、风力、水力等自然力，说明“人”对“地”的顺应和改造程度逐渐增强，从环境的直接消费者、消极适应者摇身一变成为对自然环境的主动改造索取者。此外，为了应对干旱时期的水资源缺乏，古中国人和古埃及人修建了大量的渠道、水库，都江堰始建于公元前256年左右，是古中国人修建的一项大型水利工程，在防洪灌溉方面发挥着重要作用。在进行农耕和修建水利工程的同时，古人积累了丰富的农业知识和数学知识，观察分析自然规律总结出天文历法用于指导农事生产，发展了高水平的农业，促进了农耕文化的发展。公元前3000年左右，苏美尔人迁徙至两河流域南部一带，发展灌溉设施并在生产过程中发明了人类最早的象形文字——楔形文字，创造了城市并建立了12个城市国家，辉煌的苏美尔文明向周围扩大成为巴比伦文明。这一时期，以四大文明发源地为中心，世界农业迅速发展的同时，制陶制瓷业和纺织业等手工业和冶金业等产业也

发展迅速。

（三）顺应、改造自然的组织或制度形式的确立

人的居住方式不再是移动的群居而是以稳定的家庭为单位居住，人的组织形式不再是以血缘氏族为单位，而是形成国家，小有家大有国，为人们提供了强大的安全屏障。同时，相对于采集渔猎社会人和人的简单共生关系，这一时期人地系统中的“人”变得多元化，人与人的关系体现在多个方面，如国与国之间（或不同地域之间）、个人与国家之间以及不同阶层人的利益关系上，剥削与被剥削、不公平的情况普遍存在，甚至有些人没有人身自由。土地资源是农业文明时期人地关系、人人关系、地域联系等各种关系的纽带，对土地资源的争夺是导致人与人关系紧张的主要原因。粮食生产和人的生产共同影响整个社会的发展，人均粮食充足满足了个人需求则社会繁荣稳定，人均粮食不足生存需求得不到满足则会引发社会动荡，如农民起义或国家之间的征伐。因此，围绕土地制度的改革以协调人地关系是这一时期制度形式的主要内容。以我国为例，夏、商、周王朝和春秋时期，奴隶主阶级按等级分封占有和管理土地，经营方式上是以村社为单位的井田制，井田制实际上是土地私有的一种形式，代表了少数人的利益。自秦朝开始以封建土地所有制为主，实行赋税制，存在国家、地主和农民三个农业所有主体，历史上土地制度的变革，始终围绕土地权益在这三个主体之间的利益调节，从商鞅变法到北魏均田制，从唐两税法到明朝的“一条鞭”法和清朝的“摊丁入亩”，都体现了国家通过土地制度的调控来协调不同时期的人地关系，因为土地带来的社会问题往往是引发农民起义的导火索。但不论是国家的宏观调控还是两税法等市场机制办法的运行，不能从根本上解决地主阶级和农民阶级的根本对立性矛盾，两个阶级围绕土地资源进行的对立矛盾推动着中国封建王朝的兴衰更替。简言之，均田薄赋、经济发展，人口增长、土地兼并，动乱分裂、改朝换代是中国历史时期周期性演变的主旋律。从国家层面看，中国的土地所有制形式是地主制，西方是领主制，中西方的国家制度形式有所不同，受以家庭为单位的小农经济和儒家思想影响，古代中国是专制主义中央集权制度，科技和文艺成果

丰富，指南针、火药、造纸术和印刷术四大发明和诗词歌赋等在世界文明史上产生巨大的影响。而古罗马、古希腊则实行民主法治制度，哲学、建筑、雕塑等体现人文精神的成果突出。因此，在农业文明时期这一大的背景下，不同地域或者同一地域的不同时期组织制度或形式有差别，形成不同的地域文化。

（四）人地适应过程中形成的价值观念

人的自我意识增强，也逐渐意识到土地对人类本身的价值，因而积极地、有意识地开发和利用土地资源以获取更多的粮食满足对农产品的需求，从物质形态上表现为铜器和铁器的广泛使用，比如铁犁、铁斧等铁制农具，人作用于地的方式越来越多样化，局部地区出现围湖造田、兴修水利等工程，而且役畜在农业生产中普遍使用。农耕技术的发展和优越的自然条件催生了世界四大文明发源地，以及若干地区的20多个文明中心。但由于人作用于地的观念、方式和强度不同而导致不同文明的兴衰。2100多年前，古楼兰地处丝绸之路的交通要道，是中国、波斯、印度、叙利亚和罗马帝国之间的中转贸易站，曾是当时世界上开放、繁华的大都市，但公元400年左右，高僧法显途经楼兰时记载："上午飞鸟，下午走兽，遍望极目，欲求度处，则莫知所拟，唯以死人枯骨为标识耳。"楼兰文明盛极而衰，公元500年左右神秘消失。楼兰消失之谜引发了学术界的研究，已经发掘的墓葬大量使用木材，有学者认为植被的破坏导致绿洲的衰败进而导致文明的衰退。古巴比伦文明由于发展灌溉农业造成土地盐碱化，致使土地生产力下降最终走向衰落。中华文明的传统人地观中，出现了朴素的人地和谐观，如古中国道家和儒家提出的"天人合一""道法自然""人地相称"等观念，蕴含着丰富的哲学智慧，使中华文明成为世界上唯一一个未间断传承的古老文明。古希腊哲学家倡导万物的有机联系和整体性，对世界的认识表现为追求和谐的不朽。米利都学派的阿那克西曼德则认为万物没有一种固定形态，呈"无限者"形式，只有这样的"无限者"才是万物的本原，把世界看成是气的源泉，我们周围的一切都是由气包围着，表明有神论思想退出舞台，地理环境决定论等思想产生。

综上所述，“社会人”开始以缓慢的速度利用不可再生资源，青铜器、铁器等生产工具，是继陶器之后利用化学变化改造天然原材料的又一进步。由于社会生产力水平和科学技术水平低，区域人地关系是否和谐主要体现在人类能否适应区域自然环境的特点，适度地利用和改造自然，使自然环境为人类生活和农业生产活动创造有利的条件。苏美尔人和楼兰人在早期都较好地利用了当地自然环境特点和优势条件，因势利导，实现了人地关系的和谐和文明的繁荣昌盛，但一旦利用自然超出其承载能力，则人地关系的平衡被打破而且难以修复，甚至使一些脆弱的生态系统遭到不可逆转的破坏，就会导致文明的衰亡。总体上，虽然这一时期“社会人”的生产、生活活动、战争等行为改造了自然，引发局部地区的水土流失、洪水泛滥、气候变化、种族退化等问题，但秉持“天人合一”“人地相称”等顺应自然的理念，并未对自然造成根本性的破坏和整体状态的改变。

三　工业文明阶段人地互为作用形成的主宰自然的文明观

农业文明时期的农业活动、后期的工场手工业建立与发展以及西方国家远洋航海事业和探险活动所积累的物质文化和精神成果，为产业革命的发起奠定了基础，而且西方经历了文艺复兴以后思想发生重大变革，科技和知识的力量受到重视。在这些物质成果和精神成果的背景和基础上，纺织机、蒸汽机车及汽船的发明、改进以及在工农业生产中的应用将人类带入工业文明时期。始于 18 世纪初的英国工业革命，标志着人类社会由此进入了新一轮的加速发展时期。

（一）“人”“地”状态背景分析

世界人口数量快速增加，总体呈现高出生率、低死亡率、高自然增长率的发展模式。由于工业化开始时间不同和发展程度差异，不同国家的人均收入差异很大。人的受教育年限延长、医疗水平提高、人的寿命延长，但不同国家和不同区域差异显著。人的能动性得到空前的发挥，科学的发展以及随之而来的技术手段的应用使生产力水平得到极大提高，从而带来物质财富的快速积累，物质需求异化为人自我价值实现的方式，因此，这一时期人的状态可以称为“经济人”，相比农业文明时期，“经济人”完全打破了“地”的限制，利用改造

"地"的能力发生了质的飞跃。

人的需求由以农产品为主的物质需求转向以工业品为主的物质需求，矿产资源也取代土地资源成为人类广泛开发利用的首要"地"类要素，而湿地、水源等公共资源和环境成为"公地悲剧"的主角。在利润最大化的驱使下，对公共资源的使用出现无规则竞争和掠夺，致使生态环境外部负效应频发。另外，从资源的供给和环境的容纳能力来看，人口的爆炸性增长、整个社会对物质财富崇拜引领下的个人消费行为的铺张浪费、科学技术对自然资源的疯狂掠夺以及工业生产的废弃物不加处理的排放，这些种种行为超过了自然资源的供给能力和环境的纳污消污能力。"经济人"与自然环境之间的物质循环和能量转换的广度和深度都大大超过了农业文明时代，于是，"经济人"物质需求的无限性和自然环境供给能力、废弃物消纳能力的有限性形成了日趋尖锐、不可化解的矛盾。

（二）改造自然的工具创造

"经济人"借助现代科学技术手段生产劳动工具，从自然界中榨取式地获取自然资源，极大地增加了社会占有。在工场手工业时期，生产劳动工具的工场涌现，不同劳动工具连接起来逐渐产生机器，机器逐渐代替了手工劳动，矿山燃料的动力取代了畜力、风力、人力等，大机器生产工具广泛应用于工业、交通运输业和农业，化学工业和电力工业和各种物质生产部门得以快速发展，信息技术、生物技术、能源技术等新科技革命推动着人类社会发展，"经济人"眼中的自然界就是获取资源和财富的工具，其存在就是为人而存在的、工具意义的存在，只要能为人类所用就是有价值的，而不能转换成物质财富的则是没有价值的，至于自然万物本身的存在价值或固有价值，及其运行演化规律"经济人"从不考虑。相比农业文明时代对自然物的简单加工形成产品，工业文明时代在利用自然界的矿产资源、生物资源的基础上，人工合成了很多自然界原本没有的新产品，如塑料、合成纤维、合成橡胶等。农业文明时代的生产受制于气候、地形等自然条件和土地、淡水等自然资源，而工业化的生产则不受自然条件的约束，占用生态空间而大面积修建厂房，以机器和电力的使用不断把自

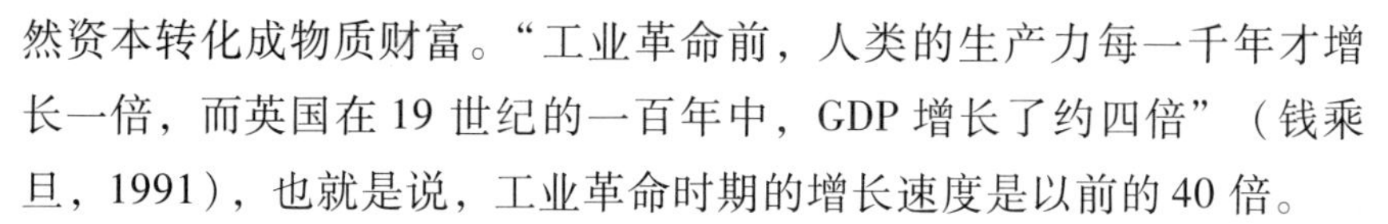

然资本转化成物质财富。“工业革命前，人类的生产力每一千年才增长一倍，而英国在19世纪的一百年中，GDP增长了约四倍”（钱乘旦，1991），也就是说，工业革命时期的增长速度是以前的40倍。

（三）改造自然的组织或制度形式的确立

工业革命发端于西方、工业文明盛行于西方，这一时期主要组织制度是以资本剥削剩余劳动价值的资本主义制度，本质上是一种私有制，资本主义制度下存在资本家和雇佣工人两个对立的阶级，剥削与被剥削依然存在，但各主体的自由程度比农业文明时代提高。为了最大限度地获取剩余价值，资本主义生产方式引入商品经济以增强竞争，达到快速积累资本的目的。随着生产规模的扩大，生产的社会化程度越来越高，而资本主义制度下生产资料的私有制越来越不适合社会化生产，二者的矛盾触发了工人阶级的反剥削运动，爆发了阶级斗争，其根源就在于资本家对物质利益的追求。

（四）人地互为作用过程中形成的价值观念

机械社会以前所未有的速度改变着地理环境，人类不仅成为自然的征服者，而且是唯一的征服者，“经济人”摇身一变成了主宰大自然的“神”，“人类中心主义”的思想牢牢占据上风，“人”和“地”主客二元对立的关系弥漫于整个社会，对物质财富的追求异化为“经济人”满足各方面需求的手段，消费也不仅是为了满足人的生活需要，而是彰显社会地位的表征。人对物质财富近乎狂热的需求使科学技术崇拜成为社会主流价值观，在这种文化价值观念的引导下，人类社会进入了高速发展时期并带来了物质财富的快速积聚，促进了物质文明的极大进步，而这往往是以牺牲生态环境作为代价，以向自然资源的无限索取和向生态环境的肆意排放为代价而换取物质财富的增长，但也在资源过度消耗和环境污染过程中酿成了生态灾难，造成人地关系矛盾的尖锐，最终引发了以全球八大公害事件为标识的全球性生态危机，工业文明成为浓烟滚滚的“黑色文明”。另外，由于这种过分强调人类自身的主体价值的文化氛围，也忽视了人和人之间以及个人与社会之间的有机联系，伦理危机、社会危机、科技危机等问题显现。

综上所述，工业文明时期由于化石能源利用、科技发展和生产工具的改进使人占有自然资源并将其转换成物质财富的速度和能力大大提高，从而创造出巨额物质财富，这从根本上改变了农业文明时期“顺应自然”的生态观和生产、生活方式，并在制度上通过市场体系建立和法治规范的约束加以固化，使价值观念、经济发展、生活方式发生了根本性的变革。以“人类中心主义”的功利价值观为基础，以与征服自然、获取物质财富、高额消费相对应的生产、生活方式和社会制度结构为特征的工业文明，助长了“经济人”向自然资源的掠夺和对生态环境的破坏，最终后果是不仅破坏了自然界生态系统的平衡，也不可避免地造成人自身发展的困境，因此这也给贪念物欲的人类敲响了警钟：对物质的无限追求并不能使人真正获得满足，反而会连基本的安全需要都不能实现，甚至会导致人类的自我毁灭。

四　生态文明阶段人地互为作用形成的协调自然的生态文明观

人自己创造的工业革命带来的资源短缺、环境污染和生态破坏严重威胁到人类自身的健康，而且由物欲追求引发的社会矛盾重重，科技危机、伦理危机凸显，人的生存和发展陷入困境，工业文明难以为继，这时人类已经无暇转向更高的需求——尊重、自我价值的实现，反而转向低层次的生存和安全需求，人类不得不重新审视自身的发展过程，反思工业文明的发展观、人地观，以及对应的发展方式，而回顾与反思的过程正是可持续发展诞生的历史。

（一）可持续发展理念提出阶段

这一阶段开始于20世纪60年代初，工业文明时期经济发展引发的生态危机迫使人们考虑工业化和经济增长的边界问题，人类对人地关系发展一直在探索过程中。人类开始对人口增长、粮食短缺、资源消耗、环境污染等关系人自身生存和发展的问题进行关注和思考，主要从以下几个方面展开的。

第一，对价值观念的反思。人既不是自然的奴隶，也不是主宰自然的神，人的生存和发展依赖于自然，同时又具有主观能动性，自然资源的有限性和人的需求的无限性构成了一个矛盾统一体，因此，对物质的无限追求并不能使人获得真正的满足，反而会加剧与自然的矛盾，因此，人类必须转向以生态文化为指引的精神需求和生态需求，走人与自然和谐共处之路。自然资源和生态环境的内在价值应该受到重视，因为只有更有序、更合理地开发和利用自然资源才能发挥其自身价值，为人类提供高质量的物质生产和生活资料、优质的生态系统服务以及更健康的生态产品。价值观念体现在现代化生活中，倡导可持续消费，生活模式也应该由物质主义、拥有性转向功能性、共享性，即产品的购买和使用是为了帮助人达到其功能性要求，而不是拥有物质本身。例如，公交车、共享单车或共享汽车等绿色出行方式与私家车出行的功能是相同的，但从整个社会来说，绿色出行减少交通拥堵和尾气排放，受益的还是人自身，降低对生态环境的损害同时提高生活质量，实现生活方式和消费方式的生态化、可持续性。

第二，对科学技术的反思。一方面科学技术能帮助人提升将自然资源和生态环境转换成物质资本的速度和能力，从而创造出巨大的物质财富[①]；另一方面，在对物质财富的追求驱使下不合理地利用科技成果，就会导致生态危机，甚至社会危机、伦理危机和科技危机，因而，科学技术的运用应该是以生态文化为理念的，以保护生态环境为前提的生态化科技。

第三，对发展方式的反思。传统工业文明时期“粗放的资源利用—产品—废物”的线性发展模式，严重损害自然资本，并且依赖于机器、厂房等利用自然资本制造的人造资本，是高投入、高消耗、高排放、低效率的不可持续的发展模式，由于自然资源的有限性，这种线性发展模式必将带来环境危机、能源危机、资源危机等。根据自然资本论，人类社会的稀缺资源已经从人力资本转向自然资本，因此需要建立以稀缺自然资本的合理利用和配置为出发点的新发展模式，这必然转向“高效资源利用—产品—废弃物—资源”的循环发展模式，这一发展模式的实现不仅仅是发展在末端将废弃物资源化的静脉产业，还应该有强调源头的绿色设计和全生命周期的物质流和能量流控

---

①　程钰、孙艺璇、王鑫静等：《全球科技创新对碳生产率的影响与对策研究》，《中国人口·资源与环境》2019 年第 9 期。

制，即转变高成本低收益的末端治理为高收益低成本的源头创新。

第四，对人和人关系的反思。人类如何对待自然环境的问题，实质上是人类如何对待自己的问题，是人类内部部分与整体、眼前与长远、现在与未来、当代与子孙的利益分配问题。可见，人与自然协调发展，表面上是处理人与自然的关系，实际上是处理不同利益集团、不同部门、不同地区、不同国家和不同代人之间的利益分配关系，即人与人的关系。发展的可持续性不仅意味着对自然环境的尊重，而且意味着利益分配的公平性。人与人之间的关系是和谐的、平等的，从人类统一性和世界文明的高度来认识国家的存在，人类是一个密不可分的整体，生态文明应该靠国家与国家之间的互助合作、公正公平来实现；代际之间的生存发展机会也是公平的，任何一个时代的人都无权过分消耗自然资源和破坏生态环境而侵害下一代人的生存发展权利。

20 世纪 80 年代以来在国际学术界崛起的生态经济学（稳态经济学），开启了对工业文明经济增长范式的系统性反思[①][②]。对人地关系反思实践层面具体表现为，1972 年的《联合国人类环境宣言》指出，“环境问题大半是由于发展不足造成的”，因此，经济和社会发展对改善生活质量和条件非常必要。1987 年世界环境与发展委员会的报告《我们共同的未来》提出了可持续发展的概念，将环境保护与人类发展切实结合起来，认为环境危机、能源危机和经济发展的危机有着内在的联系；地球上的资源和能源，远远不能满足人类发展的需要，但不应限制增长，而是必须为当代人和下一代人的利益改变发展的模式，需要有一条新的发展道路——可持续发展道路。1992 年联合国环境与发展大会一致同意实施可持续发展战略，并对其内涵和外延进行阐释，不仅关心经济增长，还关心社会的和谐进步、资源节约和环境保护。2002 年联合国可持续发展高峰会议指出：1992 年里约会议所

---

① 诸大建：《生态文明与绿色发展》，上海人民出版社 2015 年版，第 2 页。

② 程钰、王晶晶、王亚平等：《中国绿色发展时空演变轨迹与影响机理研究》，《地理研究》2019 年第 11 期。

确定的目标没有实现。地球仍然伤痕累累，世界冲突仍然不断。海平面上升、森林破坏、超过20亿人口面临缺水、每年有300万人死于空气污染的影响，220多万人因水污染而丧生，气候变化影响日渐明显……[①]2012年联合国可持续发展会议（里约+20首脑会议）的标识象征了可持续发展的三个方面：经济增长（蓝色上升曲线）、社会公平（红色人形）和环境保护（绿色叶子）。2015年通过的《2030年可持续发展议程》提出了17项可持续发展目标，致力于消除贫穷的同时，实施促进经济增长、满足教育、卫生、就业和社会保护等社会需求，并实施应对气候变化和环境保护的措施。

可见，国际社会一直在寻求一种有别于传统工业化的发展模式，走经济发展、社会进步和生态环境保护相协调的可持续发展道路。尽管可持续发展已经上升到国际和国家政治层面，但并没有从社会文明形态的高度来思考发展范式问题[②]。实质上，可持续发展理念是生态文明建设的指导理念，是生态文化的指导基础，通过生态文明建设将可持续发展理念落实，人地系统优化是生态文明建设的本质，生态文化建立是人地系统优化的主要路径，因此，可持续发展既是生态文化的理论基础，也需要以生态文化理念指导的生态文明建设来落实。

（二）可持续发展理念的落实——生态文明建设阶段

可持续发展理念能很好地解决发展和环境问题之间的矛盾，但区域经济、社会发展依然很不均衡，生态恶化、环境污染趋势未能得到根本扭转，归根结底在于执行力不足的状况。发达国家和发展中国家形成两个阵营，发达国家已经完成工业化，进入后工业文明时期，其思维模式和消费习惯依然停留在对物质财富的追求和高度物质消费模式中，人均消耗资源高，因此先工业化后生态化的模式需要时间转变，而发展中国家面临着工业化发展中资金技术不足、资源利用率低等情况，继而产生生态问题。可持续发展不是一个地区、一个国家的

---

① 钱易：《生态文明建设与可持续发展》，光明网，http：//topics. gmw. cn/2018 - 11/23/content_ 32033648. html，2018年11月23日。

② 潘家华：《中国的环境治理与生态建设》，中国社会科学出版社2016年版，第40页。

问题，而是一个范围更大的国际性问题[①]，生态问题不是靠各自为政、各扫门前雪就能解决的。这就要求国家之间必须进行广泛的国际合作，而合作的前提就是生态文明、生态文化、生态意识的指导，因为文明没有国界，为了实现全人类的生态文明，发达国家应该协助发展中国家提高循环利用、绿色生产的技术，发展中国家将生态文明的理念融入工业化的过程中，实现生态工业化；发达国家也应该在生态文化、生态意识的指导下适度消费。

生态文明建设的提出实质上是将可持续发展的实践落到实处，其目标与可持续发展是一致的，在生存和安全需求满足的前提下，推动人类向更高层次的需求转变，以实现人的自我价值和全面发展，在这个过程中实现经济发展、社会公平和生态环境保护的和谐统一，其根本路径是用生态文明、生态文化的理念修复人地系统的矛盾，从而将可持续发展理念落到实处，达到人地系统优化、可持续发展实现的"双赢"。人类继采集渔猎时期、农业文明、工业文明之后进入了一个新的时代——生态文明时代。用生态文明的理念、生态文化的指引优化人地系统，这也是生态文明建设的本质。生态文明建设和人地系统优化的协同演变关系如图 4－2 所示。

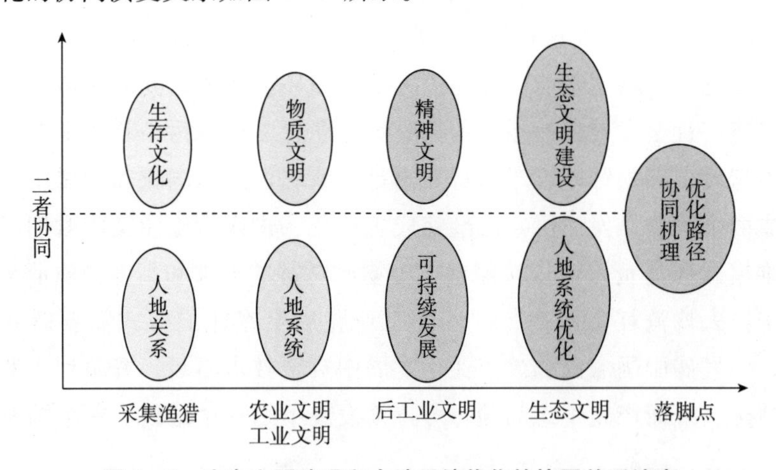

图 4－2　生态文明建设和人地系统优化的协同关系演变

① 欧祝平、傅晓华：《论可持续发展的马克思主义发展观渊源》，《求索》2006 年第 10 期。

1. 人地矛盾激化是生态文明建设提出的直接原因

当人地关系矛盾尖锐时，“生态危机”“生态灾难”等危害人类自身的困境接踵而至，这使人类不得不重新反思自身的需求以及与自然的相处方式，即人类不应该仅局限于当前的物质需求和享乐追求，而应该有更为长远的考虑，涉及人类未来的福祉以及对自然资源价值的充分重视和合理利用。生态文明作为医治“生态危机”“生态灾难”以及能符合人类长远需求的社会文明应运而生，其缓解了工业文明时期人地关系的矛盾，并促进形成了新的人类价值观进而重构了人地关系，人类进入生态文明建设时期。作为人地系统中的能动者和主体，人类需求推动着人地系统的发展，与此同时也推动着人类社会的进步、文化的积累和文明的演化，而在不同的文明时期，人的需求会随着社会经济条件和生态环境的变化而发生波动。人类诞生之初，为了满足生存需求和安全需求，崇拜而敬畏自然，与此同时，人类通过对人地关系的认识，不断积累着生存文化，文化的积累又提高了人作用于地的方式，人类的基本生理需求和安全需求得到了极大的满足，所谓“仓廪实而知礼节”，人类进入了文明社会，生产力的发展使人类获取更多物质财富成为可能，不同阶层的人通过物质财富的追求分别实现了自己的不同需求，但对物质财富的追求是无止境的，再加上人类科学技术的发展和广泛应用，人类改造自然的广度和深度扩大，“人类中心主义”的价值观成为人无视自然的价值而不断向其索取和排放的原因，最终导致了人地关系的矛盾不可调和，继而引发了严重的生态危机，此时的人类需求转向低层次的生存和安全需求，同时也面临着发展的需求和自我实现的需求，因此生态文明应运而生，生态文明就是以生态文化为指导，在发展的过程中以生态技术提高对资源的集约利用和环境保护，以实现不同职业人各自的需求和全面发展以及人与自然的和谐发展为目标，以生态制度来保障生态文化的实施。

尽管文明的演进是一种进步，也在一定意义上意味着对以往的否定，但不可否认的是，生态文明的形成离不开历史的各种基础和条件，从农业文明到工业文明，人类社会凭借科技的发展取得了前所未有的物质文明成果和精神文明成果，这都是值得肯定的，生态文明理念的形成是人对资源、环境、生态等危机进行反思的结果，由于生态危机的根源是人类非理性的经济活动以及与其相关的制度安排和观念意识，因此生态文明建设不仅仅是环境保护和生态建设，而必须触及人类的生存方式、社会制度和意识形态。

2. 生态文明建设的本质是人地系统优化

生态文明建设的本质就是用文化、文明的成果——生态文化来修复人地矛盾，将生态文化的理念贯穿于人地互为作用的过程中，以实现人地系统的优化。人地系统的优化离不开文化。文化产生于人类活动与地理环境的相互作用中，文化的形成既离不开人也离不开地理环境，人在适应和改造自然地理环境的过程中产生了文化，但文化一旦形成又独立于人和地理环境之外，成为人与地的中介和指导人作用于地理环境的方式。因此，人与地的关系无论是矛盾关系、适应关系还是和谐关系，实质都是通过文化来产生关系的。因此，文化是修复人地矛盾的主要利器。人类以文化的方式认识和把握地理环境，人类追求物欲的过程中与自然环境进行着物质、能量和信息的交换，人类从地理环境中获得所需要的大量物质产品及服务，这些体现着人类文化的方式也给环境和人自身带来或正或负的影响。人类创造的文化对人自身的影响中，既有符合人类需求的正面影响，也有违背人性甚至反人性的负面影响①。例如，人类发明的舟车、武器既可以提高劳动效率，也可以用来杀戮和侵略；人类发明了机器推动了机器大生产从而创造了更多的物质财富，却也形成了人与人之间剥削与被剥削的不平等关系；人类以惊人的速度创造了工业化和城市化进而实现了人类文明的一次又一次飞跃，却被噪声、污染等问题威胁到自身生存和繁衍。讲效率、快节奏的文化潮流带来物质财富增加的同时也产生急功近利型的社会文化，人文涵养被粗糙化、世俗化。所有这些文化都是人类创造的，因此，人类文化自产生起就包含着自我相关的矛盾性和不合理性。

生态文化是由生存文化发展到物质文化进而由人地矛盾发展而来

① 叶岱夫：《从悖论浅议人地关系中的人性内涵》，《人文地理》2005 年第 2 期。

的产物，是生态文明时代的价值理念，因此生态文化是文化中的积极成果，生态文明的意识形态就是生态文化，实质上从原始社会到农业文明、工业文明到生态文明的演进，就是生态文化从隐性到显性、从地域到全球、从弱小到强大、从简单到复杂、从低级到高级的沉淀和发展过程。在生态文化的指引下，人口的生产、物质的生产都应该是充分考虑资源环境承载力前提下的生产，人的消费也应该是理性的适度的消费，这样的发展是可持续的，是走向人与自然、人与人和谐的发展。因此，生态文化应该是人类文化发展的新目标，它是在生态文明时期形成的特有文化。文化影响人的价值心理与价值观念，从而使人类不断发展壮大，也使人地关系在对立统一的矛盾中不断趋于和谐①。换句话说，人类是以文化的形式去认识和改造自然地理环境，同时又改变着自身。简单说，文化既是“人化”的过程也是“化人”的过程。生态文化既是“生态人”化的过程，也是“生态化”人的过程，即由物欲膨胀的“经济人”向以生态文化理念为指导的“生态人”转变，同时用于指导人的生产生活方式向生态化转变。

综上所述，生态文明是人类文明进步的新形态，更是人类文化发展的新目标。生态文明的提出经历了一个漫长的过程，在人的生存和安全需求推动下人地互为作用的过程中产生了生存文化，带着生存文化的积淀进入文明时期，文明成果不断地积累升华，人类的不同需求推动着社会经济发展和进步，先后经历了农业文明时期和工业文明时期，当人类不断膨胀的物质需求最终引发了生态危机和社会危机时，人类不得不重新审视人与地的关系以及人的价值观，在反思的过程中产生了生态文明，这个过程就是人地关系和生态文明的时序协同过程。生态文明是重构人地关系和人类行为模式的成果，摒弃“人类中心主义”的价值观，取而代之的是尊重自然、协调自然和谐发展的生态文化观，这是生态文明时期重建经济和社会发展的伦理和哲学基础。生态和谐的哲学思维是人类对人地观的理性升华，意味着人类已

---

① 明庆忠：《人地关系和谐：中国可持续发展的根本保证——一种地理学的视角》，《清华大学学报》（哲学社会科学版）2007 年第 6 期。

经意识到人类的命运不能单纯依靠科学技术、制度等器质性的事物，文化观念的改革才是最根本的转变，意识形态决定了人的行为，从而实现人地系统的优化进而促进整个人类社会的进步与和谐，实现生态文明。

第二节　生态文明建设与人地系统优化的空间协同

人地关系是全球普遍存在的命题，总体来看，全球各地域都是人类依赖自然，并在一定的价值观念指导下从自然地理环境中获取所需的材料、资源、能源等，自然作为被利用的对象会反馈给人类活动，人在人地关系中具有主观能动性。因此，全球各地的人地关系具有相对一致性，但由于每个区域自然地理环境的差异以及由此衍生的人文地理环境的多样性和复杂性，不同地域的人地互为作用的方式不同，呈现出不同的地域文化和文明形态，逐渐形成差别化的人地关系地域系统。因此人地系统的优化研究既要基于全球尺度，也要考虑地域的自然环境特点和文化差异，这也是生态文明建设要分区域进行的原因。

一　生态文明建设与人地关系协同的资源环境基础

物质世界的改造只能通过对物质本身的开发和利用来实现。人根据自身的需求对自然地理环境的物质世界进行改造和变更，使之成为适应人类生存和生活的新功能。人类居住在地球表层，物质世界有大气、矿物、水等基本要素，地球表层的大气圈和水圈在内外力作用下共同作用于地表岩石圈，而形成陆地表面高原、平原、盆地、丘陵和山地等形态各异的地形。由于太阳辐射在地球表面分布的差异性而形成不同的热量带、海陆位置差异而形成不同的水分条件，再加上地形轮廓、山脉阻挡和地势高低的影响形成不同气候条件，种类繁杂的动植物正是根植于地形和气候两大自然条件差异基础上的衍生物群体，它们构成了生物圈。因此，大气圈、水圈、岩石圈和生物圈组成人生存生活的空间基础（见图4－3）。人类圈是生物圈发展的现阶段，与生物圈的不同在于，生物圈的整体性通过食物链和食物网实现物质和能量的交换，而人类圈中的信息交换更重要，也就是文化的积淀。从某种意义上说，人类圈的进化就是文化的进化①。

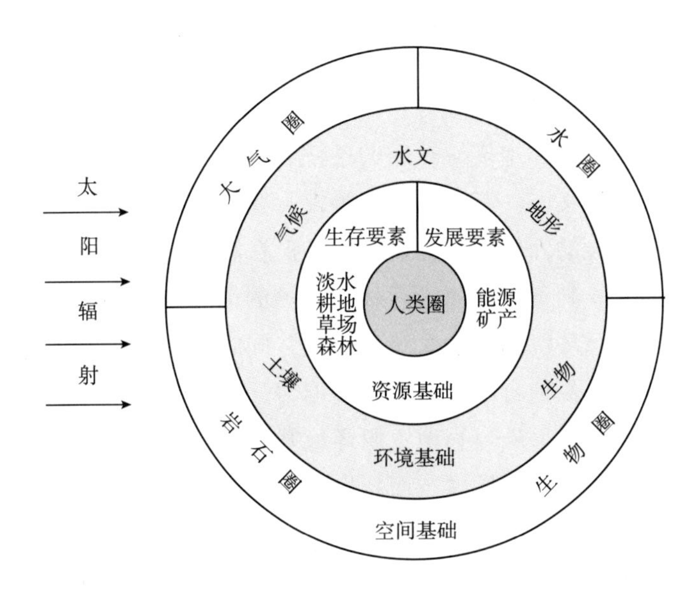

图4－3　人类文明的资源环境基础

大气圈、水圈和岩石圈三大无机圈层中的基本物质要素、自然条件，以及有机生物群体构成的生物圈组成了人类社会的生存和发展的资源环境基础，也就是人地互为作用中的“地”类要素。“地”的不同要素和不同条件的排列组合既作为基础决定人类活动，又不断积累了人类对资源环境开发利用的结果。“地”类要素中，气候、地形、水文、生物和土壤五个自然要素的组合构成了人类社会生存和发展的环境基础，其中，气候和地形是地表差异形成的核心条件。淡水、耕地、草场、森林、能源和矿产构成了人类社会生存和发展的六大资源

① 陈静生、蔡运龙、王学军：《人类—环境系统及其可持续性》，商务印书馆2007年版，第27页。

基础，可分为生存要素和发展要素两类。生存要素在采集渔猎时期和农业文明时期发挥着重要作用，古代文明的繁荣基本上都是得益于当地人较好地利用生存要素、适应区域的资源环境特点，在人地互为作用的过程中创造出人地和谐共生的文明成果。例如，古埃及位于尼罗河中下游的冲积平原地带，地形条件利于农业生产，尼罗河的周期性泛滥弥补了干旱环境的水资源缺乏，同时，带来大量富含有机质的淤泥，顺应尼罗河地区的地势特点，古埃及人修建了水库、渠道等水利工程，在气候干旱、水资源缺乏的条件下发展了高水平农业，也创造了辉煌的古埃及文明。能源和矿产等发展要素在工业文明时期起主导作用。工业社会的发展建立在能源和矿产资源的基础之上，但大规模的矿产资源开发和利用加速了森林和草场的消失、表土的破坏，从根本上动摇了资源环境基础的系统稳定性。同时，工业废弃物的排放大大超过了生态环境的自净能力和消纳能力，从而导致局部生态系统平衡被打破。简言之，顺应当地资源环境基础上的和谐人地关系会促进地方文明的进步和持续发展，而超出资源环境基础的不和谐的人地关系则会使文明遭遇危机甚至衰落。

由于地球表层的差异性，不同地域人生存和发展的资源环境基础不同，导致同一文明时期、不同地域人地关系作用的焦点和方式不同，生活在不同资源环境条件下的人们在长期的适应过程中创造出与人地系统优化和区域生态文明建设相吻合的生活方式与文化模型，大量的文明成果以生存文化的形式体现出来，这些生存文化经过长时期的积淀和考验，也是区域人地和谐的一种生态文化，构成了区域生态文明建设的基础。区域生态文明建设将以传承地方生态文化为基础，在优化人地系统的同时增强地方文化的适应力和创造性，同时，以生态文化价值观念为指导，优化人地系统。

二　不同类型人地系统孕育不同的生态文明

人地系统的演变不仅与一定的历史发展阶段相联系，而且还与同一时期不同区域的活动相联系①，而这些不同的活动是在地域差异的

① 王长征、刘毅：《人地关系时空特性分析》，《地域研究与开发》2004年第1期。

基础上形成的。人地关系地域系统是以陆地表层一定地域为基础的人地关系系统。也就是说，人地系统因地域不同而具有差异性，而地域的不同取决于自然地理环境的差异，以地域为研究单元这也是地理学的特色。

一般来说，文化的差异最初是来自对自然世界认识的差异，以中国与西方的文化差异为例，中国的地域特点为三面高原一面海、相对闭塞，为中国农业文明的发育提供了得天独厚的条件，并以此为基础形成了以小农经济为特征的经济形态①，在与自然的关系上，强调人的行为要符合自然的发展规律、尊重自然的一种生态文化。道家、儒家、佛家中都有朴素的生态文化理念，道家的道法自然主张人的活动应该顺应自然规律，佛家的尊重生命观蕴含着丰富的生态思想和生命伦理，“郁郁黄花无非般若，清清翠竹皆是法身”，大自然的一草一木都是佛性的体现，儒家“仁民爱物”是人与人的关系和人与自然关系和谐相处的生态智慧。相比之下，作为西方文化源头的古希腊文化，发源于地中海这一开放的海洋环境，孕育了西方民族开放、敢于探险、勇敢的民族性格，在与自然相处时，更倾向于与自然对立和斗争，因此西方人通过航海等活动来体现对自然的征服。可见，东西方文化是在不同地域的基础上产生的。而正是在这种文化差异的基础上，西方国家最早开始进行工业化，继续用知识、科技的力量征服着自然，而一系列生态危机事件的产生也引发了西方人的反思，而中国却继承了传统文化中的生态思想，在工业化中期就提出了生态文明建设。

再以我国地处第三阶梯的青藏高原上的藏族文化为例，青藏高原的地势高、气候高寒，是许多大江大河的发源地，高山土壤比较贫瘠，地理环境相对封闭，自然生态环境脆弱、自然资源稀缺，生活在这种恶劣生态环境下的人们延续和积累了独特的生态文化，藏族文化倾向于更好地利用高原内部资源，具有封闭、内向和节俭的特点，藏

① 文岚：《试论中西文化差异对旅游消费行为的影响》，《湘潭大学社会科学学报》2002 年第 5 期。

民普遍的宗教信仰暗含着朴素的生态文明思想，认为自然环境产生于同一源头，一切生物都有神灵，主张整体和谐、同一和合，保护生态环境、珍惜自然资源、珍爱一切生命成为藏民文化创造和传承的基本出发点。因而，人们的生产生活活动和行为与这种生态文化相符合，藏民认为自己不仅生活在自己的家庭或部落之中，也生活在整个高原或更大的自然空间中，他们的伙伴包括一切的生物生命体，因此，人们的日常生活处于安详、平和、精神丰裕的状态中，人的需求以满足基本的生活需要为目标，节制消费，人的需求更注重于对精神世界的追求，经济开发活动强调以保护生态平衡为基础，限制开发技术与工具的提高改进，工业化和城市化发展受到限制，经济发展停滞不前，生产方式是与自然环境高度和谐的高原游牧，但正因为这种寡欲清心的精神状态，藏族居民在恶劣的自然环境中仍能保持与自然的和谐、适应，野生动物与植物资源具有多样性，崇敬自然、敬重生命的价值观得到最好的体现，这种特定地域下的人地系统孕育着朴素的生态文明思想，为生态文明建设奠定了价值理念和行为规范。

第三节　生态文明建设与人地系统优化协同的影响因素

从时序上看，人在适应、改造自然能力提高的同时，积淀了丰富的文化文明成果，升华为生态文化（生态文明），指导人作用于地的价值观念和行为方式，这个过程就是生态文明建设和人地系统优化的协同过程。从空间上看，不同地域的人地系统在长期的人地互为作用过程中孕育不同的生态文化（文明），这也是区域生态文明建设的出发点和着力点，在地方生存文化（生态文化）的基础上，传承和创造性发展，进行生态文化建设。因此，二者的协同始终有文化这个“氢键”的链接。从二者各自的维度来看，生态文明建设包括生态文化建设、生态经济建设、生态环境建设和生态制度建设，而人地系统优化包括人类经济活动子系统的优化、生态环境子系统的优化和社会文化

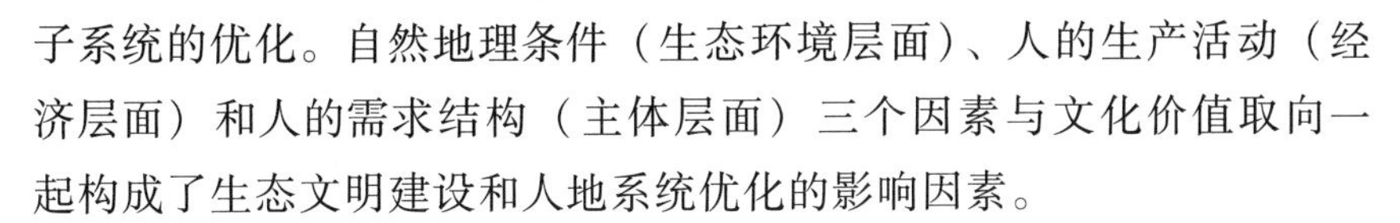

子系统的优化。自然地理条件（生态环境层面）、人的生产活动（经济层面）和人的需求结构（主体层面）三个因素与文化价值取向一起构成了生态文明建设和人地系统优化的影响因素。

一　自然地理条件

自然地理条件向人们提供居住场所和活动空间、生产和生活资料、生态系统服务，人类社会的进步和发展就是在自然地理条件提供的空间基础和资源环境基础上展开的，作为地球表层物种的一个种群，物质的供应和保障是人类社会生存和发展的第一需求，随着人类开发利用自然地理条件的能力不断提高，人已经不再仅仅是一种自然界的产物，已经发展成为一种对环境起着深远影响的营力①②。人在改造利用自然的过程中积淀着文化文明的成果，科学技术的迅猛发展加速了人类文明的繁荣，同时也增强了人对自然的干预作用，人在改造、利用自然的同时破坏着自然，由此引发全球性人口、资源、环境和发展方面的诸多矛盾，这些矛盾成为人类生存和发展面临的重重挑战，也正是在这样的背景下提出生态文明建设的必要性。自然地理条件作为人地系统的一个重要子系统，是在气候、地形、水文、土壤和生物等多个要素作为本底条件的基础上加入了人类活动的印迹，它是一个复杂的有机体，具有综合性、区域性、开放性和阶段性等特点，表现出一定的自相关和空间异质性，也受外部区域自然环境因素的影响。以其功能的不同、对产业布局和地域文化的影响，自然地理条件对生态文明建设和人地系统优化的协同产生基础性影响（见图4－4）。

（一）自然条件和自然资源的不同组合产生不同的功能

气候、水文、土壤、地形等自然要素在不同地域的组合，构成不同的自然条件，会产生不同的农业区位条件、生态环境条件和不同的资源条件，农业生产条件的不同会产生不同区域的农业生产潜力，成

---

① Tyler Miller, *Living in the Environment* (*6th edition*), California: Wadsworth Publishing Company, 1990, p. 154.

② 陈静生、蔡运龙、王学军：《人类—环境系统及其可持续性》，商务印书馆2007年版，第1页。

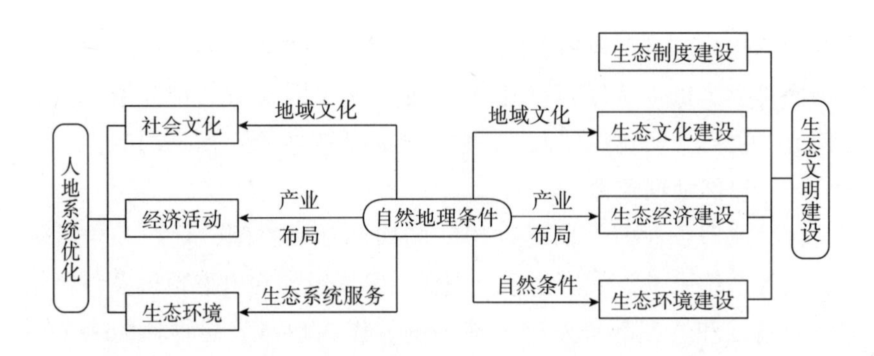

图 4－4　自然地理条件对人地系统优化和生态文明建设协同的分析

为区域农业活动差异的前提条件。另外，资源的种类、数量和质量的组合构成区域发展的原始条件，如矿产资源、水资源、林业资源等，为区域的进一步发展提供生产资料。比如，资源型城市的产生和发展就是在当地矿产资源的基础上发展起来的。另外，生态环境优美的地区成为发展旅游业、高新技术产业的必要条件。人类的生活资料也是直接或间接地取之于自然地理环境中的自然条件和自然资源。自然地理环境的生态服务功能主要通过生态系统来实现的，通过为人类提供生态产品和生态服务成为人类生存发展的前提和基础性条件，而生态系统中生物的多样性又能够保证生态产品的多样性和生态系统服务功能的多样性。自然地理条件的功能如图 4－5 所示。

正是因为自然地理条件功能的不可替代性，当人类无视自然存在的功能、不断地将其物质化时，生态环境问题以及生态危机就会发生，自然地理环境的生产、生活功能尤其是生态功能大大降低，人类的基础载体都不稳定，那么人的生存和发展就失去了根基，这时候人们才清醒地认识到自然地理条件功能的重要性，生态文明建设也正是为了确保其服务功能的延续而提出的。

（二）自然地理条件差异影响产业布局

人类从事生产活动需具备劳动对象和劳动资料两个因素，劳动对象中不论是没有经过人类劳动加工的自然物，如原始森林中的树木、地下的矿产，还是棉花、钢材这类经过人类劳动加工的原材料，都是直接或间接地取材于自然界。劳动资料中的生产工具、土地、生产用

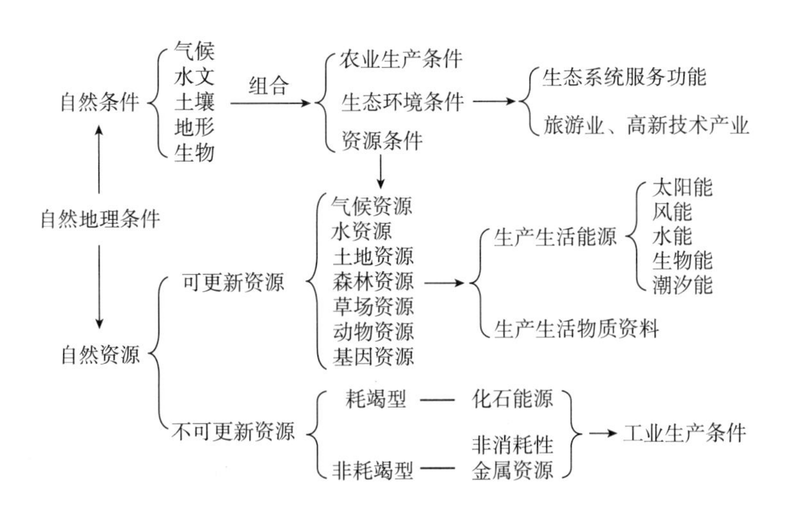

图4－5　自然地理条件的不同功能

道路、建筑物等也都直接或间接来源于自然界。没有煤田不可能采出煤矿，没有良好的灌溉、气候、土壤条件就生产不出粮食，所以说，自然地理环境是产业布局的物质基础和先决条件。

自然地理条件的差异性和自然资源分布的多样性，是人类社会分工的自然基础，进而形成各地域不同的产业布局，但不同时期自然地理环境对产业布局的影响不同，在人类社会发展的初期阶段，生产力水平低下，人类社会生产活动的分布受制于自然条件和自然资源。例如，亚热带、暖温带的大河流域为农作物的生长提供优越的水热条件，农业最早得到发展而形成四大文明古国，而这些地区的居民以稳定、流动性小的农耕生活为主。草原地区广阔的场所为游牧经济形成和发展提供了有利条件，但草原恶劣多变的气候使居民形成“射生饮血”的粗犷生活方式。滨海地区开放的环境、水上交通之便以及丰富的海产品，使滨海地区成为工商业发展的“温床”，因而海洋民族生活的流动性大、开放性强。进入工业革命后，对工业化大生产有支撑作用的自然资源对工业布局的影响显著，工业原料、燃料富集的地区是构成工业区的一个优势条件，世界各国的老工业区基本上都分布在煤炭产地周围，如德国鲁尔工业区、英国中部工业区、美国匹兹堡工业区等。“二战”以后，发达国家先后完成工业化，生产力和科学技术水平高度发展，利用自然资源、自然条件并将其转化为物资资本的能力不断提高，产业布局的突出特点是向最适宜这种活动的地区集中，充分发挥地区比较优势以降低生产成本获取最大收益。例如农业专门化的出现，美国的玉米带分布在五大湖南岸土壤肥沃、夏季高温多雨的地区，单产与质量远远高于其他地区。再如沿海的深水港湾地区适合建立大型现代化港口。进入新兴技术革命时代，空气清新、气候温暖适宜、水源纯净、无污染的地区成为新兴工业的最佳选择地。

可见，自然地理条件的差异性形成了不同地域的基础比较优势，为人类生产、生活活动的地域分工奠定基础，劳动地域分工形成了不同的产业分布，进而形成不同的人地关系地域系统，而生态文明是一种以生态产业或产业生态为特征的文明形态，因此生态文明建设的关键必然是构建与之相适应的产业结构体系，根据各地的自然地理环境确定相关的生态产业类型。

（三）自然地理条件差异形成不同的地域文化

文化的形成都是发生在一定的地域中，一个地域的自然环境影响着该地文化的形成，自然环境往往对人们的生存质量和心理状态起决定性作用，具体表现在自然环境对人类生理特点和生活习惯、民居和建筑以及心理特点的影响三方面。

首先，不同的自然环境对人类生理特征、生活习惯产生影响。人类自产生以来就不可避免地留下大自然的烙印，为了适应不同的自然环境形成不同的生理特征，在距今四五万年前逐渐分化出不同体质形态的三个基本种族，分别是黄种人、白种人和黑种人。自然地理环境的空间异质性往往会导致饮食结构的差异，进而影响不同地域人体素质，这种身体上的生理差异往往造成人们对环境适应性方面的不同。例如，生活在非洲热带区域的黑人耐酷暑，生活在北极圈的因纽特人不畏严寒。同一人种也因自然地理环境的不同而表现出亚类的地域差异，例如中华民族属黄种人，但以秦岭—淮河为界的南北方的人各自具有不同的体质特征，南方人大多瘦小而北方人大多身材粗大，这是因为南方、北方各自有着适合水稻和小麦生长的自然环境，因此，在饮食上存在差异化，南方人爱吃米、北方人爱吃面。此外，住在山区

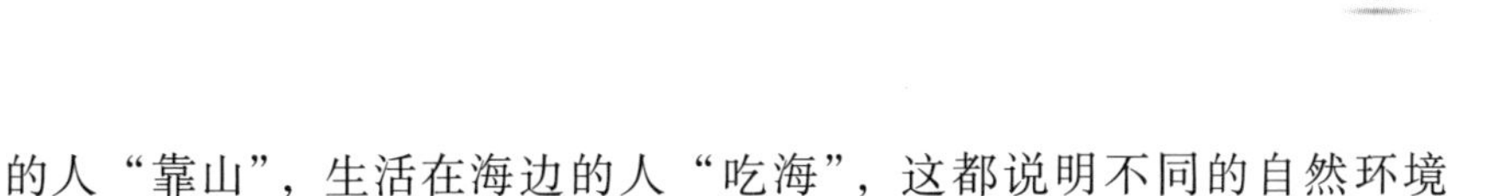

的人“靠山”，生活在海边的人“吃海”，这都说明不同的自然环境孕育了不同的生活习惯和生产方式。

其次，不同自然环境中人们的性格和心理特征差异明显。如吴越地带位于长江三角洲、太湖流域和杭州湾沿岸，地处亚热带，气候温暖湿润、多河流湖泊、山清水秀，这样的自然条件形成了吴侬软语的方言、婉转悠扬的越剧等别具特色的地域文化特征。再如内蒙古草原地区地处温带高原，气候凉爽干旱、天高地阔，这种草原的自然环境形成了粗犷豪放、热情豪迈等独特的草原文化特征。关东文化的形成也与特殊的自然地理环境有关，关东地处我国东北包括黑吉辽三省，土壤有机质厚、三大山脉森林广布、特产富饶，形成直爽豪放的民风以及“二人转”等特色地域文化。

最后，不同的自然地理环境建筑风格不同。为了适应不同的气候、地形地质、土壤等条件，建筑风格呈现特有的地域风格，以中国南北方的建筑为例，南方建筑敞亮，北方建筑严实。南方建筑的主要用途是防热、防潮、防洪、遮阳等，这与当地的湿热、易受台风影响自然条件相适应，敞廊、敞厅、敞梯等是南方建筑的特色；北方建筑的主要目的是保暖、防寒、采光等，墙体厚实、阳面开窗、有火炕，这与北方纬度较高、寒流频繁、气候寒冷有关。再如黄土高原的窑洞，当地人们利用丰富的黄土资源和黄土特性沿着黄土建造，结构简单、冬暖夏凉、节约土地，而且为了能更好地采光，单层的高度比较高。

综上所述，自然地理条件是人地系统优化的载体和重要组成部分，因自然条件和自然资源的差异向人类提供不同的生产条件和物质资料，从而决定了产业的布局和地域分工的不同，进而形成了不同结构和功能的人地系统，而不同的人地系统也孕育了不同的文明和地域文化。生态文明建设首先要解决的就是生态环境的保护问题，这是维持人类生存发展最基本的物质基础，而生态环境的保护就要在自然地理条件差异的基础上进行，即区域生态建设必须与自然地理条件相适应。反思我国以往的生态建设，生态建设能与自然地理条件相适应则会产生正效应，反之生态建设则会产生负效应，例如“三北”防护林工程建设，是我国林业发展史上建设周期最长、规模最宏大的生态工程，东起黑龙江、西至新疆，包括东北、华北和西北的13个省级行政单位，东西长约4480千米、南北宽560—1460千米，建设总面积约为407万平方千米，约占我国陆地总面积的42.4%。树林具有防风固沙、涵养水源、保持水土等作用，“三北”防护林使沙化土地减少，局部地区的水土流失得到有效的治理，但在干旱、半干旱地区造林，不仅难以达到生态保育、防风固沙的效果，反而加剧区域生态环境的退化，因为植被的蒸腾作用造成水分流失，而且为了浇灌所种植的树木一些缺水地区不得不抽取地下水，导致地下水平衡被打破，而且加剧了环境的干旱程度，究其原因就在于生态建设与自然地理条件不适应。

二　人的需求结构

人是人地系统中的能动性要素，需求属性是人的基本属性之一。人类社会在不同阶段的发展需求推进人地关系的动态演变，而人的发展需求呈现一定的等级次序，构成了人的需求结构。人地互为作用的过程也就是人的需求结构不断变动的外在体现。按照人地关系的演化时序，人的需求先后经历了生存需求、物质需求、精神需求和生态需求四个阶段，相应地，对生态环境系统服务功能的需求和产品的需求也随之发生改变，生态环境系统服务功能的需求先后经历了以生活功能需求为主、以生产功能需求为主和以生态功能需求为主的三个过程；产品的需求经历了从自然界直接或间接获取的农产品、人工合成的工业品、多样化的服务产品和以良好生态环境为主的生态产品等阶段（见图4－6）。

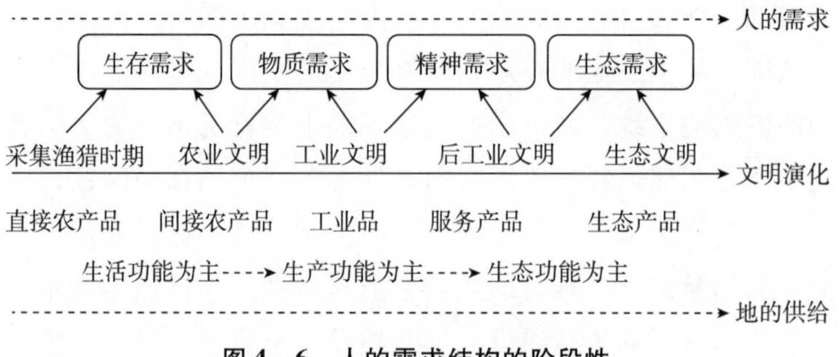

图4－6　人的需求结构的阶段性

需求结构决定了人类活动的范围和强度，人类根据自己的发展需求对生态环境的本底功能进行变更，使之朝向于人类有益的方向发展，从而有不同的人地关系。不同时期人的需求随着生产力、价值观念的不同而有所差异，导致人和地作用的焦点及强度不断变化，人地关系也伴随人类社会发展不断由简单向复杂演变。从简单的生存需求到物质需求越来越膨胀，放任物欲发展势必导致人地关系矛盾的激化，因为人的欲望具有非逆向性的不断增长的趋势①。也就是说，欲望是具有跳跃性的、永不满足的，物质欲望的实现依赖于不断挤占自然地理条件的生态空间、肆意掠夺其生产生活资料，并转换成生产生活空间和在此基础上的物质生产活动，当人的物欲超过了生态环境的资源环境承载能力时，就会导致生态平衡的破坏和生态环境质量的恶化。所以，物欲的需求是无止境的，必须依靠生态文明的建设、生态文化价值观念的树立，来约束人的贪念和引导人的需求转向精神需求和生态需求，同时，人类对美好生态环境的愿景成为生态文明建设的动力和基础。因此，文化价值取向是影响需求结构的重要因素，物质文化取向下的需求结构以物质需求为主，生态文化价值观念指引下的需求结构以精神需求和生态需求为主，人的发展需求推动着经济社会的发展，而发展需求和生态需求的统一和协调实现路径就是生态文明建设。生态文化建设优化人地系统中的社会文化子系统，进而优化需求结构，从而为生态文明建设提供动力（见图4-7）。

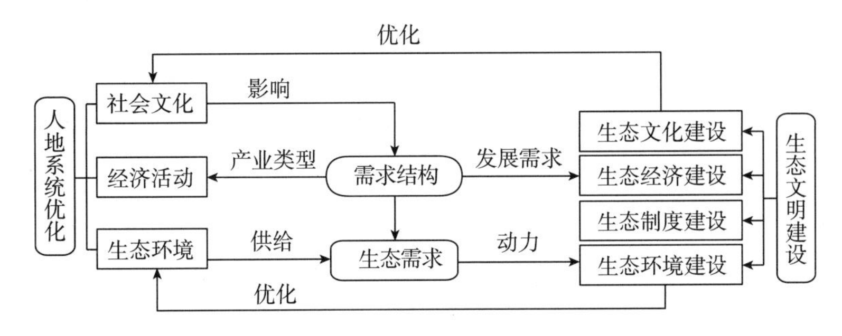

图4-7　需求结构对生态文明建设与人地系统优化协同过程的影响

① 叶岱夫：《从悖论浅议人地关系中的人性内涵》，《人文地理》2005年第2期。

需求结构推动地域功能的演化和产业结构的调整，并影响到区域开发的强度、广度和方式等，其在人地系统优化和生态文明建设中起到重要作用。

（一）需求结构推动地域功能的演化

地域功能是指一定地域的人地关系系统在区域的可持续发展中所履行的职能和发挥的作用①。地域功能的形成体现了人类活动对生态环境系统的依赖和改造，也体现了生态环境系统对人类活动的承载功能和反馈机制，是人地系统内部人类活动和自然地理环境互为作用的外在体现。地域功能从人类进入生态系统就开始形成了，随着人类生理需求得到满足，人类的需求呈现出多样化和层次化，进而反映到土地利用的不同，从而形成不同类型的地域功能（见图4－8）。

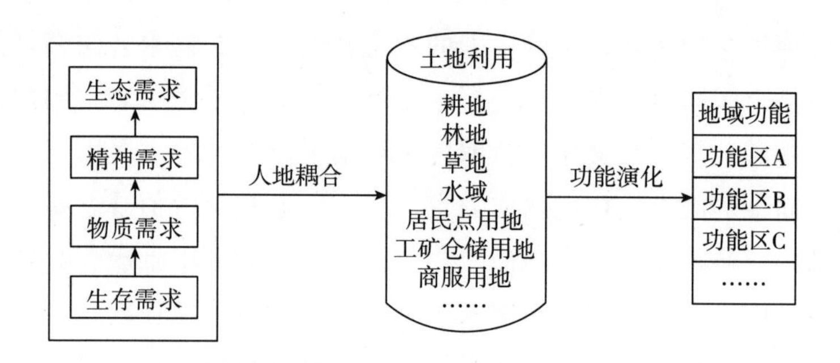

图4－8　需求结构与地域功能演化

从时间尺度看，原始社会时期采集野果、捕鱼、打猎等人类活动是为了满足生存需求，这个时期尚没有出现土地利用类型的分化，土地保持着原生的状态，自原始农业的产生开始，人类开始开垦土地、刀耕火种，土地成为主要的生产资料和生活资料来源，使人类能够自给自足、生存需求得到基本满足，之后需求呈现出多样化特点，而物质需求成为主流文化，特别是随着工业化的发展，人类不断开采资源能源并将其转化成工业品，在此过程中地域空间和土地利用类型附加

① 樊杰：《我国主体功能区划的科学基础》，《地理学报》2007年第4期。

了人类的需求而朝多样化发展，原有的功能被削弱甚至被剥夺，特别是其生态服务功能往往因生产功能或生活功能的扩张而被挤压，甚至发生冲突。随着人口数量的增多和人类需求的扩大，工业化和城市化不断扩张，生产空间、生活空间不断挤占生态空间，在这种挤压与冲突中，生态空间的减少和生态系统服务功能的降低直接引发了各种生态环境问题，使人类面临着生存和发展的双重困境，人们也逐渐意识到对物质的需求是没有止境的，转向精神需求和生态需求，于是生态文明建设就是在人对生态需求的渴望和因生态环境问题而引发的对自身发展困境的思索中提出的。

（二）需求结构促进产业结构的调整

从产业的特征来看，产业结构发展可以分为时间维度和空间维度。从时间维度看，产业结构发展具有阶段性，随着经济社会的发展和人类需求多样性，产业从无到有、产业结构由单一模式逐渐发展为多元模式、由低级模式发展为合理化、生态化模式。人类产业的发展是从采集渔猎时期开始的，人类为了果腹和生存，在长期的采集和渔猎过程中积累了丰富的生存经验和知识，包括工具的使用、火的利用，随着人口增加出现了更多的食物需求，原始种植业和畜牧业产生，形成了基于耕种和饲养的农业产业体系。随着以农业为主的产业体系发展，生产力水平得到了极大提高，生存需求基本得到满足，需求开始多样化和物质化，社会分工也越来越细化，专业化程度得到提高。以农业为主的产业结构体系逐渐向农业、工业和服务业并存的产业系统转变，一直到基于大规模机械化生产的工业结构体系形成，人类进入工业文明时期。“人类中心主义”的文化直接导致人类掠夺式开发，也进入了一个物欲膨胀的时期，没有极限的物质需求并不能满足所有人，一部分人开始转向精神需求，比如有人致力于做慈善事业，投资于公共事业，为有需要的人修马路、建学校等，通过为别人提供帮助和服务这些途径实现自我价值。工业文明的发展使不同阶层人的需求得到极大的满足，但是掠夺式的生产方式和物质至上的主流价值观也带来了难以摆脱的生态危机，对健康、美好生态环境和生态产品的需求以及对人类自身生存和发展的反思推动了生态产业的产生，生态产业的发展和产业的生态化成为生态文明的支撑。

从空间维度看，产业的发展具有区域性，同一文明时期经济发达的地区和经济落后的地区在需求结构上有很大的不同，产业结构也会因此而不同。经济发达地区的人们关注更多的是对生态环境的需求和可持续发展的需求，当地政府也更愿意投资于环境的保护，并通过提高环境规制水平而淘汰落后的产业和产能、升级产业结构、发展生态环境友好型的产业，而经济落后地区的人相对于生态环境更关注的是物质财富的积累和经济发展的需求，因而经济落后地区会承担发达地区的产业转移甚至不惜以牺牲生态环境和当地人的健康为代价，造成经济落后地区的生态贫困。因为需求结构层次低、迫切需要发展而加速对资源和环境的掠夺式开发，导致生态系统功能的衰退与生态环境的恶化，生态环境脆弱、土地生产力下降、自然灾害频繁、生存条件差等问题接踵而至，生态环境问题阻碍了经济社会发展，从而使落后地区的人们的需求仍然停留在低层次水平。需求层次低，对生态环境的保护意识不强，而且往往由于缺乏经济增长的内在动力，落后地区不断向生态环境掠夺式索取，陷入生态贫穷的恶性循环中。不同需求结构对应的产业类型如表 4 – 2 所示。

表 4 – 2　不同需求结构对应的产业类型

需求层次	文明阶段	需求产品类型	土地利用类型	产业类型
生存需求	采集渔猎时期、农业文明	直接或间接农产品	耕地、林地、草地、住宅用地	种植业、畜牧业
物质需求	农业文明 工业文明	农产品 工业品	耕地、工矿用地、住宅用地	工业、建筑业、矿业
精神需求	后工业文明	公共事业 商业服务等服务产品	公共管理、公共服务用地、交通运输用地、商业服务用地、住宅用地	服务业、公共事业、信息产业
生态需求	生态文明	生态服务 生态产品	自然保护区、公园绿地、风景区、住宅用地	生态产业

综上所述，人的需求受到当时的生产力水平、文化等因素的影响，需求具有阶段性、区域性等特点①②，阶段性是指需求结构随着经济社会发展和生产力水平的提高由低级向高级转变；区域性是指由于地域文化、本底条件、经济发展差异，不同区域的需求具有差异性。需求层次和产品类型不同，推动产业结构的不断调整和土地利用类型的转变，以适应人的需求。工业文明时期“人类中心主义”的价值观使物质需求持续膨胀再加上地理环境供给的有限性引发了生态危机，为了自身健康、生存和发展，人们转向生态需求，但是这并不意味着完全转向生态中心主义，因为生态需求仍是从人的自身需求角度提出的，生态环境的保护也是为了人类自身的生存和发展，因此，从价值观上看，应该是一种“弱人类中心主义”或“非人类中心主义”的观念，把人置于与自然界中其他生物平等的地位，自然界存在具有其内在价值，而不是以人的需求满足情况来论其价值。生态文明实际还是以人的生态需求、发展需求为出发点提出的，所以，要进行生态文明建设，本质上应该转变人的伦理观。因此，通过生态文化建设来优化社会文化，使生态意识和文化深入人心，生态文明建设主体中的企业、个人等的生态拉力和生态制度建设的生态推力应形成一股生态合力，共同推动经济社会发展和生态环境保护，进而实现人地系统优化和生态文明建设的协同发展。

三　文化价值取向

文化就是人化、非自然化，人是文化的载体。广义的文化是指人类在对自身（主观世界）和外部（客观世界）长期的适应改造过程中，创造的物质财富和精神财富的总和；狭义的文化则是指人对自身（自然人）的改变，也就是形成的社会意识形态。劳动创造了人，人生活于自然界中，为了生存和发展不断作用于自然界，成为人地关系中的能动者，人在认识和改造自然过程中的心理活动的外在体现以及

① 程钰：《人地关系地域系统演变与优化研究》，博士学位论文，山东师范大学，2014年。

② David C. and Michael J.，“Wildlife Value Orientations：Aconceptual and Measurement Approach”，*Human Dimensions of Wildlife*，Vol. 1，No. 2，1996.

在人指导下的行为方式和行为结果就形成了文化。

自然地理条件是孕育和滋养文化的底色和背景。文化的出现在“人”和“地”之间建立了一座桥梁，人对地的价值观念与思维意识从文化中产生，并客观地影响到人对地的资源环境价值观、活动强度、生产方式、社会责任和消费行为，而人在改变自然地理环境的过程中改变着自身，文化也同时发展，而特定地域的文化又是在特定的自然地理条件基础上形成的，地域文化的形成会影响人的价值思维和行为方式。所以说，文化既是行为的产物，也是进一步行为的影响因素，是“一定社会的政治和经济的反映，同时又给予一定社会的政治、经济以巨大的影响”①②，文化随着社会的发展而发展，不同阶段的文化发展水平不同，其对人类社会的影响和作用也不同（见图4－9）。

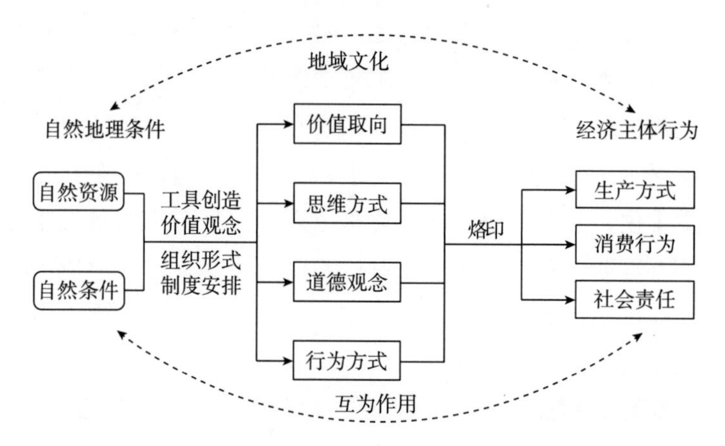

图4－9　地域文化与人地关系的互动机制

根据前面生态文明建设和人地系统优化的时序协同关系分析，人地互为作用过程中的工具改造、组织或制度形式、价值观念等都属于文化的范畴，也就是说文化应该包括物质文化（物化）、精神文化（核心）和行为文化（外在）三个层面。人依靠文化的不断积淀创造

① 陈泽环：《培育时代新人离不开正确文化观的滋养》，《思想理论教育》2019年第1期。

② 夏征农、陈至立：《大辞海·哲学卷》，上海辞书出版社2015年版，第170页。

了最初的文明。文明和文化有着紧密的内在联系，生态文明是与生态文化密切相关的。正如唐纳德·沃斯特（1988）所说，当代全球性生态危机并不源于生态系统自身，而源于我们的文化系统，生态危机只是文化危机的一种表现形式（舒永久，2013）。

生态意识和生态文化是生态文明建设的重要内容，也是人地系统优化的首要前提。所以，进行生态文明建设不仅是发展方式的转变，关键要转变发展理念，需要首先从观念上改变对人地关系和发展内涵的认识，也需要以制度建设来引导规范人们形成合理的生产和消费模式，因此，生态文明建设应当有深刻的文化内涵，这是从人类和地理环境互为作用积淀的先进成果和文化中汲取的，从物质文化、精神文化到行为文化，推进整个文化系统继承和创新。生态文明的提出就是生态文化孕育、积累和发展的成果，因此生态文明的实现也必须以生态文化的塑造和传播以及存量文化资源的利用与盘活为基础，生态文化的建设构成生态文明建设的基础和前提，在生态文明建设过程中，文化系统会因为人与自然的和谐共生而有了永续发展的基础，而生态文化的建设使人类的生态理念和发展观进步，从而调整行为方式优化作用于地的行为，人地关系在得到优化的同时，推动着整个文化系统朝更优质、更高效率的方向优化发展。因此，文化系统、人地系统、生态文明建设形成一个良性的相互影响的过程。通过生态文明建设，优化人地系统中的文化子系统，也为文化传承创造良好的生态基础，重构人与自然环境的关系和人与人的关系，优化人地关系子系统（见图4-10）。

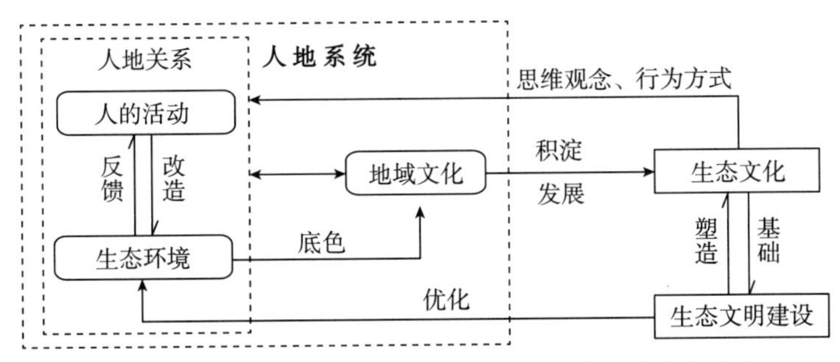

图4-10　文化在生态文明建设和人地系统优化中的桥梁作用

四　人的生产活动

由于人地系统中的人具有主体性，人在需求结构推动下的活动方式直接决定了人地系统的发展方向。根据前面关于人地关系的论述，人通过直接利用、改造利用和适应等路径与周围的地理环境发生关系，而人的主体性作用发挥主要体现在对生态环境的直接或改造利用上。人可以通过生产、生活和消费活动改变地形、大气、水、植被等自然地理要素的原本属性，改变生态环境的功能，提供生产、生活资料的功能增强，但生态系统服务的功能降低，资源环境约束作用增强，同时负反馈给人类，这与人的生态需求相悖，因此，人会通过有序的生态修复和治理、空间管控等措施改善生态环境，这个过程就是人地系统的优化过程，同时也是生态文明的建设过程。

人类的生产活动包括农业生产、工业生产等物质生产和环境生产，另外还有人类自身的生产。人类的农业生产活动由于农药化肥的过度使用，使土壤中的有机物质富集，伴随着不合理的土地灌溉方式，水土流失、水体富营养化、土壤盐碱化等环境问题凸显，生态系统功能大打折扣。工业化和城市化的发展使人类的生产空间和生活空间不断挤占生态空间，荒地开垦、海岸带开发、林草地开发、耕地占用等土地利用方式成为常态，直接造成生态用地的减少和生产生活用地的增加，地表植被覆盖减少改变了地表下垫面性质继而引起了气候、土壤、水文等其他自然条件的改变，导致区域乃至全球生态系统的失衡。另外，工业生产和人类生活及消费行为中的“三废”排放，超过了区域环境系统的承载能力和消化吸收能力，就会随着大气、水、土壤或生物等路径传输和累积，导致区域生态环境恶化和区域资源环境承载力的下降。人口自身生产的结果是人口规模的扩张，以及区域内人类需求的增加，伴随着经济规模的扩大，如果对资源环境的索取超过了区域的资源环境承载能力就会造成人口和资源环境的矛盾。以上可能会导致资源环境压力的人类活动称为无序人类活动，主要是在人类开发利用自然资源和环境的过程中产生的，即社会经济活动对自然生态系统的扰动与破坏性影响，这一过程的实质是将自然生态系统的物质实现形态和功能的转换，实现物质流、信息流和能量流的流通，即自然与经济的物质变换，但生态环境会通过负反馈影响人类活动。人类经济活动的主体是产业，“产业系统从低级到高级、从简单到复杂的演进过程中，自然与经济的物质变化关系的指导理念、形式、规模和强度等也随着产业的变化而不断发生变化”①。

有序人类活动主要是在生态文化理念指导下的生态修复与重建和污染防治等。生态修复与重建有两种方式，一是以建立自然保护区、森林公园等空间规划的方式实现自然修复，我国的主体功能区划中划定的限制开发区和禁止开发区，就是生态修复和重建的一种方式。二是生态工程和生态实验相结合的方式，人为地介入生态系统的综合整治，提高生态系统的服务能力，例如小流域的综合治理中采用生态工程、修复等相结合方式。污染防治对于缓解人地矛盾也起到积极的作用，绿色发展、循环发展、低碳发展等理念的提出和科技创新实践，有利于节能减排的实施，并从生产源头、生产过程、产品的循环利用等环节促进资源的集约利用和环境保护。有序人类活动有利于人地系统中生态环境子系统的优化，而生态经济建设的实施也将推动着人类经济社会活动的主体——产业的生态转型，从而共同推动着生态文化下的人地系统优化。

价值观念是人类活动是否有序的关键，以生态文化为指引的人类活动是有序的、合理的活动，经济增长方式是集约的，同时，因无序活动开发导致的资源环境问题反馈给人类，人类会适时做出观念转变和粗放型增长方式的转变，导向生态文化观和产业生态化，实现产业生态化的关键在于以生态文化为理念的科技创新，而生态文化的建立需要生态文明建设的文化层面的推进，因此，从价值观念的转变到人的生产活动的有序合理，逐步实现经济发展和生态环境的协调，同时，实现生态文明建设和人地系统优化的协同（见图4－11）。

---

① 李慧明、左晓利、王磊：《产业生态化及其实施路径选择——我国生态文明建设的重要内容》，《南开学报》（哲学社会科学版）2009年第3期。

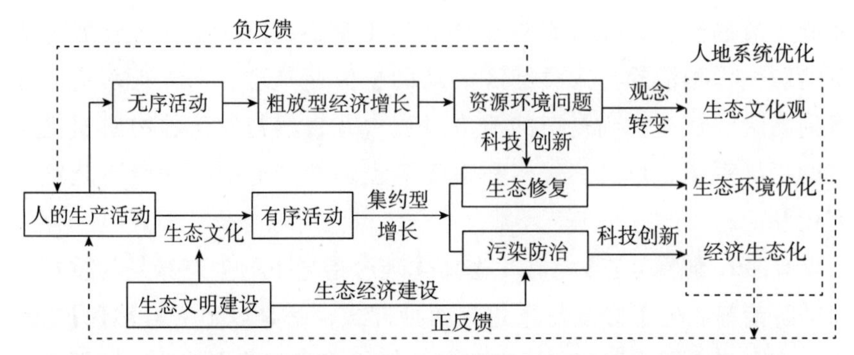

图 4-11　人的生产活动对生态文明建设和人地系统优化的协同影响

第四节　生态文明建设和人地系统优化的不协同因素识别

生态文明建设和人地系统优化理论上是协同的，但自工业革命以来物欲膨胀下的人类生态危机、环境危机也带来了伦理危机、科技危机等，因此，深入识别生态文明建设和人地系统优化中的不协同因素，是解决问题的症结所在，根据以上二者的协同过程和关系的分析，人的“三观”（自然观、价值观和伦理观）失衡、追求经济发展的急功近利和生态文明制度的缺失是导致二者不协同的主要原因。

一　人的“三观”的失衡

人对自然的观念经历了敬畏自然、顺应自然、主宰自然和协调自然四个阶段，不同自然观下的人也蜕变着，由“自然人”“社会人”转向“经济人”，而反思西方工业革命以来三百年的工业化、城市化进程以及中国改革开放四十多年高速发展的工业化、城市化过程，人们的物质需求不断增长，物质财富日积月累，生活条件改善、社会物质文明进步，“文明人跨过地球表面，在他们足迹所过之处，留下一片荒漠”①。物欲膨胀使人对物质的占有趋于无限，物质财富的多寡成

① ［美］弗·卡特、［美］汤姆·戴尔：《表土与人类文明》，中国环境科学出版社1987年版，第30页。

为衡量人的自身价值是否实现的标尺，这种观念驱使下的人必然罔顾后代人获取资源的公平性而大肆向自然攫取资源，引发生态危机、能源危机，与此同时，物欲膨胀已经渗透到人与人的关系中，物质至上导致人际关系淡漠、当代人和后代人的不公平、人和自然的不公平、不同地域人之间的不公平等各种社会危机、伦理危机甚至用科技不择手段地获取物质财富的科技危机凸显。对个人而言，物质追求无止境，而精神追求的空白容易让人失去信仰和精神家园，使人的灵魂和肉体不协调，为了物质财富的获取而做一些违背内心的事情，身、心不能协调发展。因此，“经济人”必然是空虚的，而主宰自然的自然观是危机重重的，也在实践中证明是不可行的。协调自然的观念就是以协调人与自然的关系为出发点，来协调人与人的关系，通过生态文化和生态意识的引导，帮助人重建精神家园，以精神需求来取代无止境的物质追求，使人能回归到自然中，发自内心地热爱自然，身心协调，并外显为生态化的生产、消费行为。

根据自然资本理论，自然具有“生态价值”和“经济价值”双重价值，这两种价值分别向人类提供生态服务功能、生活功能和生产功能①，但不同的是，“生态价值”是一种隐性价值，而“经济价值”是显性的。对自然经济价值的重视最早可追溯到威廉·配第，他认为：土地是财富之母。当土地资源得到有效的配置使人类的生存需求得到基本满足后，物质需求不断增加催生经济快速增长，人类开始无节制地将自然资源转化为物质财富，重视自然的“经济价值”，忽视“生态价值”。随着人们收入水平的提高，物质需求的边际效用下降时，精神需求和生态需求权重就会增加，自然的生态价值受到重视。自然对人的效用函数式②：

$$U = U(X_1, X_2, \cdots, X_m; Q_1, Q_2, \cdots, Q_n) \quad (4-1)$$

---

①　程钰、尹建中、王建事：《黄河三角洲地区自然资本动态演变与影响因素研究》，《中国人口·资源与环境》2019年第4期。

②　刘平养：《经济增长的自然资本约束与解约束》，复旦大学出版社2011年版，第102—103页。

$$\frac{dU}{dX}>0,\ \frac{dU}{dQ}>0,\ \frac{dQ}{dX}<0 \tag{4-2}$$

式中，U 表示效用，X 表示自然为个人提供的资源和产品，代表其经济价值；Q 表示生态环境为个人提供的直接效用，代表自然的生态价值。$dU/dX>0$，$dU/dQ>0$ 说明自然提供的资源和产品以及生态环境的效用都是越高越好，$dQ/dX<0$ 表示对自然资源和产品的收获会导致自然生态环境质量的下降或退化，可见，这个过程中产生了自然的经济价值和生态价值的竞争性使用，例如，用于生产建设和生活住宅的土地越多，原先依附于土地的森林、草地或者荒野等景观就会越少，自然生态系统的生态服务功能就会大大降低。因此，人选择什么样的自然价值观，就会产生不同的实践效应，生态环境也会给人以不同的反馈。过度看重自然的生态价值而保存自然，则人类经济社会的发展就会受到限制；过度看重自然经济价值而透支自然资源和产品获取经济利益，必然以牺牲生态环境为代价。因此，"生态中心主义"和"人类中心主义"的价值观都是不可取的。

根据生态伦理理论，人和人之间、当代人和后代人之间、人和自然的关系、人和社会的关系都是平等的，人和自然的关系是协调其他关系的基础，不平等关系下自然会对人的行为展开报复，环境污染、生态危机、资源危机、能源危机等接踵发生，危及当代人及后代人的生存和发展，可持续发展的提出和实践是人们积极转变"人类中心主义"价值观而向协调自然的自然观的体现，而中国生态文明建设的提出是中国对实现全人类社会生态文明的积极表率，生态文明建设过程中"三观"的平衡将是生态文明建设的重要内容。

二　经济发展的利益分配

可持续发展的提出和实践已走过 30 多年，人们已经充分认识到自然资源的稀缺性和自身行为的不可持续性，但资源环境约束趋紧的局面依然没有根本性改变，这就涉及区域之间协作问题，尤其是国与国之间经济利益的分配关系。生态文明是超越国界、民族、种族和宗教的全人类共同的文明成果，生态文明的实现也必然依靠"地球村"全人类的共同建设。发达国家凭借先发优势占用和盘剥大量别国资源，走了一条“先污染、后治理”的道路，率先完成了工业化，经济发展水平高，目前有能力提供资金和技术用于治理环境，而发展中国家或地区基本上处在工业化初期或中期，绿色生产技术落后、经济发展方式高投入低产出，经济发展与生态环境保护不能两全[①]，发展需求往往使发展中国家或地区以牺牲生态环境而换取经济增长。在全球生态文明建设中，个别国家经济利益与全球福利之间存在诸多矛盾和冲突，部分发达国家处于自身经济利益考虑不愿承担应该承担的相应责任，这不利于全球生态文明格局的实现。发达国家应该从本国节能减排绝对量减少和向发展中国家或地区转移技术和提供资金两方面承担义务和责任，而发展中国家应根据自身发展情况和能力为全球生态文明做出相应贡献。因此，各国之间应该相互退让、折中，同样，各部门、各地区之间的经济利益分配也应该采取共享、治理的态度，因为文明无边界。

三　生态文明制度的缺失

从农业文明到工业文明，人类在需求推动下利用、改造自然的能力越来越强，而工业化的物质生产方式，不仅是为了满足人的需求，更是追求剩余价值的最大化，因此为得到更多剩余价值不断扩大再生产，同时，由于工业化是追求高效率的经济活动，工业化过程中伴随产生市场化，为了降低成本而将资源消耗、环境污染外部化，以节约技术、资本等方面的投入成本。市场经济条件下，资本家对经济利润的无限追求使他们始终关注自然的经济价值、无视自然的生态价值，掠夺式的开发利用必然超过自然生态系统的承载力、缓冲力和恢复力，导致生态系统的失衡和生态危机的爆发。因此，深层次上说，人与自然的对立实际上就是人与人之间对立的异化状态导致的，工业文明的制度体系对生态文明建设是不可能完全适应的。

以公有制为基础的社会主义是生态文明建设的制度基础，我国是社会主义国家，具有生态文明建设的基础性条件，但现行的法制、体

---

① 程钰、孙艺璇、王鑫静等：《全球科技创新对碳生产率的影响与对策研究》，《中国人口·资源与环境》2019 年第 9 期。

制和机制方面均存在一定问题，使发展中不平衡、不协调、不可持续的问题依然突出①。环保法律法规缺失、环境管理体制不完善、生态补偿机制和市场机制等不健全，导致生态环境保护效益和效率低下、资源环境约束趋紧、生态环境持续退化的局面没有得到有效遏制，这成为中国生态文明建设和人地系统优化协同的一个关键性制约因素。生态文明制度缺失具体体现在以下几个方面（见图4－12）。

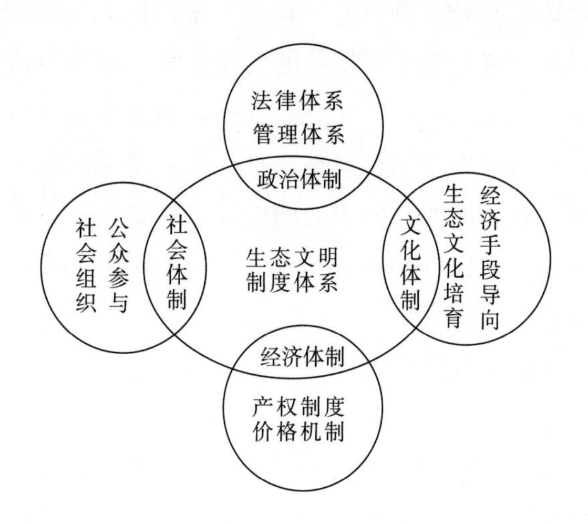

图4－12　生态文明制度体系与政治、经济、社会和文化的契合

一是法律法规的标准不具体，执行依据不足。资源与生态环境保护的法律制度体系基本形成，但单行法存在标准不具体、惩罚规定不明确、可操作性差等问题，例如，大气、水、土壤污染防治法以污染排放浓度达标、污染排放总量控制为核心，应该转向以风险评价为基础，制定针对污染物排放的精细化标准和环境污染赔偿的管理制度。另外，化学物质污染、遗传资源和生物安全等方面的法律法规空白。约束性、可操作性的法律规定少，直接导致环境执法过程的依据不足。

① 潘家华：《中国的环境治理与生态建设》，中国社会科学出版社2016年版，第195页。

二是生态环境的协同治理体系不健全，企业和公众的参与监督作用有待提高。治理的主体既包括政府，也包括企业、社会组织和公众，但各参与主体都不能有效发挥治理能力。政府层面，生态环境保护部门受制于地方政府，而且对地方政府的考核机制仍以经济增长为主，导致环保机构工作人员在执法时可能会影响地方政府的绩效，造成执法不严的情况。在乡镇政府层面更是缺乏统一的基层环保机构，环保人员的专业素质不高、环保力量薄弱，再加上公众生态意识的淡薄，农药瓶、生活垃圾随意丢弃，导致农村地区面源污染非常严重。另外，绿色 GDP 核算体系的建立和实施有待完善，其直接导向着政府的政绩观和生态环境保护观。企业层面，企业是环境污染的主要责任者，但往往是迫于政府处罚、社会舆论或竞争压力而被动地履行环境责任①，缺乏环保投资、绿色设计研发的积极主动性，以及主动承担环境社会责任的担当和作为，企业应该把生态价值观和生态文化的培育纳入企业管理人员的培训体系，同时，发展政府和社会资本合作的 PPP 模式。社会组织和公众层面，社会组织和公众承担生态环境保护的监督和自律性不够，而且社会组织和公众的行动也不该局限于“参与”，而应该成为一种基本力量，在树立生态文化意识、践行绿色生活和消费、增强和传播生态文明知识、监督不文明行为等方面起到基础作用。

三是经济体制不完善，产权体系和价格形成机制有待深化。不同尺度上的生态空间、自然资源和环境容量的产权和交易权有待完善，落实到不同区域，产权和交易权实施的前提是空间规划和管控，应该在划定红线的基础上进行空间规划，并按照公共物品属性确立生态空间、自然资源和环境容量的产权制度，对于占用或使用这些产品的企业，通过交易权实施，利用市场上的价格杠杆推动资源或空间的高效利用，这也需要建立生态空间、自然资源和环境容量的资产核算制度和区域间的生态补偿制度。

---

① 中国科学院可持续发展战略研究组：《中国可持续发展报告——重塑生态环境治理体系》，科学出版社 2015 年版，第 92 页。

四是生态文化体制的缺失，生态文化产业体系有待确立。目前，物质文化推动下形成的是一种物欲消费—生产扩张—财富增加—消费高涨的循环模式，亟须确立生态文化产业体系，提高全社会的环境文化素养和环境伦理意识，一方面需要宣传、培养环境道德理念，并监督其实施，这需要全社会的共同参与和治理；另一方面需要借助经济手段约束和引导消费文化，例如，瑞士石油短缺，政府征收汽油消费税，然后将消费税的收入平均分配给国民，实质上是一种生态补偿，是自然资源消费多的社会个体对消耗少的个体的生态补偿。

四　人性根源的双重属性

长期以来，人地系统中“地”的研究已经取得了丰硕的成果，各种技术手段的应用正推动着地的研究向深度、广度、未来方向进行，极大地提高了人对地的历史、现状和未来的认识。对人地系统中“人”的研究多是从人的生产活动（人口生产、物质生产、环境生产）、消费活动等方面入手，而对人的主观世界（思想、感情、欲望、意志）研究甚少。也就是说，对人的主观世界研究滞后于客观世界的研究，而要实现人地系统的优化应该双管齐下，应该从人的生命存在、生命活动在地理环境中的本质和真实意义来认知人性内涵[①]。

人具有主体性和客体性双重属性，人既是自然的产儿也是自然的主人，而这也决定了人自身的矛盾性。人在实践和发展的需求下改变着自然的同时构成了无限的矛盾，人是地理环境的产物却又不断破坏地理环境；人不得不依赖自然却又不断地通过改造自然的形式否定它；人以自我为中心但又只能在自然中实现自我；人存在于自然中却能走出自然的时空边界；人受制于自然规律却又享受着自由；人创造了工具来御敌以满足安全需求却又用它来相互杀戮……人的本性具有双重属性，过于强调人的主体性，会加剧人对自然的肆意掠夺、过度消费，放任物质欲望的膨胀从而形成纵欲型人性，导致人类为了物欲可以不顾他人和后代利益，甚至“六亲不认”，影响人与人之间、人

① 叶岱夫：《从悖论浅议人地关系中的人性内涵》，《人文地理》2005 年第 2 期。

与社会之间的和谐；而过于强调人的客体性，就会压抑人的需求使人臣服于自然，形成禁欲型人性，需求的内在推动和外在的压抑往往会起到物极必反的效果，反而会加剧向自然的索取和掠夺，与纵欲型人性一样是不可取的。这就需要用到中国古代人的生存智慧和生态智慧，在与自然的相处中达到一种“无我”的境界，把有限膨胀的物欲转化为无限的精神需求，因为“无我”才能“有我”。

总的来说，生态文明建设的实现路径是人地系统优化，人地协调的深层次原因在于人类系统内部的协调，人类内部协调关键在于利益分配，空间上关于各部门、各地区、各国之间的利益分配，时间上关于当代人与后代人利益的公平性、持续性分配，而利益分配的关键不在于物质财富有多丰裕，关键在于人性根源，是过于强调人的主体性发挥而导致物欲膨胀的纵欲型，还是过于强调人客体性而压抑需求的禁欲型？这两者都是极端的，折中的方法就是节欲型，既提倡适度发挥人的主体性又谨记人的客体性。印度前总理甘地曾说过：“地球满足人类的生存是绰绰有余的，但却永远无法满足人类的贪婪。”[①] 物欲驱使下的人类不仅仅面临着资源危机、能源危机、环境危机、生态危机等地的危机，同时也面临着伦理危机、科技危机等人类社会自身的危机。人在物欲刺激下会发生异化，把发展局限为对物质财富的无限占有和对自然的肆意征服，而精神处于空缺状态，孔子所说的“遇礼不敬、临丧不哀”的情况将比比皆是，人与人之间的危机将越发凸显。贪婪的物欲是永远无法满足的，而精神追求却能实现，这就需要追求一种“无我”的境界，因为只有无我才能有地，才能有人地关系的协调，最终才能“有我”。那么人地系统优化关键的过程就在于人的“无我”境界的形成，这需要“软”的引导——生态文化观念的深入人心，也需要“硬”的约束——生态文明制度的制定和实施，双管齐下地引导整个社会形成一种“无我”的精神追求，这也是生态文明建设和人地系统优化协同的哲学本质所在（见图4－13）。

① 叶岱夫：《从悖论浅议人地关系中的人性内涵》，《人文地理》2005年第2期。

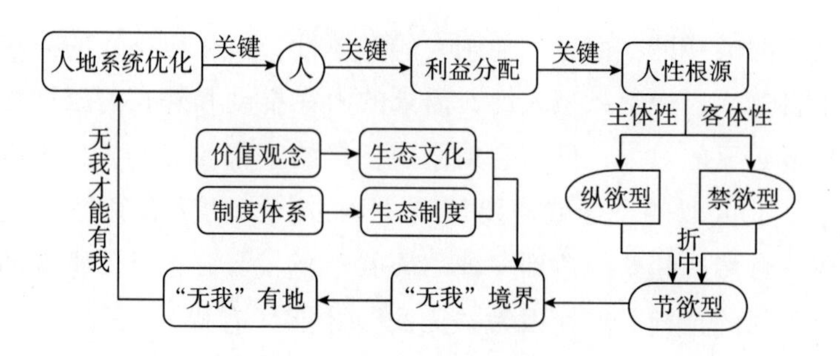

图 4-13　生态文明建设和人地系统优化协同的哲学本质

第五章

人地系统“三元”结构认知和优化路径

从前面几章的分析可看出，生态文明和人地系统有着显著的协同机理，在这个过程中，文明、文化成为贯穿的主线，在人地互为作用中产生并随着这个过程而不断积淀升华，生态文化从隐性到显性、从低级到高级，成为人地系统优化的指导思想，这个阶段也就是生态文明阶段。可以说，生态文明的视角为人地系统的认知提供了一个新的思路，传统的人地系统“二元”结构是人类自身和人类的经济、社会活动为一方，另一方包括大气圈、水圈、岩石圈和生物圈等人类赖以生存的自然地理环境。可持续发展和生态文明等理念的提出为人地系统提供了一个新的视角，即人地系统不仅仅是由人和地相互影响、相互作用组成的“二元”结构，人地互为作用的过程中产生了文化，文化一旦产生就会成为人地互为作用的媒介，而且独立于人、地两个子系统而形成文化子系统。文化成果不断累积和升华产生文明，随着人类需求结构的推动，产业类型也在不断变更，推动着文明的进步，一直到生态文明的提出。生态文明从发展的哲学意义上说，指的是人与物的和生共荣、人与自然协调发展的文明，是对工业文明时期“人类中心主义”、人与自然“二元”对立的否定，通过人类价值观念的转变达到对人地系统的科学理解，强调人与地协调和人与人和谐，这里的“地”不仅仅是自然地理环境，也指人文地理环境，文化对人文地理环境的形成和发展以及人类价值观念的转变起到很大的作用。因此，生态文明视角下的人地系统应该是包括文化在内的“三元”结构，而不是单纯的人地“二元”结构。生态文化就是生态文明的意识形态，人们以生态文化的价值观念推动人地关系的优化，而人地关系优化为文化的传承和发展提供了更好的条件。同时，人地系统的地域性与文化的地域特色不谋而合，不同地域人地系统形成了具有地域特色的文化，这也是生态文明建设要分区域进行的原因，因此，厘清人地系统的内部结构有利于厘清各个要素之间的联系，通过子系统的结构调节实现整体的优化和调控，进而促进人地系统优化和生态文明建设的协同发展。

第一节　人地系统“三元”结构的划分

前面根据人地关系与生态文明的协同关系，已经提出人地系统是由人、地和文化三个子系统组成的三元结构复杂系统（见图5－1），那么各个子系统具体是指什么以及各个子系统之间有什么样的关联？

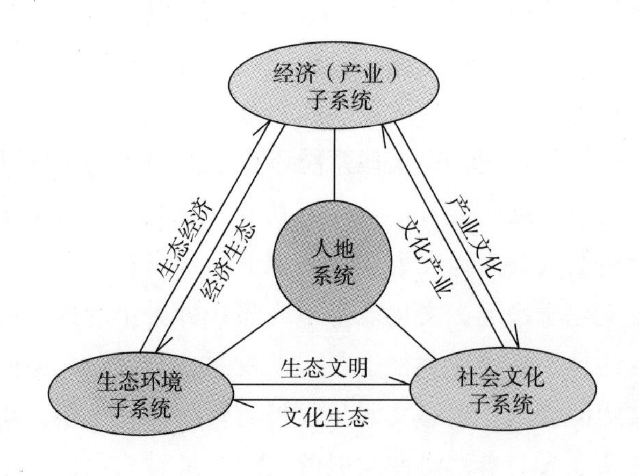

图5－1　人地系统三元结构

一　经济（产业）子系统

传统人地“二元”结构中的人是指人类自身及其经济社会活动，

人类自身主要包括人口的生产，表现为人口数量的增多，最终体现在人类经济社会活动对地的作用形式多样化、范围扩大、强度增大，而人类社会活动行为是按照一定思想观念、文化等模式进行，而且马克思、恩格斯指出物质生产活动是原发性的社会活动，是其他派生性社会活动的基础，因此，人地系统中人这个子系统最直观的体现就是人开发利用地的物质生产活动，也就是经济活动。人类活动中与自然地理环境链接最密切、互动最直接的就是经济活动，经济活动是指经济运行的生产、分配、交换和消费等环节，经济活动的各组成要素在空间和时间等方面的联系也是经济活动的一部分，经济系统依靠生产过程与生态环境系统进行物质循环、能量交换和信息传递，将生态环境系统物质化，满足人类的物质需求，而在经济生产过程中对资源环境、区域发展、就业等影响最直接的就是产业了，所以对经济子系统的分析主要是从产业角度进行。从人地系统优化的角度进行产业结构的分析，重点是分析主导产业的选择以及产业结构的优化。主导产业是指在一定经济发展阶段中所依托的重点产业，主导产业的性质和发展水平，决定着整个产业结构的发展变化，主导产业的选择应结合不同时期、不同区域发展条件、发展水平；产业结构是否合理直接影响整个经济结构的合理化和经济发展规模、速度、效益和总水平的高低[①]。通过产业结构的不断优化、协调，最终建立起保证经济可持续发展的资源节约型产业结构体系。产业机构优化是指通过产业调整，使各产业实现协调发展，并满足社会不断增长需求的过程，在需求拉动、科技推动、竞争促发等动因作用下，将产业系统作为一个转换器，将现有资源和条件转换为能满足人类需求的产品或潜能的过程。

在农业文明时期，气候、水、土地等资源和生物资源以及自然水热条件的组合是传统农业发展的基础，随着粮食需求加大和科学技术推动，光、热、水、土等自然资源利用率提高，发展立体多层农业，采用先进的灌溉耕作技术、施肥、除害虫技术，建立节时、节地、节

---

① 赵海霞：《经济快速增长阶段环境质量变化研究》，博士学位论文，南京农业大学，2006 年。

水、节能、高效低耗的集约化农业生产体系。随着市场化水平的提高、竞争促发推动，农业产业化进程逐步实现，商品农业建立，包括生产、加工、储藏、包装、运输、供应销售、出口等全过程在内的效益型优势产业系统。人们对生态农产品的需求增加，推动着农业向高产、优质、无污染的生态农业方向发展。这体现了生态文明理念在经济建设中的渗透，是经济活动与生态领域结合的产物，随着生态文明建设的进行，产业结构不断向生态化方向调整和优化，形成生态文明建设和产业结构演进协调发展的局面。产业结构的演进趋势分析如表5－1所示。

表5－1　　产业结构的演进趋势分析

<table>
<tr><th>农业产业</th><th colspan="2">工业产业</th><th>第三产业</th><th>时期</th></tr>
<tr><td>先进技术应用</td><td colspan="2">高新技术产业</td><td rowspan="2">人的价值实现与社会化保障产业</td><td rowspan="3">生态文明</td></tr>
<tr><td rowspan="2">生态农业（优质、无污染、高附加值）</td><td colspan="2" rowspan="2">低能耗、高附加值资源节约型工业</td></tr>
<tr><td>生态产业</td></tr>
<tr><td>商品农业（规模经营、高产）</td><td rowspan="2">市场型轻工业</td><td>深加工工业（精细化工、精密仪器等）</td><td>通信、信息、环保产业</td><td rowspan="3">工业文明</td></tr>
<tr><td rowspan="2">大农业（农、林、牧、渔）</td><td rowspan="2">重型加工</td><td rowspan="2">旅游、交通、科技、房地产、金融服务业</td></tr>
<tr><td rowspan="2">自给型轻工业</td></tr>
<tr><td rowspan="2">传统农业（种植业）</td><td>采掘工业</td><td rowspan="2">饮食、商贸、服务行业（衣食宿行等）、文化教育</td><td rowspan="2">农业文明</td></tr>
<tr><td>轻工业</td><td>重工业</td></tr>
</table>

通过比较分析产业结构演进趋势表可以看出，生态文明思想指导下的产业结构优化应该是产业结构由左下角向右上角模式转变，最终建立以第三产业为主导、以高技术产业和社会化保障产业为导向的生态文明产业体系，既能实现资源的节约利用，也能实现人的自我价值和全面发展，人地系统同时得到优化。

二　生态环境子系统

人地“二元”结构中的地指的是地理环境，与地理环境相关的概念化的专业术语有很多，如自然环境、环境、生态环境、自然资源、环境保护、自然地理环境、人文地理环境等[①]，因此，这里有必要界定一下地的内涵。环境是指生物的栖息地，是直接或间接影响生物生存和发展的各种天然的或人工改造的自然因素的总体，是人类不可缺少的生命支持系统。人类活动所依托的空间是地球表层的自然环境，指的是直接或间接影响生物（包括人在内）生存和发展的各种自然因素的总和，包括气候、水、地形、土壤、生物等自然条件和矿产、土地等自然资源。地理环境是指一定社会所处的地理位置以及相联系的各种自然因素的总和，与自然环境的区别在于地理环境的区域性，即地理环境是特定区域空间下的。“生态环境”一词与自然环境比较接近，但其内涵和外延是有区别的，自然环境中只有由一定生态关系构成的系统整体才能称为生态环境，即占据一定空间的生物和环境之间相互作用、相互制约形成的统一整体，具有一定的生物与非生物的空间结构，能够为人类提供生态系统服务功能。所以说，生态环境是自然环境的一部分。自然资源《辞海》给出的定义是指天然存在并有利用价值的自然物，如气候资源、土地资源、水资源、野生生物资源、矿产资源和海洋资源等，是生产的原料来源和布局场所，是维系人类生态系统的相互作用的物质流。

梳理以上概念可以发现，各概念之间有密切的联系，自然环境是环境的一部分，地理环境是有特定位置的或者说有区域性的自然环境，生态环境是自然环境中有生态关系的自然环境。而研究中的“地”界定为生态环境，党的十八大以来生态环境成为约定俗成的一个词语，内涵是“由生态关系组成的环境”，这里的生态关系不仅包括生物之间的关系、人以外的其他生物与自然的关系，还包括对人类的各种生产和生活活动有影响的各种自然力量或作用的总和；外延包括生态、自然资源和环境三部分，其中生态是由人类参与主导的复合生态系统，也就是人类的行为干扰了自然环境中的生态系统，比如全

① 任建兰、王亚平、程钰：《从生态环境保护到生态文明建设：四十年的回顾与展望》，《山东大学学报》（哲学社会科学版）2018 年第 6 期。

球变暖、水土流失、生物多样性减少等生态问题的产生都跟人类的作用方式有关。自然资源短缺以及资源的滥采乱伐、过度开发深刻地影响着生态系统的能量流动、物质循环和信息传递，因此自然资源是生态环境子系统的外延之一。环境是由地形地质、大气、水、土壤、生物等在特定的时空条件下的组合情况决定的自然条件。环境保护的核心内容就是污染防治，污染排放后的末端治理对于治理污染来说是正确的，但对于环境保护从长远来说并非治本之道，还应实行预防为主的环境保护政策。

概言之，生态环境包括生态、资源和环境三部分内容，其为人类社会经济发展提供空间载体和生态、生产生活功能。当生态系统处于相对稳定时，生物之间和生物与环境之间呈现相互适应的状态，生物的种群结构和数量比例持久地没有明显的变动，能量和物质的输入和输出之间接近平衡，这种状态叫生态平衡。生态平衡能保持的原因是由于生态系统具有控制反馈机制和自动调节能力，但这种能力是有限度的，当外界压力很大超过了生态系统自我调节能力（生态阈限）时，系统结构被破坏、功能受阻，以致整个系统受到伤害甚至崩溃，也就是生态平衡失调，一系列生态问题的发生都是生态平衡失调的结果。人既是生态系统的成员，受生态规律制约，又是生态系统最活跃、最积极的因素，由于人类需求不断提高，作用于生态系统的强度不断增大，导致生物物种减少，生态系统自我调节能力减弱，再加上生产生活中对资源的过度开发利用和排放的废弃物对环境造成污染和破坏，当污染物的排放数量和速度超过了生态阈限时，就会导致生态系统的失衡，人类生存和发展的基础支撑也将消失。也正是在这种背景下，可持续发展和生态文明建设等思想和战略被提出和应用。人类究竟能否将生态平衡同推进人类社会的发展协调统一起来，最终取决于人类能否清醒地认识到自己也是生态系统中的一员，如何正确处理人与生态环境的关系，人类活动对生态环境影响最直接的就是经济活动，而经济活动中最直观、最具体的体现就是产业活动，也就是说，产业活动与生态环境的关系将是人类与生态环境子系统能否和谐相处的关键。

三　社会文化子系统

文化产生于人地互为作用中，又作用于人地互为过程中，形成不同的社会行为和地域文化，因此，人地系统的第三个子系统为社会文化子系统。由于区域自然条件的差异、区域分割与交通不便、通信落后等原因，不同地域的人类形成了不同的生活和生态类型，进而形成了多样性的地域文化。人类文化发展所取得的已有优秀成果乃是生态文明建设的坚实基础，从精神文化层面来讲，从采集渔猎时期生存文化的积淀，到农业文明时期“天人合一”等朴素生态哲学的传承，对构建具有地域特色的生态价值理念有重要价值；从物质文化层面来讲，工业文明时期科技进步、信息技术发达，为人类认识和把握自然规律奠定了基础；从制度文化层面来讲，不同文化对人类与生态环境关系的行为规范都将对生态文明建设中的制度建设具有积极的借鉴意义。不同文化层面的积淀为生态文明建设积累了丰富的优秀文化成果，换句话说，生态文明建设过程必须吸收和借鉴人类不同时期的文化成果、盘活文化资源的潜在价值，才能使生态文明建设更有活力。

可见，文化子系统包括了物质文化、精神文化和制度文化三个层面，从深层意义上说，文化是经济运行方式的潜在背景，决定了人类经济活动对生态环境的作用强度和范围，例如中国西江流域的蛙、蛇等水神崇拜文化也孕育了适应稻作农业的经济活动；贵州东南的苗族和侗族都有爱护树林的村规民俗，为当地人合理开发利用树木资源、尊重自然规律提供了思想基础，而这种地方性传统文化更容易被公众普遍接受。也就是说，各个地方能传承至今的文化系统都是当地人在与地域独特的生态环境长期相处中总结出的适应地方特点的生产生活经验或制度规范，这些都为生态文明建设奠定了丰富的文化基础，同时，生态文明建设的过程中，人的生态理念和发展观的进步以及对应的行为方式的调整将促进文化系统向更高层次演进和持续发展。

第二节 “三元”结构的相互关系和优化路径

人地系统是由经济（产业）子系统、生态环境子系统和社会文化子系统组成的“三元”结构，两两子系统之间具有相互联系、相互影响的特点，了解人地系统内部子系统的联系有助于人地系统的整体优化。

一 经济（产业）子系统和生态环境子系统

人从生态环境中获取自然资源进行经济（产业）活动，从自然环境中获取生产和生活空间，并需要生态环境的生态系统服务功能，生产、生活空间在挤占生态空间的同时对生态环境造成压力，而生态环境又会反作用于经济（产业）活动，表现为资源供给和环境容量的约束，以及生态系统服务功能的降低，反馈给人的经济（产业）活动，这就产生了经济（产业）和生态环境的相互作用，形成资源环境经济耦合系统。

（一）耦合机制

生态环境子系统是经济（产业）子系统的本底条件和支撑条件，根据耗散结构理论，经济（产业）子系统必须通过不断向生态环境子系统获取大量负熵，包括资源环境上的物质、能量的投入，同时，向生态环境排放正熵物质和能量，对其造成干扰，如图 5 - 2 所示。

1. 正反馈机制

经济的发展、产业的布局需要消耗生态环境中的资源，构成对资源的需求力，同时，通过对生态空间的占用和废弃物的排放对环境造成压力，这个过程是正反馈的，假设没有资源、环境承载力的约束，经济增长的过程将呈指数模式（“J”形增长）持续进行，即按照内禀增长率的增长，将超越资源环境承载力阈限，导致自然生态系统发生

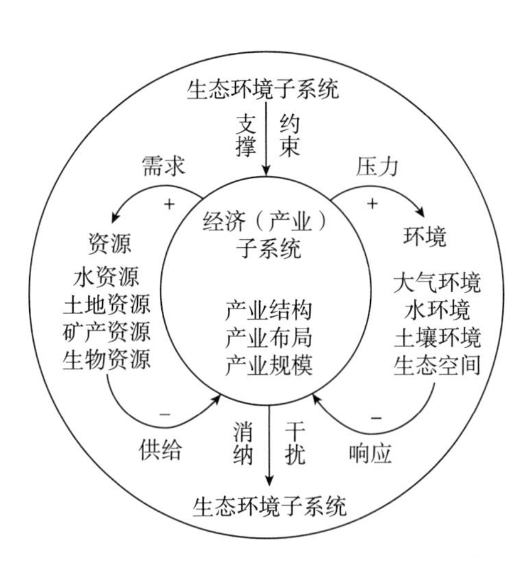

图 5－2　资源环境经济耦合系统

逆向演替①，最终导致资源枯竭、环境污染和生态失衡。

2. 负反馈机制

资源环境的承载力（供给力）决定了经济（产业）不可能无限增长，资源的开发、利用和废弃物的排放必须限制在资源环境承载力范围内，这个过程通过生态环境的负反馈机制来达到。环境质量与人们需求不匹配转而提高环境质量，生态空间狭小转而集约利用生产生活空间，资源短缺转而寻求替代资源或提高资源利用率。在负反馈作用机制下，经济增长限于环境容量之内，经济增长率将逐渐趋于0，也就是说，经济增长遵循逻辑斯蒂（Logistic）模式，即“S”形增长。逻辑斯蒂模型可表达为如下的微分方程：

$$\frac{dE}{dt} = rE\left(1 - \frac{E}{K}\right) \tag{5-1}$$

式中，E 代表经济发展，t 表示时间，r 为经济增长的内禀增长率，常参数 K 表示经济发展的最大环境容量，E/K 表示经济发展随时间变化情况，其决定了经济最大发展的实现程度。经济发展在生态环

① 傅泽强、高吉喜、姚卫华：《环境优化经济——区域战略框架及其操作途径》，中国环境科学出版社 2012 年版，第 25 页。

境阈限下不可能遵循内禀增长率呈指数增长，而是呈“S”形增长（见图5－3），越接近生态环境阈限，*E/K* 趋向于1，而此时 *dE/dt* 趋向于0，即经济增长率接近0，即经济进入顶级发展阶段后，增长率接近于0。逻辑斯蒂增长模型对研究经济发展与生态环境的关系有重要意义。

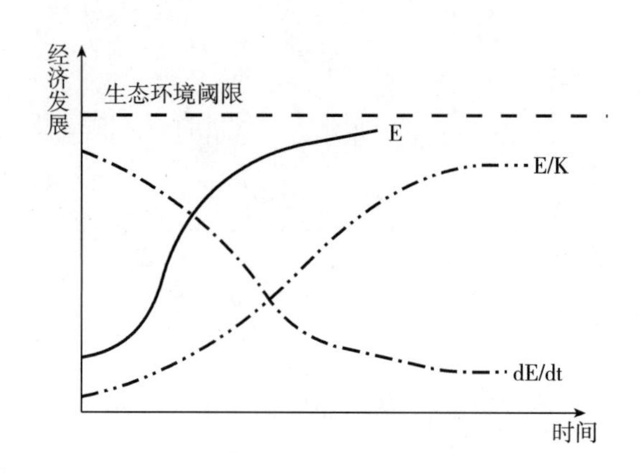

图5－3　经济发展在资源环境约束下的逻辑斯蒂增长模型

（二）二者耦合过程分析

经济增长的实质就是将环境这个自然资本转化成为人造资本的过程[①]，随着经济增长，生态环境也在随之发生变化（见图5－4）。经济增长的初期阶段（I），对资源的需求和环境的压力缓慢增加，相对于经济增长的需求来说，资源的供给和环境的承载力总体是充裕的，也就是说，自然资本处在“供大于求”的状态；随着人类经济增长对自然资本大规模的开发利用，以及线性的发展方式，导致资源短缺、环境质量急剧恶化（阶段Ⅱ），人造资本越来越丰裕，但自然资本短缺，呈现“供不应求”的状态；到了阶段Ⅲ，经济增长和环境的关系有三种模式，A模式下，经济增长超过了生态环境的阈限，必然带来一系列的资源枯竭、环境恶化和生态失衡等问题，走向一条不可持续

① ［美］赫曼·戴利：《“满的世界”：非经济增长和全球化》，马季芳译，《国外社会科学》2003年第5期。

的发展之路，这时，生态环境的负反馈作用将迫使经济增长方式发生转变，生态系统的恢复和环境污染的治理会大大增加经济成本。B模式下，应该是协调经济增长和生态环境关系比较关键的阶段，资源环境保护和经济发展的双重压力并存，有效地调整产业结构、转变发展方式是协调二者关系的关键。C模式下，经济发展模式转变为循环经济、绿色经济模式，环境生产力得到极大提高，自然资本的价值被充分重视，生产系统内部能实现物质循环，生产活动改变了自然物质形态，加工成产品后通过消费环节最终返还到生态环境当中，再次进入循环过程，可见，C模式是一条可持续发展的道路，也是经济增长和生态环境走向和谐的道路。

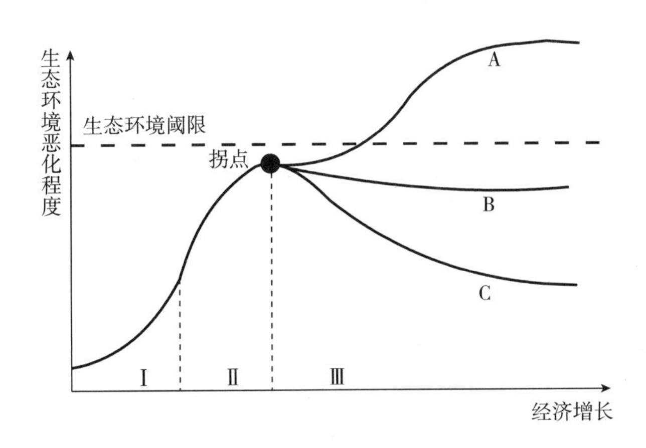

图5－4　经济增长与生态环境的关系

（三）环境经济复合系统类型

根据经济增长和生态环境的关系，在不同阶段，经济（产业）子系统和生态环境子系统呈现不同的组合状态，使人地系统的整体表现也有所差异，结合所处的文明阶段，可以将环境经济复合系统分为增长滞后型、双滞后型、粗放增长型和协调发展型几个类型（见图5－5）。

1. 增长滞后型

自然资源和生态环境禀赋条件好，资源环境承载力较大，但经济

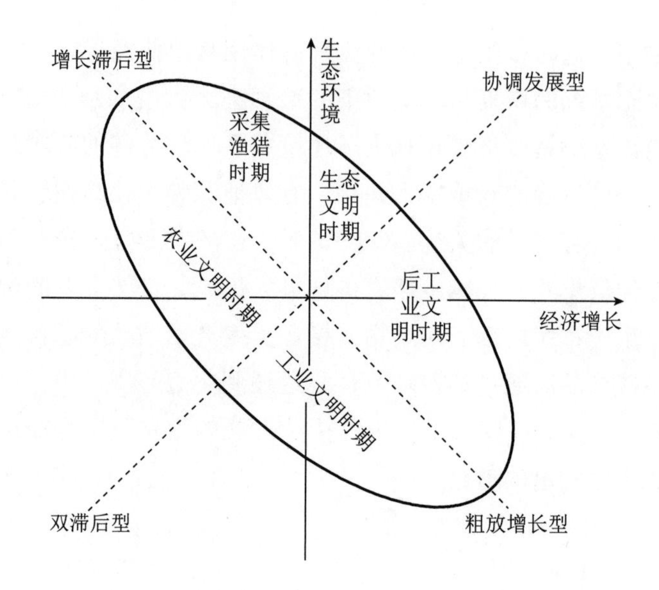

图5－5 经济（产业）和生态环境复合系统类型

发展水平较低，滞后于生态环境的发展。其原因有两种：一种是将自然资本转化为人造资本的驱动力不足，生产力水平低下，对自然资源和环境的利用能力低，采集渔猎时期和农业文明的早期就属于这种类型；另一种是重点的生态功能区，以区域的生态系统功能的维持为主，限制或禁止开发，经济增长受到限制。

2. 双滞后型

资源枯竭、环境退化等问题凸显，经济增长也受到极大的制约，经济和生态环境子系统发展双滞后。导致这种情况发生的原因，主要是经济发展水平不高的情况下，不合理地开发利用生态环境，例如，农业文明时期，局部地区大范围的砍伐森林、垦殖耕地以及不合理的灌溉导致的水土流失、土壤盐渍化、生物多样性减少等生态问题，导致生态系统变得简单而脆弱。再如，一些依托矿产资源的开采和加工而发展起来的资源型城市，由于对资源的过度开发利用导致资源枯竭、生态系统脆弱，随之，经济发展也因资源的枯竭而受到制约，陷入经济和生态环境双滞后的发展困境。

3. 粗放增长型

经济增长迅速，生产力水平的极大提高和科学技术手段的运用，使自然资本转化为人造资本的能力和速度大大提高，人类以机械化的生产方式无限地把自然资源转换成物质财富，与此同时，向生态环境排放大量废弃物，经济的持续增长超过了生态环境的供给能力和分解能力，生态环境子系统濒临崩溃。工业文明时期大范围生态危机、环境危机的爆发就是因为高投入、高排放的粗放增长模式导致的，经济增长和生态环境的矛盾在工业文明时期达到巅峰。

4. 协调发展型

经济和生态环境实现“双赢”，经济增长并未导致生态环境质量的下降；相反，通过技术、资金的投入，建立从源头的绿色设计到过程的绿色消费，以及绿色产品的回收利用体系，也就是说，经济增长过程自身实现了生产者、消费者和分解者的统一，大大减轻了生态环境消纳分解的压力①，提高资源环境承载力的同时，也减少了用于生态修复和污染治理的资金，而生态环境的改善和资源环境承载力的提高又会为经济发展提供更多的物质生产资料，实现经济增长和生态环境的和谐、协同发展。这是人地系统优化的重要路径，也是生态文明建设的路径之一。

生态文明就是在农业文明和工业文明的基础上建立的一种人类经济活动与生态环境和谐共生的文明，是一场以生态安全为基础、以新能源革命为基石的全球性生态现代化运动。促进生态文明建设是以经济—生态环境的全面协调为目标，以生态文化建立为前提的全面协调可持续发展体系，具体的实施路径就是产业生态化与生态产业化，因为产业活动是推动人类文明进步和发展的直接动力，换句话说，产业是承载人类文明的物质基础，而生态产业是生态文明的物质基础②，产业生态化与生态产业化将是推动生态文明建设实施和人地两个子系

---

① 程钰、孙艺璇、王鑫静等：《全球科技创新对碳生产率的影响与对策研究》，《中国人口·资源与环境》2019 年第 9 期。

② 李春发、李红薇、徐士琴：《促进生态文明建设的产业结构体系架构研究》，《中国科技论坛》2010 年第 2 期。

统优化的最直接路径。产业生态或者说经济生态本质上就是实现经济（产业）活动与环境保护、自然生态与人类生态高度统一、可持续发展的经济。低碳经济、绿色经济、循环经济等概念和发展模式的提出和实践，其核心就是在保持经济发展水平的基础上减少物质消耗的增长，实现绿色经济学家倡导的减增长战略和生态学家认为的“繁荣的退却”。

二　社会文化和生态环境子系统

正如不同地域人地系统孕育了不同的生态文明，不同生态环境下孕育了不同的生态文化，在与当地独特的自然生态环境长期相处中，人们总结出一些适应地方特点的生产知识和生活经验，当这些知识和经验历经考验沿袭下来就会成为地方文化，而这种人与地长期适应过程中形成的地方性经验和知识有助于实现人与地的和谐与发展。例如，我国由于南北方气候、地形等自然环境的差异，南北文化的反差明显，体现在饮食、建筑、艺术形式、语言等各个方面，饮食南米北面、建筑南敞北实、戏曲南柔北刚、语言南繁北齐等，形成了南北方文化的显著差别。

不同地域文化一旦形成又会指导人作用于地的方式，决定当地人对待自然的价值观念以及决策行为，从而有不同的生态行为和表现。例如，侗族先民在被迫进入沅江和都柳江中上游的山区生活后，为适应当地90%多的低山丘陵，大量种植原木并通过天然河道漂运出去进行交换，而且在林地实行林粮兼作以保证山地的植被覆盖率，从而有效地抑制水土流失，而在土地使用权承包到户以后，人为分割使林业生产无法继续原来的长周期综合利用模式，土地资源产出能力下降的同时水土流失开始加剧。可见，社会文化顺应生态环境的节律则在保护生态环境的基础上使社会文化得以传承；反之，可能会导致生态环境的破坏与生态系统的失衡，也不利于文化的传承、发展和积淀。

这一组关系提供了人地系统优化的一个新思路，就是建立文化生态和生态文明（生态文化），如何让生态文化成为主流价值观将是生态文化产业体系构建的一个侧重点，生态文化产业致力于构建符合生态文明的价值观念、思维习惯和伦理基础等。实现文化生态路径可以从以下方面着手：一是尊重民族的文化生态行为和习惯，这些生态行为和习惯是在与当地的地理环境长期互动和适应下形成的一种精神文化，应该作为生态文明建设的重要基础加以传承和发展；二是重视人的文化观念对行为方式的指引和影响，因此，生态行为的前提基础是生态文化的树立，即文化必须是生态的；三是生态文化的传承和发展，现代文化和西方文化的冲击，让一些地区的特色文化逐渐消失，如何保护并传承特色文化也是生态文化建设的一部分。例如，滇西傣族较早进入犁耕农业，他们关心自己所处的生存环境，注重对周围森林、水源的保护，有崇拜“色勐”（社神）的习俗，认为乱砍或破坏树木会受到惩罚，从而形成傣族周围的树木葱茏的生态环境。将这种生态文化进行传承和发展是人地系统优化的路径之一。

三 经济（产业）和社会文化子系统

社会文化不同于只存在人类意识中的哲学，它不仅存在于人类意识中，而且存在于人的行为习惯和方式以及行为的结果中。人们的经济活动具体到产业活动都是在价值观念、地域文化、民族心理等社会文化的指导下进行的，人的思维方式和行为方式无不受到文化的影响，从这个意义上说，人类所做出的一切经济行为都是社会文化的外在体现，人的行为结果——物质财富也是文化的物质体现，所以，文化随着人类经济结构的调整、产业结构的优化、物质财富的积累而不断生长、发展和积淀，与此同时，文化形成了可持续发展的生产力而主导经济活动。回顾人类历史上任何一次思想解放运动和文化改革的过程，必然引起经济结构的革命，三次技术革命都是这样产生和发展的。同样，每一次经济结构的变革，也必然伴随一次巨大的文化革命，所以，经济（产业）发展和社会文化之间是互动的、难以割裂的关系。

社会文化和经济（产业）之间是一荣俱荣、一损俱损的关系，不合理的经济活动可能会导致文化危机，严重的可能导致文明消失。例如，古巴比伦的衰亡就是因为当地的居民引河水灌溉却不会排水，导致地下水位上升，再加上干燥的气候导致水蒸发旺盛而形成大量的盐碱地，导致古巴比伦文明在经历了 1500 年的繁荣后而走向衰亡。由此可见，人的不合理的经济活动会加剧自然因素的负面影响，从而导致环境的急剧恶化和地方文化迅速陷入危机进而导致文明的消失。

从深层次意义上说，物质需求推动的经济发展应该在人性的前提下进行，也就是说，在经济发展的同时还要实现人性化以满足人的社会需求，经济活动的形式、过程和产品应该以更好地促进或增进人的生存、安全、社会关系的和谐为前提，以人的全面发展为最终目的。比如，经济活动的产品满足消费者的效用、维护需求，同时方便回收循环利用，节省资源的同时也减少了废弃物的排放，从而更好地增加人类福祉；在获取自然资源的过程中，应充分考虑到资源的再生性和不可再生性，以及后代获取资源的可得性，达到可持续利用。

根据以上分析可以得出，人地关系的实质是人地关系中的主体人类如何看待人类社会的问题，是人类内部部分与整体、眼前与长远、现在与未来、当代与子孙后代的利益分配问题，如果能正确认识到这种利益关系，那么人与自然就会和谐相处，而人类如何看待人类社会的过程就是在文化观念的指导下完成的，文化形成后也随着人地关系的不同而不断发生变化。事实证明生态文化才是人与自然和谐相处的先进文化，也是能实现经济、社会和生态环境和谐发展的可持续的文化。文化影响人类价值取向、思维方式、道德观念等，从而影响到人类的需求结构，进一步影响到人的行为方式，例如，重商社会和重视读书的社会文化会引导人们的需求向文化背景看齐以实现自我价值，从而决定了其不同的行为模式。在生态文化指引下的人类经济活动必然是生态化的。因此，产业文化和文化产业这一路径强调经济（产业）发展中的文化建设，应建设一种与生态文明时期相适应的企业文化、消费文化、农业文化、科技文化与商业文化等。

第三节　投入产出视角下人地系统优化分析

人地系统是由“三元”结构组成的开放系统，其中生态环境构成经济（产业）子系统和社会文化子系统的大环境，向人的经济（产业）活动提供资源和能源，与此同时，人不断将其转换为能为自己所用产出物，同时伴随着污染物的排放，而产出又反馈并作用于投入。人地系统优化的过程就是单位投入下的产出不断增大的过程。

一　系统与投入产出的关系

根据系统工程理论，一个实体称为“系统”，说明它的组成部分中一些特定的子系统之间存在特定的关系，因此，任何一个系统都可以表示如下：

$$S=(C,R) \tag{5-2}$$

式中，S 为系统，C 为组成该系统的子系统，R 为子系统之间的关系，也就是说，系统是由其子系统以及它们之间关系形成的复杂系统。系统有开放系统和封闭系统之分，开放系统意味着它与环境之间存在物质、能量的交换和信息的交流（见图5－6），当系统为封闭系统时，则说明系统与外界环境之间没有交换和交流，同时，具有自我调控的能力，但系统内部各个子系统之间却互为环境、相互影响，因此，从某种意义上说，封闭系统有内环境，实质也是开放的，是子系统之间以及子系统与环境间的关系。

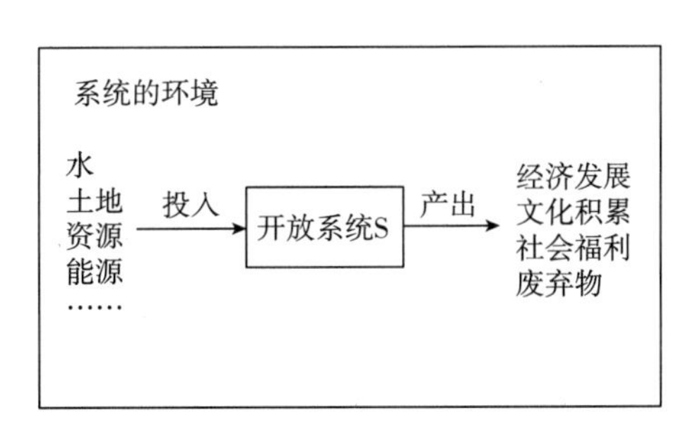

图5－6　开放系统与环境的关系

系统的存在条件由环境决定，环境为系统提供了投入条件（水、土地、资源、能源），系统将投入条件转换为产出（经济发展、文化积累、社会福利和废弃物），当从环境中获取的物质和能量能投入条件较少，而产出仍能满足系统的需要，此时系统是稳定的、发展的、优化的，而如果条件达不到，即系统需要的远远大于环境能提供的投入下的产出，则系统将趋向失稳、矛盾。投入产出条件的不同组合，即有高投入、低产出，低投入、低产出，低投入、高产出和高投入、高产出四种形式，从长期的角度来看，低投入、高产出将是系统趋向和谐、稳定和优化发展的必要条件，而高投入、低产出则是系统失衡的原因。

二　人地系统的投入产出

根据上面的分析，人地系统也可以理解为一个具有投入产出过程的开放系统，结合前面图 3－2 关于人地系统的分析，生态环境子系统构成人地系统的环境基础，人地系统优化的主体是人及其生产活动，开发利用环境中的自然资源将其不断转换为经济发展的推动力，经济发展的过程产生了废弃物的排放，经济的发展也能为污染防治和生态修复提供科学技术和资本，生态环境发生改变的同时，给人以反馈，在这些人地相互作用的过程中形成不同的文化价值观念，而这些文化价值观念又会影响到人的资源观和政策调控等。因此，人地系统投入的是自然资源（水、土地、能源），对资源耗费后产出的是经济发展、废弃物的排放以及文化的积淀，虽然文化及价值观念无法定量衡量，但可以通过人的生产活动行为体现出来，例如，集约型资源观、环境友好型自然观下，通过科学技术水平提高资源利用效率并减少废弃物的排放，因此，文化的产出可以内化为资源投入和废弃物产出方面。人地系统的投入—产出如图 5－7 所示。

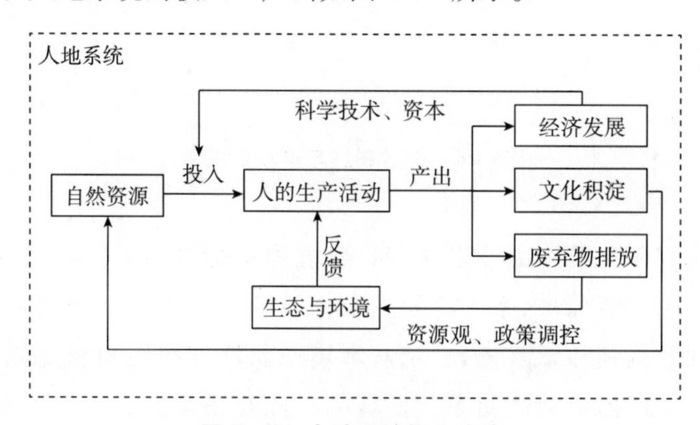

图 5－7　人地系统投入产出

随着人地系统与环境的物质、能量和信息交换过程的发生，投入产出条件在不断变动中。结合人类不同文明阶段与人地系统优化的关系分析可知，由采集渔猎时期的低投入、低产出到农业文明时期的高投入、低产出，再到工业文明时期的高投入、高产出，最后生态文明时期的低投入、高产出，是系统发展中利用环境条件的一般演化规律。当然，这里的“高”和“低”是相对各个时期自身发展而言的，不去和其他时期的高低做对比，因此，人地系统优化是一个动态过程，其实质就是以较少的自然资源消耗和较低的废弃物排放获取较大的经济发展和社会福利，从而推动经济过程的生态转型。换句话说，人地系统优化的过程就是单位投入下的产出不断增大的过程。公式如下：

$$HSO = OP/IP \tag{5-3}$$

式中，HSO 为人地系统优化值，OP 为产出，既有经济发展、社会福利等期望的产出，也有废弃物排放等非期望产出；IP 为投入，从生态环境中直接获取的水、土地和能源等自然资源要素，产出的资本和科技等社会经济要素会继续作为人地系统的投入要素。HSO 值越高，代表单位投入下的产出越大，经济发展效率越高，人地系统优化状态越好。

第六章

中国生态文明建设与人地系统优化协同的实证分析

中国经过了新中国成立后至改革开放前30年政治主导的1.0版、改革开放后至2012年30多年经济主导的2.0版后，已经进入以民生发展为导向的发展3.0版①②，这个版本的基调就是生态文明建设。生态文明是一种高级形态的文明，是人与人、人与自然和谐相处的文明阶段，其必须建立在一定的经济发展基础上，科技水平和社会进步程度较高，理论上是在工业化完成之后的文明阶段，但中国作为发展中国家，目前正处在工业化中期，尚未进入生态文明时代，与已经完成工业化的发达国家的后工业文明相比，人地系统特征有本质的区别。中国在工业化过程中提出生态文明建设，一方面是因为“地”的约束，另一方面是人们对生活质量的需求，人民日益增长的美好生活的需要和不平衡、不充分的发展之间的矛盾必然呼唤生态文明建设，而实现路径就是人地系统优化。人类子系统作为人地系统中有思想的主体，将生态文明的理念内化为社会文化子系统，再以生态文化观念为指导，以友好的方式作用于生态环境子系统，生态环境正向反馈给人类，人的生态需求得到满足，从而将生态文化的指导更好地用于对生

① 诸大建：《生态文明与绿色发展》，上海人民出版社2015年版，第1页。

② 程钰、王晶晶、王亚平等：《中国绿色发展时空演变轨迹与影响机理研究》，《地理研究》2019年第11期。

态环境的作用方式上，从而实现整个人地系统的优化。从时间尺度看，发达国家历经三百多年完成工业化进入后工业文明时期，而中国在四十多年工业化快速发展后提出生态文明建设，有自身的特殊性；从空间差异看，中国的地区发展差异大，发展不均衡的现象突出，生态文明建设的基础不同，导致生态文明建设水平有很大的空间差异。

第一节　中国人地系统演变阶段与现状特征

人类文明史就是一部人地关系史。中国文明史也是人地系统演变史，既遵循世界文明发展的一般规律，也有自身的特殊性。从辉煌的农业文明到工业化快速发展过程中提出生态文明建设，中国走的是一条新型工业化、现代化道路。

一　中国不同时期人地系统的演变阶段

在农业文明之前漫长的几百万年时间，中国的人地关系发展与世界上其他地方并没有什么不同，远古时期伴随着劳动而产生了人，进而产生了人地关系，但这一时期的人类活动仍然属于自然地理环境系统的一部分，人以野果和猎物果腹生存，是自然界中食物链的一部分，生存和安全需求促使人不断发明创造新的生产生活工具，从简单的木制工具到复杂的石器工具，从对火的敬畏到天然火种的保存再到人工取火，人不断地增强适应自然的能动性，但强大的自然灾害和灾荒对人的生存有着巨大的冲击，对自然现象和自然规律基本认知的局限使人盲目崇拜自然，人地观以图腾崇拜、自然神灵等原始宗教的形式表现出来。人地系统缓慢、小幅度地演变。这一时期人地关系是原始共生状态，生存和安全需求下的生存文化建设是这一时期的主要任务。

直到原始种植业和畜牧业的发展促使剩余粮食出现，以及为了生存围绕食物储存和生产的制陶、农耕等技术的发展，对土地资源的开发利用逐渐成为中国人地关系的主旋律。围绕土地利用和土地空间的争夺，中国历史上一共出现 83 个王朝，经历了奴隶社会、封建社会、半殖民地半封建社会和新民主主义社会四种社会形态，一直到中华人民共和国成立开始进行社会主义革命，这一时期以社会建设为主要任务。中华人民共和国成立以来主要围绕彰显社会主义制度优越性而进行的政治建设，但对粮食的需求以及由此引发的人和耕地关系仍是这一时期的主旋律，人地关系较协调。改革开放后中国进入经济建设为主的时期，工业化、城镇化快速推进，人地关系呈现多元化，同时人地矛盾凸显。2012 年以来为修复人地矛盾的生态文明建设时期，最终目标是人地和谐共生。中国不同时期人地关系演变如图 6-1 所示。

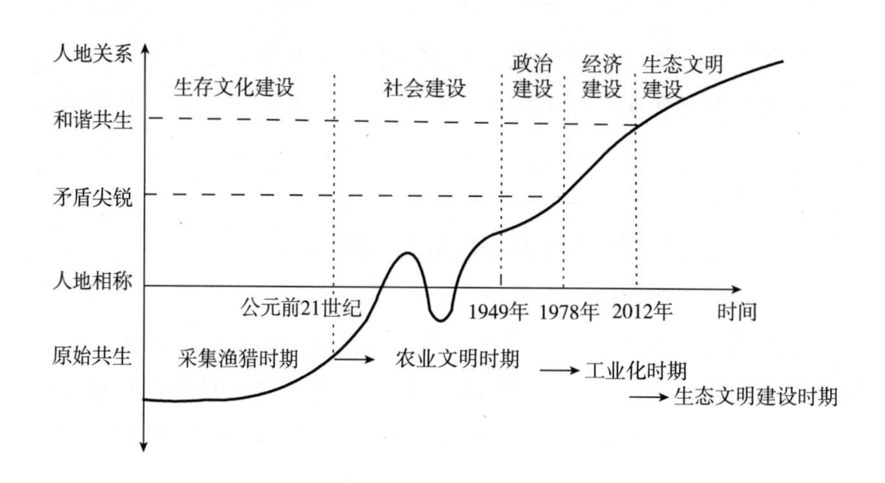

图 6-1　中国不同时期的人地关系演变分析

（一）历史时期顺应自然的人地关系低水平协调阶段

中国的祖先们通过生产工具的改进、对自然敬畏崇拜以免受天灾等方式不断增强自身适应自然的能力，在新石器时代末期中国人发明了青铜冶炼及铸造技术，率先进入农业文明时期，成为四大文明古国之一。生产力水平的提高和器具的发明使人对地的能动性和改造范围不断增加，从直接消费环境者转变成为对环境的改造者，农业文明占据了中国文明发展史的绝大部分时间。

在禹建立第一个奴隶制国家夏（约公元前 21 世纪）之后农业文明的数千年时间，中国围绕土地资源的领属划分和所有制，先后经历了1600年左右的奴隶社会、2300年左右的封建社会，为满足人口增多带来的粮食需求而破坏自然引发的局部生态失衡是这一时期的主要问题。进入农业文明时期，土地和淡水资源是最重要的农业资源，人地互为作用的内容和方式相对单一，人在顺应、利用土地资源满足生存需求的同时，也进行着对土地资源领属的划分或所有权的争夺以便满足部分人的物质需求，所以，土地不仅仅是这一时期最重要的生产和生活资料的物质基础，也是维持统治阶级地位、利益的统治基础和经济基础。统治阶级为协调人地关系、人人关系，围绕土地资源的所有权不断进行土地制度的改革。这一时期随着人口数量的增多出现对粮食需求的增加，从而对土地资源量的需要增多，因此，为获取更多的土地资源，局部地区对森林砍伐而出现水土流失等生态问题，但仅限于较小的范围，且在生态系统的自我修复范围内，因此，并没有对生态系统的稳定性造成根本性影响。而且中华民族在与地的互为作用过程中创造了同期世界历史上灿烂的物质文明，如万里长城、大运河、明清故宫以及包括指南针、火药、造纸术和印刷术在内的四大发明，体现了中华民族在科学技术领域的重大成就；另一方面创造了璀璨的精神文明，这些思想精髓中蕴含着丰富的人地和谐的生态文化，道家、儒家和佛家是其中的典型代表。

春秋时期道家学派创始人老子的《道德经》中说：人法地，地法天，天法道，道法自然。要求人们以“自然无为”的方式作用于自然界，以实现顺应天地的自然而然状态。“自然无为”中的“自然”具有本体论的特征，而“无为”则具有方法论的含义，“自然”强调了人和自然界自然而然存在的本质属性，四季的更替、植物和动物的生长繁衍都是自然进行的，并不需要干预，即“无为”的境界，“无为”是一种方法，即是一种更高层次的“为”，蕴含了“无为即是大为”的哲学思想，与无视自然本性、导致人本性异化的功利狭隘的“妄为”相对立，现代工业文明不正是一种物欲膨胀下为满足一己私利的“妄为”吗？生态危机的引发所缺乏的正是道家思想中蕴含的人与自然和谐共生的价值理念。天地生养万物，是人类生存之本、生命之源，道家把天地比作父母，人就是天地之子女，“父母俱怒，其子安得无灾乎”，这正是工业文明时代作为子女的人类无视伦理责任戕害父母导致父母俱怒，反而向人类发动反击和报复的写照。道家的“自然无为”“天地父母”思想体现出人与自然和谐共生的价值理念和实践方式，为我们正视和解决生态危机提供了哲学基础和实践方法。

儒家思想由孔子创立，其天人合一、仁爱万物思想为可持续发展奠定了理论基础。儒学中的“天”就是创造人和万物的自然界，天始万物、地生万物、人成万物，三者不可分割，合为一体，自然与人趋向统一的法则是“中”。《孟子》云：“不违农时，谷不可胜食也；数罟不入洿池，鱼鳖不可胜食也；斧斤以时入山林，材木不可胜用也。”荀子明确提出以时来休养生息，“春耕夏耘秋收冬藏，四者不失时，故五谷不绝而百姓有余食也”，制度上荀子主张有专门的环境保护机构实行法治。战国时期子思所著《中庸》，把“诚”视为天地万物存在的根本，“诚者物之始终，不诚无物”，“诚”是达到天人合一境界的道德修养。宋朝程朱学派将儒学“天人合一”思想进一步发展为仁爱万物，他们以天理作为最高哲学范畴，代表人物之一朱熹认为天理即“生”，“生”是宇宙的本体，“盖仁之为道，乃天地生物之心，即物而在”，仁爱万物的生态理念为自然资源开发的持续性和永续利用提供了哲学范式，这正是可持续发展理念中的公平性原则和持续性原则的体现，“生”中蕴含的“取物不尽物”的仁爱思想能够实现资源的可持续利用以及人类代际之间的公平，为可持续发展理念奠定了哲学基础。

佛家的无情有性、珍爱自然思想是佛教自然观的体现。不管是无情的山川草木还是有情的飞禽走兽都有佛性，应该爱护自然界中的万事万物，这一思想体现了人类对自然内在价值的重视，英国历史学家汤因比关于万物皆有尊严的论述就是受到佛家无情有性思想的启发。以佛教为特色的藏族文化就蕴含着朴素的佛教自然观，珍惜自然、珍爱一切生命是藏族文化创造和传承的基本出发点，因而，藏民的生产生活活动和消费行为与这种崇敬自然、敬重生命的生态文化相符合，人们轻物质需求重精神需求，节制消费，自然生态系统的完整性和稳定性得到最大限度的发挥。

在道家、儒家、佛家的这些朴素和谐的人地观的指导下，中国的先民们以独有的生态智慧实现了与自然的和谐相处，形成一套包含道理、事理、义理和情理在内的生态理论体系，也创造了世界上同时期无与伦比的物质文明、精神文明和制度文明，这些传统文化也是世界文化中的瑰宝，是生态文明建设提出的文化根基和重要理论来源之一。总而言之，历史时期的人地关系是一种低生产力水平下的协调状态。

（二）中华人民共和国成立后挑战自然的人地关系矛盾初显阶段（1949—1977 年）

中华人民共和国成立以来，土地改革、社会主义三大改造、“大跃进”和人民公社化等一系列运动，都是围绕彰显社会主义政治制度的优越性展开的，因此，这一时期可以说是政治建设时期。随着中国在政治上的独立和国际国内发展环境相对稳定，生活水平和医疗卫生条件的提高，人口开始快速增长，中国人地系统的发展速度明显加快，并且人地系统的各要素呈现多样性和复杂性。“人”的要素集中表现为人口数量的急剧增加，以及随之而来的巨大的粮食需求，1952 年中国人口有 5.7 亿多，到 1978 年全国人口增长到 9.6 亿，相比中华人民共和国成立初增加了近一倍，人口的指数性增长导致人多粮少的矛盾特征突出，1976 年中国粮食亩产平均大约是 400 斤，全国有近 1/4 的人口温饱需求得不到满足，生产活动方面，1978 年 83.5% 的人口从事第一产业生产活动，从事第二产业的人口占 7.4%，从事第三产业的人口占 9.1%，以能源、矿产资源开采和加工利用为主的工业生产活动仅限于局部资源丰富地区进行。“地”的要素增加了矿产和能源资源，改变了数千年历史上的人地系统要素围绕土地资源的开发利用展开人类活动的相对一元化的特征，陆续向多元化方向发展，人地作用的焦点从土地扩展为能源、矿产、耕地、水资源和生态环境等多个维度[①][②]。

---

① 刘毅、杨宇：《历史时期中国重大自然灾害时空差异特征》，《地理学报》2012 年第 3 期。

② 李小云、杨宇、刘毅：《中国人地关系的历史演变过程及影响机制》，《地理研究》2018 年第 8 期。

人地互为作用既是延续历史时期的生存和安全需求开展粮食生产活动，也开始萌生物质需求下的以矿产能源资源开发利用为主的工业生产活动。由于这一时期农业生产的效率低、规模小、基本上是小农经营，再加上农田水利等基础农业设施比较落后，因此农业生产活动仍然受制于自然条件的好坏。工矿资源开发和利用为工业化奠定了初步基础，第一个五年计划（1953—1957年）以重工业为核心，70年代基本建立起自主的工业体系，至80年代末轻重工业并驾齐驱。人口快速增长带来的巨大粮食需求和有限的粮食供给之间产生了巨大的矛盾，为了打破“马尔萨斯魔咒”，遵循“以粮为纲”的农业发展方针，“人有多大胆、地有多大产”“不怕做不到、就怕想不到”等口号和“以钢为纲”大炼钢铁的实践体现了这一时期人挑战自然的价值观念。为提高粮食产量不断扩大耕地面积而盲目开荒，以边际土地面积增加的方式粗放投入农业发展，效益低、水平低，未能满足大部分人的生存需求，导致局部地区水土流失、生态失衡。另外，在工矿企业地区和城市中出现了环境污染问题，但对自然的破坏是可逆的，很少发生大范围的生态环境事件。

1972年6月，中国代表团出席了在斯德哥尔摩召开的联合国人类环境会议。通过这次会议，高层决策者认识到中国同样也存在严重的环境问题，以官厅水库污染事件为契机，1973年在北京召开了中国第一次环境保护会议，确定环境保护32字方针，并通过《关于保护和改善环境的若干规定》，提出了“三同时”制度，即防治污染项目必须和主体工程同时设计、同时施工、同时投产，这是中国最早的环境管理制度。为了协调人多地少的矛盾关系，中国自1973年开始逐步实施人口管控政策，这也是这一时期制度层面上的重大举措。

（三）改革开放以来征服自然的人地矛盾尖锐阶段（1978—2011年）

改革开放30多年，工业化和城镇化快速发展，从粮食短缺到工业产能过剩，人与自然的冲突演化为高物质消费和享受的欲望膨胀导致的危及人的生存环境的污染危机和生态危机。1978年党的十一届三中全会提出将工作重心转移到经济建设上来，实行改革开放的历史性决策，翻开了发展经济的新篇章①。中国进入经济建设时期，工矿开发是经济建设和发展的主要因素，对中国经济社会发展具有重要意义，因此，围绕工业生产的能源、矿产资源开发和利用活动逐步展开。工矿资源的开发和利用打破了自然资源分布的地域限制条件，矿产资源、土地资源、水资源等地类要素大规模开发利用，人地系统中地与地之间、人与地之间、人与人之间的多元复杂关系建立。人与人之间，主要体现在经济活动中不同区域资源开发的合作与竞争、资源的分配，工矿资源的开发和利用对农业生产活动的影响与二者之间的协调等；人与地之间，人的农业生产活动仍占据重要地位且强度不断增加，农业对自然地理环境中的土地资源、水资源、气候资源依赖性较强，但同时通过农业生产中作物基因的不断改良，使农业活动对自然条件的依赖有所降低，单位耕地面积的产出逐年增加。另外，工业的发展使农业机械化水平提高，农业生产效率不断增加，人多粮少的矛盾得以缓解，但同时工矿业的发展以及在此基础上的城镇化和交通、通信等基础支撑行业的发展，使非农生产用地占据大量农业用地，耕地数量急剧减少；地与地之间因为区域内工矿资源开发利用活动带来环境压力，区际间因资源开发带来了生态补偿问题。

因此，中国的人地关系在这一时期呈现多元化特征，人地系统日趋复杂，但这一时期最主要的矛盾还是人民日益增长的物质文化需要与落后的社会生产之间的矛盾，换句话说，就是人的无限物质需求与地的有限供给之间的矛盾。20 世纪末的工业总产值比中华人民共和国成立之初增长了 810 倍（可比价）②，经济规模的持续扩大增强了对资源、环境的压力，尤其是 2002 年党的十六大以来，经济增长规模呈跨越式增长，2002—2011 年，经济增长速度年均为 10% 以上，经济总量快速提升的同时，工业化过程中高投入、低产出的粗放增长模式引发了环境污染和资源枯竭等问题。另外，工业化和城镇化的迅速

① 张智光：《新时代发展观：中国及人类进程视域下的生态文明观》，《中国人口・资源与环境》2019 年第 2 期。

② 刘毅：《论中国人地关系演进的新时代特征——“中国人地关系研究”专辑序言》，《地理研究》2018 年第 8 期。

发展极大地满足了人们的物质需求，物欲的不断膨胀刺激着消费行为日渐非理性化，私家汽车、家电等众多消费活动成为消耗资源的重要来源。因此，粗放的生产模式和消费行为加剧了人地关系的矛盾冲突，导致重大污染事件频发，2002—2012 年以来发生 75 起污染事件[①]，其中重大水污染事件 10 余起。

这一时期为协调人地关系矛盾，国家进行了一系列部署，1978 年“国家保护环境和自然资源”首次被写入宪法，1979 年《中华人民共和国环境保护法（试行）》公布，还通过了《中华人民共和国海洋环境保护法》《中华人民共和国水污染防治法》《中华人民共和国大气污染防治法》和《中华人民共和国水土保持法》等。1983 年在召开的第二次全国环境保护会议上，把环境保护上升为基本国策，“预防为主，防治结合”“谁污染，谁治理”“强化环境管理”三大政策被提出。1988 年将国家环境保护局提升为独立的副部级国务院直属机构。1992 年联合国环境与发展大会系统阐述了可持续发展思想，1994 年《中国 21 世纪议程——中国 21 世纪人口、环境与发展白皮书》发布，把可持续发展战略纳入经济社会发展长远规划中。1998 年国家环境环保总局升为正部级。1999 年开始的退耕还林工程使毁林开荒的生态破坏局面得以终止，与此同时，工业化对劳动力的需求也使大量边际土地退出农业生产，在一定程度上改善了生态环境。2002 年党的十六大把建设生态良好的文明社会列为全面建设小康社会的四大目标之一。2003 年党的十六届三中全会提出了科学发展观，科学发展观是在可持续发展观和环境与发展并重理念基础上形成的重要战略思想，也是中国特色的可持续发展的落实。2006 年党的十六届五中全会提出建设资源节约型和环境友好型社会。在 2007 年党的十七大报告中首次提出建设生态文明。2008 年国家环保总局升为环境保护部。2009 年颁布《中华人民共和国循环经济促进法》。

这一时期随着经济建设，工业化和城市化快速推进，第三产业在

---

① 任建兰、王亚平、程钰：《从生态环境保护到生态文明建设：四十年回顾与展望》，《山东大学学报》（哲学社会科学版）2018 年第 6 期。

1985年超越农业成为第二大产业，人的生存需求和物质需求都得到不同程度的满足，物欲膨胀下将自然资本转换成物质资本的能力也不断增强，在不断地征服自然中生态环境问题凸显。虽然我国面临经济发展和环境保护的双重压力，但在可持续发展、科学发展观和两型社会理念的指导下，生态文明建设在理论研究和实践上都取得了显著的成果，生态文明建设的战略框架日趋完善。

（四）生态文明建设深化推进时期协调自然的人地矛盾缓和阶段（2012年以来）

经过30多年的快速发展，“人”和“地”物质循环和能量流动的速度和规模都持续加大，生产规模持续扩大对资源环境造成了威胁和压力，重大环境污染事件频发、生态问题凸显，人们的价值观念、思维方式、生活追求也随之发生改变，在不同发展水平的地域表现出差异性。经济发达地区人们的需求转向对美好生活质量和对生态产品的需求，以及个人自我价值的实现。在回顾和反思中国改革开放四十多年的工业化、城市化进程及西方发达国家三百多年的工业化、现代化历程，结合民生质量提高的需求与不平衡、不充分发展之间的矛盾，中国政府逐渐意识到，“走向生态文明新时代，建设美丽中国是实现中华民族伟大复兴的中国梦的重要内容”“为子孙后代留下天蓝、地绿、水清的生产生活环境”，提出了生态文明建设的目标，即建设美丽中国、增进人民福祉和实现民族的永续发展[①]。这一阶段，生态文明建设上升至国家战略地位，中国进入生态文明建设全面深化推进时期，也通过一系列举措逐步走向人地关系和解阶段。

2012年党的十八大以来，生态文明建设与经济建设、政治建设、社会建设和文化建设一起纳入中国特色社会主义事业“五位一体”总体布局中。围绕生态文明建设的深化推进，相关的法律法规、制度体系逐步完善。一是污染防治和生态环境保护的法制化、具体化，这些法律法规和制度涉及大气、水、土、湿地等。国务院于2013年、

① 史丹：《中国生态文明建设区域比较与政策效果分析》，经济管理出版社2016年版，第2页。

2015年和2016年先后颁布《大气污染防治行动计划》（简称“大气十条”）、《水污染防治行动计划》（简称“水十条”）、《土壤污染防治行动计划》（简称“土十条”），国家环保部于2014年发布《大气污染防治行动计划实施情况考核办法（试行）实施细则》《水质较好湖泊生态环境保护总体规划（2013—2020年）》。2016年工信部、环境部联合印发《水污染防治重点行业清洁生产技术推行方案》、国务院办公厅颁布《湿地保护修复制度方案》。2016年国土资源部发布《国土资源“十三五”规划纲要》、发改委和环保部印发《关于培育环境治理和生态保护市场主体的意见》、财政部等三部门发文《推进山水林田湖生态保护修复工程》。二是围绕发展模式的设计和实施，具体涉及循环经济、新型城镇化、绿色制造、清洁生产、创新驱动等发展模式。2014年《国家新型城镇化规划（2014—2020）》出台，国家发展和改革委员会发布了《2015年循环经济推进计划》，工信部发布《绿色制造2016专项行动实施方案》和《工业绿色发展规划（2016—2020年）》。2016年国务院颁布《国家创新驱动发展战略纲要》，发展改革委发布《循环经济发展评价指标体系》《绿色发展指标体系》。三是生态文明制度体系的逐步确立和生态文明示范区的实践探索。2013年党的十八届三中全会首次确立了生态文明制度体系，计划到2020年构筑起包括自然资源产权制度、生态文明绩效考核等八项制度在内的、系统完整的生态文明制度体系。关于生态文明建设，先后颁布《国家生态文明先行示范区建设方案（试行）》《关于加快推进生态文明建设的意见》和《生态文明体制改革总体方案》，明确了生态文明建设任务的具体内容。2016年环境保护部颁发《国家生态文明建设示范县、市指标（试行）》)。2016年中共中央办公厅、国务院办公厅发布《关于设立统一规范的国家生态文明试验区的意见》及《国家生态文明试验区（福建）实施方案》。国务院发布《中国落实2030年可持续发展议程创新示范区建设方案》、国家发展改革委印发《生态文明建设考核目标体系》。四是生态环境管理体系、制度以及构建绿色消费行为引导，具体涉及生态红线管控制度、节能减排方案实施、责任追究等方面。2014年5月国务院办公厅颁布

《2014—2015年节能减排低碳发展行动方案》，2015年8月中共中央办公厅、国务院办公厅印发《党政领导干部生态环境损害责任追究办法（试行）》。2016年颁布的文件有：《关于促进绿色消费的指导意见》《工业节能管理办法》《关于健全生态保护补偿机制的意见》《关于加强资源环境生态红线管控的指导意见》《资源环境承载能力监测预警技术方法（试行）》《"十三五"全民节能行动计划》《生产者责任延伸制度推行方案》。2017年党的十九大指出，生态文明建设不仅是实现人民美好生活的重要途径，也是实现美丽中国、决胜全面建成小康社会的重要切入点。2018年习近平在全国生态环境保护大会上，提出"生态兴则文明兴"的历史观、"人与自然和谐共生"的自然观、"绿水青山就是金山银山"的发展观、"良好生态环境是最普惠的民生福祉"的民生观、"山水林田湖草是生命共同体"的系统观、"实行最严格生态环境保护制度"的法治观、"共同建设美丽中国"的全民行动观、"共谋全球生态文明建设之路"的全球观，逐步形成了习近平生态文明观。

一系列有关生态环境的顶层设计和实践部署，都取得了显著的污染治理成果。从主要大气污染物二氧化硫排放量看（见图6－2），2002年以来经济高速发展，二氧化硫排放量持续增高，2006年达到峰值2588.7万吨，之后呈逐渐减少趋势，尤其是2011年以来二氧化硫排放量下降速度加快，2015—2016年下降幅度最大，2017年二氧化硫排放量为875.4万吨，仅为峰值的1/3左右，但经济总量2017年比2000年增加了7.2倍，我国经济正逐渐向高增长、高效率、低排放的集约型经济发展方式转变。但与其他国家相比，中国的资源能源消耗量、碳排放量等均居世界前列，根据世界卫生组织公布的2016年全球环境污染最严重的30个城市，邢台、保定、石家庄、邯郸、衡水、唐山六个城市赫然在列，PM2.5远超出世卫组织的安全标准。随着中国生态文明建设各项部署的实施，以生态文化理念为指引的新型工业化和新型城镇化建设将逐步完成，"人"的要素中人口规模、生产活动对"地"的资源环境开发利用强度、规模都将逐渐减小，同时，随着科技水平的提高，资源环境对人的承载能力也得以发展，人地关系趋向和谐的状态，人地系统也不断优化，朝着实现生态文明时代的方向迈进。

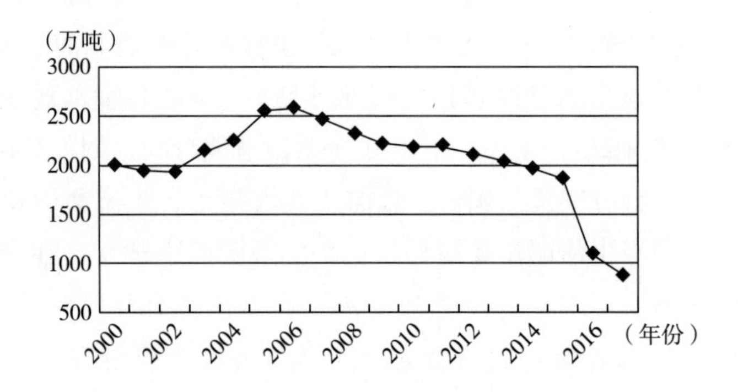

图 6－2　2000 年以来中国二氧化硫排放量变化

至此，中国的人地系统演变经历了历史时期顺应自然的人地关系相对协调阶段、中华人民共和国成立后挑战自然的人地关系矛盾初显阶段和改革开放以来征服自然的人地矛盾尖锐阶段后，迎来生态文明建设深化推进时期协调自然的人地关系和解阶段。1973 年第一次全国环境保护会议以来，四十多年生态环境保护和建设的探索和实践，铺垫了新时期生态文明建设的提出和实践，走出了一条中国特色的保护生态环境、解决发展的问题、推进可持续发展的道路。中国生态文明建设中政府提倡的生态文化理念和生态文明制度体系建立和完善，以及以生态文明为指导的新型工业化、新型城镇化和新型现代化正在为全世界可持续发展和生态文明建设提供重要的借鉴。

二　中国特色生态文明建设下人地系统现状

经历了辉煌的农业文明和改革开放四十多年快速工业化、城市化发展之后，中国迎来了生态文明建设时期，走上一条中国特色的生态文明建设之路。“特色”体现在中国独特的“人口—资源环境”国情特点、与发达国家工业化时期的全球资源环境基础不同、与发达国家生态文明的时间以及内容和形式不同三个方面，在这些特色下人地系统具有突出特征。

（一）中国特色生态文明建设

中国的生态文明建设具有特殊性，从独特的国情看，一方面是“人口与资源、环境问题”的独特性，另一方面是“生态二元化”问题。中国是世界上人口最多的发展中国家，以占世界7%的土地养活了20%的世界人口，庞大的人口数量对资源和环境的威胁和压力大，资源总量丰富，但人均资源占有量均低于世界平均水平，人地协调的基础条件弱。另外，生态问题呈现“二元化”，城市地区的生态环境在不断改善，而农村地区的生态环境在不断恶化。发达地区的生态环境在不断改善，而欠发达地区的生态环境却在不断恶化，不平衡发展的矛盾长期存在，中国独特的国情特点决定了其生态文明建设的特殊性。

与发达国家工业化发展时期的资源环境基础有很大不同。发达国家在18世纪初就凭借先发优势开启了工业化，全球的资源丰富、生态环境基础好，发达国家占用和盘剥大量别国资源，走了一条“先污染、后治理”的道路，粗放式的发展模式对全球资源无限制占用、对环境无限制污染和破坏，率先完成了工业化，而中国在20世纪50—70年代工业化开启的时候，全球的资源环境基础已经面临很大的压力，全球性的酸雨、海洋污染、土壤污染等环境污染问题突出，全球变暖、臭氧层破坏、生物多样性锐减等生态问题凸显，中国在发展的同时，本着对人类长远发展负责的态度，在全球承担相应的节能减排责任和义务，因此，薄弱的资源环境基础和负责任的态度不允许中国沿袭发达国家曾经的高消耗、高排放的传统工业化模式，而必须走一条中国特色的新型工业化道路。

与后工业化国家的生态文明在时间上、内容上是有区别的。从时间维度看，发达国家经历了三百多年的时间完成了工业化，处在后工业化社会，在工业文明基础上积累的物质财富丰裕，经济发展水平高，人们对生态危机的反思和对优美生态环境的需求推动着生态文明建设的实施，而中国的工业化发展道路不过四五十年的时间，正处在工业化中后期，尚未完成工业化，物质层面没有达到发达国家的水平就提出生态文明建设，国民的生态观和发展观比较滞后，很多地区仍停留在物质需求层面。从生态文明建设的内容上看，发达国家生态文明建设的主要任务是对已有的工业化、现代化成果的生态化改造，而中国生态文明建设的任务是在生态文明的理念指导下进行工业化，即把生态文明和工业化融合起来，走中国特色的新型工业化道路和新型生态化道路。从生态文明的实现过程及形式看，发达国家生态文明的实现过程是从物质层面到理论层面再到制度层面推进的，是一个循序渐进的过程，而中国的生态文明建设是自上而下地推进，首先是制度层面的变革，然后落实到思想层面在不同主体推进到实践过程中。

总结来看，中国的生态文明建设既不是完成工业化后进入后工业化社会的生态文明，也不是沿袭发达国家曾经的高消耗、高排放的传统工业文明模式，而是一种以生态文明为导向的新型工业文明，在推动工业化、城市化、信息化、现代化的过程中的绿色化，是中国特色的生态文明建设。

（二）中国特色生态文明建设下的人地系统特征分析

生态文明建设和人地系统优化是协同的，生态文明建设下人地系统不断朝向优化方向发展，进而推动生态文明建设，而中国特色生态文明建设下人地系统也有独有的特征，深入分析中国现阶段生态环境、产业结构、社会文化等人地系统特征，有助于人地系统优化路径的实施，并推动生态文明建设发展和二者的协同推进。

1. 生态环境复合型问题累积突出，生态环境建设压力大

中国改革开放后才进入工业化快速发展时期，经济增长的基础是通过发挥劳动力、资源等要素的比较优势，以及有效利用国际、国内两个市场积极参与国际分工，因而创造了“中国奇迹”，但传统的成本竞争型、粗放的经济增长方式引发了一系列生态环境问题，虽然我国对生态文明建设做出了一系列具体部署，发展模式和经济结构也有了很大改善，但建设过程中生态环境问题依然存在。根据《2018 年全球环境绩效指数报告》，中国在 180 个国家和地区中排名第 120 位，

其中空气质量居第 177 位，空气污染 PM2.5 超标严重是主要原因[①]，二氧化硫、氮氧化物、烟尘的排放量较大，大气污染呈现复合型，治理难度加大。中国人均水资源量仅是世界平均水平的 1/4，水资源紧缺的同时水污染问题突出，水源恶性污染事件频发，且以重金属和有机物等严重污染为主，生产性污染和生活性污染排放复合，2012—2015 年短短 3 年时间先后发生 10 起重大水污染事件，2017 年全国地表水 1940 个水质断面中，Ⅳ类及以上水质的点位有 623 个，占 32.1%，七大水系 112 个重要湖泊（水库）中，Ⅳ类以上水质高达 37.4%，近岸海域 417 个点位中，Ⅳ类以上水质占比 22.1%。6124 个地下水水质监测点中，较差和极差监测点分别占 45.4% 和 14.7%。农业和农村面源污染越来越广泛，污染物质多样、处理难度加大，并通过食物链影响到人的饮食安全和身体健康。土壤污染危及耕地红线，2014 年环保部和国土资源部发布《全国土壤污染状况调查公报》，全国土壤总的点位超标率为 16.1%，其中无机污染占 82.8%。

大气、水、土壤污染问题突出，同时，结构性、布局性的环境风险不断凸显，2013 年 6 月初，联合国报告显示，70% 的电子垃圾汇集到我国，另外，化学品企业布局距离环境敏感区近，威胁到公众的生命健康。多重污染叠加、污染源多样化、污染范围扩大化、污染风险大，复合型污染严重。资源能源消耗量大，2017 年我国能源消费总量为 44.9 亿万吨标准煤，313200.2 万吨油当量，占全球能源消费总量的 23.2%，而且资源的开发利用水平较低，矿产资源综合利用率为 35% 左右，而国际先进水平达到 55% 左右。工矿开发导致表土破坏严重进而引发水土流失、土地荒漠化等生态问题。环境污染、资源耗竭、生态功能退化等生态环境复合型问题累积突出。

2. 传统资源型产业比重高，与生态文明的产业结构差距大

生态文明的产业结构应该是高度化、合理化、生态化的，即把生态文化的理念融入三大产业中，发展生态农业、生态工业和生态服务

---

① 董战峰、郝春旭、李红祥：《2018 年全球环境绩效指数报告分析》，《环境保护》2018 年第 7 期。

业的同时，以生态修复为主的环保产业和生态文化产业也应蓬勃发展。从生产的前后向联系、技术创新到经济利益分配关系都是以生态文化为前提的，真正实现产业系统与生态系统的融合和均衡，其实现方式是技术创新，因此，高新技术产业比重大。从我国目前的产业结构来看，虽然第三产业比重持续增大且高于第二产业，但传统资源型产业比重仍然较大。农业生产不仅仅是为了满足人的生存需求，更多的是物质需求下对土地资源的压榨式发展，农药和化肥大量投入，不断提高土地资源的产出能力，使耕地的自我修复和良性循环被打破，土壤板结酸化、地下水污染、水域富营养化、食物安全等问题凸显。工业生产也呈现出高投入、高能耗、高排放、低效率的粗放型特征，万元 GDP 能耗是发达国家的 4 倍多。2017 年中国 GDP 占世界经济比重 15% 左右，但消耗的一次能源占世界的 23.2%，资源型产业转型升级面临人员安置和债务以及资源富集地区对其严重依赖等方面的困难，粗放的生产模式造成的环境污染范围扩大至农业、生活等领域，直接影响国民的饮食安全、当代人及后代人的身体健康。因此，目前的产业结构与生态文明要求差距较大。

3. 国民生态观和发展观较落后，生态文明建设顶层设计约束力不足

从文化结构来看，生态文明建设的理论认识有待深化。改革开放后物质财富的增长使人们的生活水平得到了极大的提高，人们享受着、追求着越来越丰富的物质成果，片面地追求经济利益，而对周围的生态环境问题忧患意识不够、责任感不强。例如河南农民使用造纸厂废水灌溉农田，造成农产品污染事件，这与企业、公众落后的生态观、发展观有关，也与环保监督机制的不健全以及相应的制度不完善有关。在目前的价值观念体系下，生态环境的公共资源特性仍是主要价值观，公众和企业的生态观念落后，意识不到生态安全对自身生存和发展的重要性，即使按照“谁污染、谁负责”的制度，但各种环境污染复合叠加，找不到污染责任主体。环境保护部门对向水体排放有毒物质的行为主体缺乏监督、管理，导致很多违法行为都逃之夭夭，而且即使监督到了也存在处罚不严的情况，违法成本低不能起到惩戒

作用；此外，公众参与制度不完善，我国的公众参与体制是政府推动的自上而下模式，具有参与范围局限、公众独立性不强、制度约束力弱等问题，公众的主体能力得不到有效发挥，再加上法制环境不健全以及公众自身的环保意识不强，这都影响到生态文明建设中公众参与环境保护的力度。环境污染严重、生态系统服务退化、资源约束趋紧的现实正是国民落后的生态观和发展观所导致的，这也是人地系统优化的最大障碍。

4. 生产力布局与资源要素布局空间错位，生态文明建设地域差异大

重点开发区和优化开发区主要布局在我国东南部地区，而这些区域快速发展所依赖的能矿资源却分布在以限制开发区和禁止开发区居多的西北、西南地区，西北、西南是我国重要的生态安全屏障，以生态保护和恢复为主体功能，因此，能源、矿产资源的布局与生态系统脆弱性在地域上是耦合的，而与生产力的布局是空间错位的。水土资源也存在巨大的空间差异，水资源分布不平衡，水资源分布集中在西南和东南地区，水资源需求和供给的不均衡导致我国有四分之一的省份面临严重缺水，“胡焕庸线”以东以占全国43.2%的国土面积，集聚了全国93.8%的人口，东西两侧的人口密度比为20∶1，人口的高度集中布局也为局部地区人地矛盾的产生埋下了伏笔。

资源分布和经济发展的空间错位、资源分布和生态脆弱的耦合、资源和人口分布的空间不平衡等因素，使人的需求和地的供给形成若干矛盾，虽然技术发展使资源空间调配得以实现，但因为生态空间被生产空间和生活空间挤占，生物多样性减少，生态系统也变得简单而脆弱，其承载力和容纳力受到限制，资源调配工程如南水北调、西电东送等的实施，势必会加剧对生态脆弱区的开发利用。总体上，人地系统优化的难度较大，生态文明建设的地域性差异大。

第二节　中国省域生态文明建设水平评价与不同类型的人地系统特征分析

中国生态文明建设的地域性差异大，因为各省域的资源禀赋、经济发展条件、公众的社会文化观念不同，在省域生态文明建设水平评价和分析的基础上，结合主体功能区划，将31个省域划分为七种不同类型人地系统，分别解析七种类型内部共性的人地系统特征。

一　省域生态文明建设水平评价与分析

从人地系统的“三元”结构出发，构建包括经济发展、社会进步和生态环境三个维度在内的生态文明建设水平评价指标体系，运用投影寻踪模型（PPM）对四个时间断面的建设水平进行评价，并在评价基础上运用区域差异测度指数、趋势面分析、空间自相关分析等方法分析生态文明建设的时空格局演变规律。

（一）生态文明建设水平评价指标体系构建与研究模型

根据前面第四章分析，生态文明建设的根本路径是人地系统优化，同时，也是对可持续发展的落实，因此，生态文明建设水平的评价指标体系应该从人地系统“三元”结构出发，涵盖经济（产业）发展、社会文化发展和生态环境三个维度，实际上这也是可持续发展三个层面的细化。

1. 指标体系与数据来源

生态文明建设要实现和谐的目标还有赖于完备的制度体系以及生态文明理念和生态文化意识的树立，所以，生态文明建设是涉及文化、行为和制度等各个层面的根本性、综合性变革，文化、制度层面不易进行量化研究，但文化理念以及制度实施会指导并渗透于企业和公众的生产和消费行为中，带来人们经济、社会行为方式的转变。因此，从经济发展、社会进步、生态环境三个方面建立生态文明建设水平评价指标体系。其中，经济发展包括经济增长、经济结构、经济效率和生态经济，社会进步包括生计质量、空间协调、绿色消费和科技创新，生态环境包括资源禀赋、生态保护和环境质量三个方面。经济结构中生态修复产业数据获取困难，因此没有涉及，根据指标选取的可得性、相关性、整体性、代表性等原则，构建生态文明建设水平评价指标体系，本体系包含3个二级指标、10个三级指标、28个四级指标（见表6－1），表中最佳投影方向是运用投影寻踪模型求得。

表6－1　　　　　　生态文明建设水平评价指标体系

目标层	系统层	要素层	指标层	单位	指标属性	最佳投影方向
生态文明建设水平	经济发展	经济增长	人均地区生产总值	元	+	0.26
		经济结构	高新技术产业产值占GDP比重	%	+	0.11
			第三产业贡献率	%	+	0.24
		经济效率	第一产业劳动生产率	元/人	+	0.15
			第二产业劳动生产率	元/人	+	0.23
			第三产业劳动生产率	元/人	+	0.25
		生态经济	万元GDP能耗	吨标准煤/万元	-	0.16
			万元GDP二氧化硫排放量	千克/万元	-	0.07
			万元GDP化学需氧量排放量	千克/万元	-	0.13
	社会进步	绿色消费	人均生活用水量	升	-	0.21
			人均生活用电量	千瓦时/人	-	0.04
			人均能源消费量	千克标准煤	-	0.03
			每万人拥有公交车数量	辆	+	0.10
		空间协调	城乡居民收入比	%	-	0.11
			区域发展差异指数	%	-	0.17
		生计质量	人均社会事业发展财政支出	万元	+	0.23
			城市居民人均可支配收入	元	+	0.28
			农村居民人均纯收入	元	+	0.25
	生态环境	资源禀赋	人均水资源量	立方米/人	+	0.17
			人均耕地面积	公顷	+	0.07
			人均森林面积	公顷	+	0.11

续表

目标层	系统层	要素层	指标层	单位	指标属性	最佳投影方向
生态文明建设水平	生态环境	生态保护	森林覆盖率	%	+	0.18
			自然湿地保有率	%	+	0.16
			自然保护区面积占比	%	+	0.13
			城镇人均公共绿地面积	平方米	+	0.16
		环境质量	单位土地面积二氧化硫排放量	吨/平方千米	-	0.06
			单位土地面积化学需氧量排放量	吨/平方千米	-	0.16
			单位耕地面积化肥施用量	吨/公顷	-	0.05

指标数据主要来源于2000年至2017年的《中国统计年鉴》《中国环境统计年鉴》《中国能源统计年鉴》《中国环境统计公报》以及中国30个省份（西藏除外）2000—2017年的环境质量公报、国民经济和社会发展统计公报、能源公报、水资源统计公报、国土资源统计公报等，部分数据来源于各省份的国民经济和社会发展“十三五”规划、生态环境“十三五”规划文件。由于西藏自治区数据不全，无法与其他30个省份进行综合测算、比较，因此，在分析生态文明建设水平及经济发展等三个二级指标时把西藏空出，但在划分生态文明建设类型时主要结合2016年数据，结合西藏已有经济、资源环境等方面的数据及西藏的生态功能区规划情况，将其划分为生态优势型区域。

2. 研究方法

研究主要运用了投影寻踪评价模型、区域差异指数等方法，具体方法介绍如下：

（1）投影寻踪评价模型（PPM）。

这是一种用来分析和处理非线性、非正态高维数据的新型数理统计方法，该模型已广泛应用于解决新型综合型问题，基本思路是：将所有高维数据投影到低维子空间上，通过优化投影函数，求出能反映原高维数据结构或特征的投影向量，在低维空间上对数据结构进行分

析，以达到研究和分析高维数据的目的①。模型建模步骤如下：

①原始指标数据的标准化处理。假设所有指标样本集为 $\{x^*(i, j) \mid i=1, 2, \cdots, n, j=1, 2, \cdots, p\}$，其中 $x^*(i, j)$ 为第 i 个样本的第 j 项指标，n、p 分别为对应指标的个数，采用极差标准化对原始数据进行无量纲处理。正、负逆向指标有所不同。

$$\text{正向指标：} x(i, j) = \frac{x^*(i, j) - x_{\min}(j)}{x_{\max}(j) - x_{\min}(j)} \tag{6-1}$$

$$\text{逆向指标：} x(i, j) = \frac{x_{\max}(j) - x^*(i, j)}{x_{\max}(j) - x_{\min}(j)} \tag{6-2}$$

其中，$x(i, j)$ 为指标归一化后的数值，$x_{\min}(j)$、$x_{\max}(j)$ 分别代表第 j 项指标的最小值和最大值。

②投影目标函数的构造。假设 $a = \{a(1), a(2), \cdots, a(p)\}$ 是投影方向向量，样本在该方向的一维投影值为：

$$Z(i) = \sum_{j=1}^{P} a(j)x(i,j), i = 1,2,\cdots,n \tag{6-3}$$

投影指标函数表达如下：

$$Q(a) = S_Z D_Z \tag{6-4}$$

其中，S_Z 为投影值 $Z(i)$ 的局部密度，其公式表达如下：

$$S_Z = \sqrt{\frac{\sum_{i=1}^{n}[z(i) - E(z)]^2}{n - 1}} \tag{6-5}$$

$$D(Z) = \sum_{i=1}^{n}\sum_{j-1}^{n}[R - r(i,j)]u[R - r(i,j)] \tag{6-6}$$

其中，$E(Z)$ 为数列的平均值，R 是局部密度的 D_Z 的窗口半径，$r(i, j)$ 为两个样本 i 和 j 之间的距离，数值上等于两个样本投影值相减的绝对值。$u[R-r(i, j)]$ 为单位阶跃函数，当 $R \geqslant r(i, j)$ 时函数值为 1；反之，函数值为 0。

③投影目标函数优化。通过计算最大化投影目标函数，求解最佳

① 谷缙、任建兰、于庆：《山东省生态文明建设评价及影响因素——基于投影寻踪和障碍度模型》，《华东经济管理》2018 年第 8 期。

投影方向，即目标函数最大化。约束条件公式：

$$\sum_{j=1}^{P} a^2(j = 1) \tag{6-7}$$

投影函数的优化实际上是以 $\{a\ (j)\ \mid j=1,\ 2,\ \cdots,\ p\}$ 为优化变量的非线性优化问题，通过加速遗传算法来优化求解其最大值，参照相关研究成果将参数设置为：初始种群规模为400，交叉概率为0.8，加速次数为20。求得的最佳投影方向见表6-1。

④确定投影值。将最佳投影方向（权重）a^* 乘以归一化的指标值 $x\ (i,\ j)$，并累加求和即可得到投影值 $Z\ (i)$，也就是评价得分，投影值越大说明得分越高。

$$Z(i) = \sum_{j=1}^{P} a^* x(i,j) \tag{6-8}$$

（2）区域差异指数。

用变异系数（CV）、基尼系数（G）和泰尔指数（T）从不同角度反映生态文明建设水平的差异情况，相对差异程度用变异系数来体现，变异系数无量纲，能客观反映数据离散程度；基尼系数能直观衡量生态文明建设水平及其构成要素的区域差异程度，取值范围是［0，1］，越接近1说明区域差异程度越大；泰尔指数可以衡量区域内差距和区域间差距对总差距的贡献，与基尼系数有一定的互补性。变异系数、基尼系数和泰尔指数的计算公式分别如下：

$$CV = \frac{\sigma}{|\bar{X}|} \tag{6-9}$$

$$G = \frac{z}{\bar{x}n^2}(x_1 + 2x_2 + 3x_3 + \cdots + nx_n)\frac{n+1}{n} \tag{6-10}$$

$$T = \frac{1}{n}\sum_{i=1}^{n} \frac{x_i}{X}\log\frac{x_i}{X} \tag{6-11}$$

式中，σ 是中国生态文明建设水平标准差，$\bar{X}$ 是生态文明建设水平的平均值，x_i 是第 i 个区域的生态文明建设水平，n 是区域个数。

（二）生态文明建设水平评价结果分析

中国省域生态文明建设水平呈现空间差异性，且随着时序不断变化，下面从时序演变特征、空间差异特征和空间关联特征三个方面解析省域层面生态文明建设水平的时空变化并总结一般规律。

1. 时序演变分析

根据中国30个省份的生态文明建设水平评价结果，投影值总体呈上升趋势，生态文明建设水平30个省份的平均值由2000年的1.80上升至2016年的2.69，如表6－2所示，年均增长率为2.52%。随着“生态兴则文明兴”“绿水青山就是金山银山”“良好生态环境是最普惠的民生福祉”“山水林田湖草是生命共同体”“改善生态环境就是发展生产力”等绿色发展观念的确立，以及生态文明先行示范区、“新五化”实施以及生态文明制度体系的不断完善，中国生态文明建设水平仍有很大提升空间。

表6－2　2000年、2005年、2010年和2016年中国生态文明建设水平及构成的评价值

年份	生态文明建设水平	经济发展	社会进步	生态环境
2000	1.80	0.97	0.78	1.04
2005	2.01	1.11	0.78	1.01
2010	2.46	1.44	0.99	1.08
2016	2.69	1.57	1.33	1.10

生态文明建设的构成方面，2000—2016年经济发展水平逐步提高，生态环境、社会进步2005年相比2000年略有下降然后上升。经济发展指数16年间年均增长率为3.06%，2001年年底中国加入世界贸易组织后，出口市场多元化和外商投资增加这两驾马车拉动我国经济快速增长，依靠资源和低成本劳动力等要素驱动下的规模速度型增长方式带来污染物大量排放和资源消耗，使生态环境质量下降，2005年社会进步、生态环境相比2000年略有降低，因为绿色消费水平降低，人均用电和人均能源消耗分别增长了17.35%、30.86%；人均耕地面积全国平均水平减少了44.3%，单位土地面积二氧化硫排放量、化学需氧量排放量和单位耕地面积化肥施用量分别增长5.51%、

2.74%和5.6%。快速城镇化、工业化挤占大量耕地，同时生产和生活用能及污染排放不断增加，导致生态环境质量下降。2012年中国经济步入"调结构、稳增长、重质量"的新常态轨道，经济发展由要素驱动、投资驱动转向创新驱动，向绿色、和谐、可持续方向演进，产业结构转型升级，生态环境质量趋于改善，经济发展与资源环境的耦合协调度逐步提高。满足人民群众对于良好生活的需求和区域平衡充分发展成为经济社会发展的动力和方向。

2. 空间差异分析

通过区域差异指数、趋势面分析、空间格局等分析方法，探究中国生态文明建设水平及其三个二级指标的空间差异情况。

(1) 区域差异指数。

根据生态文明建设水平的区域差异测度指数，如表6-3所示，基尼系数、变异系数和泰尔指数的变化趋势基本一致，2000—2016年生态文明建设水平的差异大致呈减小趋势，2005年差异较大。从生态文明建设水平的构成要素看，2000年经济发展的差异最大，但2000—2016年经济发展差异呈减小趋势，社会发展的差异变化起伏大，总体呈上升趋势，生态环境的差异呈缓慢下降趋势。2016年社会进步地区差异最大，经济发展差异最小，与2000年相反。

表6-3　　中国生态文明建设水平及其构成的区域差异指数

生态文明建设水平	2000年	2005年	2010年	2016年
基尼系数	0.08	0.08	0.07	0.07
变异系数	0.14	0.14	0.12	0.12
泰尔指数	0.00	0.00	0.00	0.00
经济发展	2000年	2005年	2010年	2016年
基尼系数	0.16	0.18	0.13	0.10
变异系数	0.29	0.32	0.23	0.19
泰尔指数	0.02	0.02	0.01	0.01
社会进步	2000年	2005年	2010年	2016年
基尼系数	0.13	0.15	0.13	0.14

续表

生态文明建设水平	2000 年	2005 年	2010 年	2016 年
变异系数	0.24	0.28	0.23	0.26
泰尔指数	0.01	0.02	0.01	0.01
生态环境	2000 年	2005 年	2010 年	2016 年
基尼系数	0.13	0.14	0.13	0.13
变异系数	0.24	0.27	0.25	0.24
泰尔指数	0.01	0.01	0.01	0.01

（2）趋势面分析。

趋势面分析是地理学中经常用到的一种解析地理要素空间分布和时间过程特征的方法，借助 ArcGIS 软件中 Geostatistical Analyst 命令来实现，属于地统计方法的重要部分。将不同位置的地理要素采样点创建出连续光滑的数学表面，以模拟地理特征的空间分布规律和变化趋势，而且通过不同年份的趋势图能对比分析地理要素的时间变化趋势。趋势面分析以三维坐标的形式直观体现中国生态文明建设水平在不同方向上的空间差异和走向特点，通过四个时间断面的趋势走向图，分析中国生态文明建设水平的时空差异规律。

根据 2000 年、2005 年、2010 年和 2016 年 4 个年份中国生态文明建设水平趋势图（见图 6 – 3 所示）（Y 指向北，X 指向东），可见，东西方向生态文明建设水平差异大于南北差异。2000—2016 年东西方向差异有拉大趋势，东部地区始终最高、中部次之、西部最低。南北方向生态文明建设水平相对比较均衡，南北差距先缩小后变大，且地区差异随时间变化较大，2000 年生态文明建设水平基本上从北向南逐渐降低；2005 年南部地区生态文明建设水平有大幅提升，北部地区变化不大，南北差距在四个年份中最小，华中地区在 2016 年崛起，由生态文明建设凹点区域变成凸点区域。

（3）空间格局。

为科学反映中国生态文明建设水平时空格局特征，采用自然间断点分级法，将其分成四个等级。其中，北京、天津、浙江、广东等地

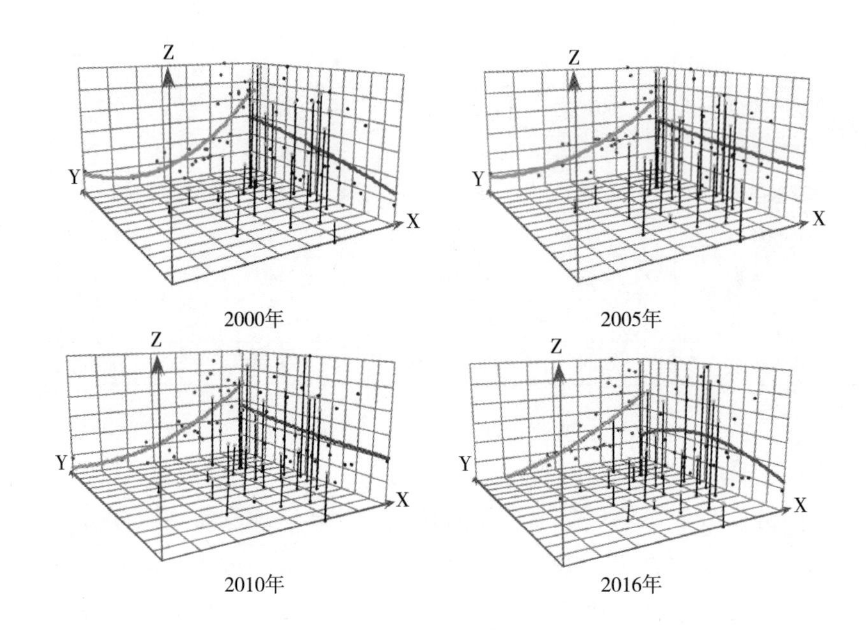

图 6－3 2000 年、2005 年、2010 年和 2016 年中国生态文明建设水平趋势面

区生态文明建设水平较高，新疆、青海、甘肃、贵州等西部省份生态文明建设水平靠后。2016 年北京、上海两市生态文明建设水平投影值分别是 3. 399、3. 367，在全国领先，生态文明建设水平最低的青海、新疆两地分别是 2. 3097、2. 276，两地生态环境居全国前列，但经济发展和社会进步均排名靠后。

2000 年、2005 年、2010 年和 2016 年中国 30 个省域的经济发展、社会进步、生态环境同样采用自然间断点分级法分为四个等级，以体现其空间差异情况。经济发展方面，北京、天津、上海、江苏和广东五个地方始终领先，均位于东部地区；经济发展水平较低的地区西部省份最多，东部地区中河北省经济发展水平最低，人均 GDP 低，第二、第三产业劳动生产率低，高新技术产业比重不高以及生态经济水平低是主要原因。中部的山西省和西部的宁夏、贵州和广西四个年份经济发展水平始终位于第四等级，因为经济发展方式粗放、绿色经济效率低下。总体呈现出东部地区经济发展水平最高，东北次之，西部地区最低的局面。

经济社会发展水平低，人口往往增长快且教育、医疗卫生等基本社会服务水平低，需求层次往往较低，甚至停留在生存需求层面，对粮食需求的不断增加和土地产出不足之间的矛盾容易加大向土地的索取力度而导致生态贫困。国家的贫困县中有三分之二位于中西部山区，自然条件恶劣、生态环境脆弱，因此，经济贫穷和生态贫困区域往往在空间上是叠加的。

从社会进步情况看，浙江、广东、北京、江苏和上海等地领先。与经济发展不同的是，社会进步方面没有始终处于第四等级的省份，2016 年西部的新疆、青海和东部的海南三地社会水平落后。城乡居民收入低、人均能源消费量大是新疆和青海两地社会进步水平落后的主要原因，海南研究与试验发展经费占 GDP 比重全国最低，是最高地区上海市的 1/10 左右。2000 年社会进步水平居第四等级的 5 个省份中，黑龙江、甘肃、宁夏和广西四地 2016 年升至第三等级，湖南上升至第二等级，社会进步值由 2000 年的 0.6201 增至 2016 年的 1.2917，增加了 1.08 倍，社会进步幅度较大，2016 年湖南省城镇和农村居民收入分别比 2000 年增长了 3.5 倍、3.98 倍，研究与试验发展经费占 GDP 比重持续升高，2016 年比 2000 年增加 3 倍。分四大地区来看，东部地区社会进步水平最优，中部地区次之，西部地区最低。

生态环境方面，青海、内蒙古、黑龙江、甘肃等经济欠发达地区生态环境水平较高。青海水资源总量占全国的 1.89%，居全国第 16 位，但人均水资源量居全国第一。青海三江源草原草甸湿地生态功能区、黑龙江大小兴安岭森林生态功能区、甘肃甘南黄河重要水源补给生态功能区和祁连山冰川与水源涵养功能区均是全国水源涵养型的重点生态功能区；内蒙古呼伦贝尔草原草甸生态功能区、科尔沁草原生态功能区是防风固沙型重点生态功能区；三江平原湿地生态功能区是生物多样性维护型重点生态功能区。河北、河南、山东、天津等地生态环境相对较低，集中于华北地区。人均水资源极度缺乏、人均耕地面积和人均森林面积远低于全国平均水平。天津市人均水资源量甚至不及极度缺水区标准（500 立方米）的 1/4，仅占全国平均水平的 1/20，全国最低，属于资源型缺水城市，地表水开发利用率远高于联合国规定的用水高度紧张标准 40%，水资源缺乏制约着经济发展和生态系统的稳定。四地大部分属于优化开发区和重点开发区，城市化、工业化过程中经济—生态环境的协调度有待提高。

总体上，生态环境东北、西部地区最优，中部地区次之，东部地区生态环境水平最低，生态环境与各地区生态文明建设水平、经济发展、社会进步的空间差异表现差别较大，从资源禀赋看，西部、北部地区优于东部、南部地区，但与生产力布局或者说经济发展水平呈相反分布状态，反映了我国资源分布与生产力布局的错位；从生态保护和环境质量看，西部、北部地区由于重点生态功能区多，在国土空间开发上，禁止开发区和限制开发区面积大，而东部、南部、中部地区的优化开发区和重点开发区居多，经济开发强度大，对生态环境的干扰和破坏作用也较强。

3. 空间关联分析

空间关联分析分为全局自相关和局部自相关分析，全局自相关用于检测指标要素在空间分布上是否存在空间相关性，即距离较近的空间现象具有拥有相似特征的潜在趋势。局部自相关则用于探究地理要素空间集聚分布强度及其对周围领域的联动作用，在空间上形成冷热点区域的组团分布。分别借助 ArcGIS 下的空间自相关（莫兰指数）和聚类分布制图中的热点分析命令来实现。通过全局空间自相关方法，计算出指数（见表 6 - 4 所示）。

表 6 - 4　2000 年、2005 年、2010 年和 2016 年中国生态文明建设水平的莫兰指数

生态文明建设水平	2000 年	2005 年	2010 年	2016 年
Moran’s I	0.29	0.25	0.24	0.17
Z (I)	4.21	3.80	3.58	2.72
P (I)	0.00	0.00	0.00	0.01

从表6－4可以看出，P（I）值均小于0.01，通过显著性检验，莫兰指数均大于0，说明中国生态文明建设水平存在空间上的集聚效应，运用ArcGIS的聚类分布制图下的热点分析命令得到中国生态文明建设水平的冷热点分布图。

根据冷热点分布图，生态文明建设水平呈现一定的空间集聚，热点地区大部分位于东部地区，东北地区的吉林和辽宁在2000年、2005年和2010年是热点区域，2016年变为次热点区域，江苏、浙江、山东、福建和安徽等地为高高类型聚集区，即本省域和相邻省份的生态文明建设水平均较高。冷点区域主要分布在西部地区，新疆、青海、四川、云南和贵州等地为低低类型聚集区，即这些省域和相邻省份的生态文明建设水平均较低，中部地区多呈现高低聚集区，为次冷点区或次热点区，有个别省份发生跃迁，新疆在次冷点区和冷点区之间变化，黑龙江由2000年、2005年的次热点区变为2010年和2016年的次冷点区，北京、天津随着周围省域生态文明建设水平的提高由次热点区跃迁为2016年的热点区域，类似情况的还有浙江和福建两省，广东的生态文明建设水平在全国居前列，但是在2000年、2005年和2010年都是次冷点区，2016年是次热点区，原因是广东对外开放程度高，引进外资发展外向型经济，经济发展、社会进步水平都居全国前列，虽然生态环境问题与经济发展矛盾也存在，但生态文明建设水平总体较高，但毗邻省域除了福建外，湖南、江西、广西等中西部省域的生态文明建设水平均不高，因此，有必要提高区域的协同发展水平。时序变化格局总体变化不大，反映了2000—2016年中国生态文明建设水平空间格局的相对稳定性。

二　不同类型区域的人地系统特征分析

根据二级指标的等级情况看，不同省份差别较大，有些省份经济发展、社会进步、生态环境均衡发展，生态文明建设的综合水平较高；有些省份经济发展和社会进步水平较高，但生态环境排名靠后，区域生态环境压力巨大；有些省份的生态环境很好，但经济社会发展水平很低；也有些省份生态环境、经济发展、社会进步都处在低水平，根据各省份二级指标的等级情况划分不同的生态文明建设类型，并在此基础上分析各类区域的人地系统特征。

（一）生态文明建设类型的划分

为了便于不同特点的省份更有针对性地推进生态文明建设，需要进行生态文明建设类型的归类并分析不同类型的人地系统特征，按类型划分有利于综合总结不同人地系统的地域差异和特征，从而提出人地系统优化和生态文明建设的具体策略和办法，更好地实现二者的协同优化。

1. 划分原则

根据2016年中国30个省份的等级情况可以看出，我国各个省份生态文明建设水平以及经济、社会、生态等发展情况有明显不同，具体划分原则有四个：一是以30个省份二级指标的综合等级分为基础，经济发展、社会进步和生态环境这三项二级指标区域差异性明显，而且不同排列组合构成不同区域生态文明建设的本土化特点；二是重视生态文明建设的等级，在二级指标等级都比较均衡的情况下，根据生态文明建设水平的等级情况，判断均衡发展水平的高低；三是兼顾主体功能区定位，青海、新疆等大部分面积为重点生态功能区，以生态系统服务功能为主，其经济发展水平与优化开发区相比必然落后，因此，在划分时应该兼顾不同省份的主体功能区划；四是兼顾区域单元划分的连续性，在空间上连续分布的区域因地缘接近且地理位置相近，往往具有较强的区际联系进而表现出一定的相似性，因此，划分时适当考虑区域单元的连续性。划分原则如图6－4所示。

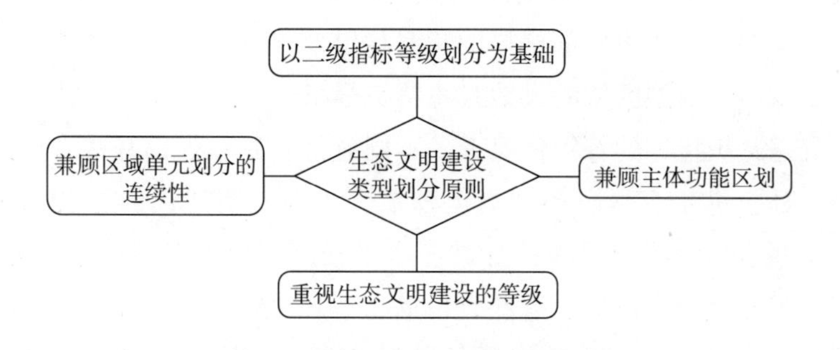

图6－4　生态文明建设类型划分原则

2. 划分方法

将生态文明建设水平的三个二级指标，即经济发展、社会进步、生态环境的2016年数据，根据前面自然间断点分级法（Jenks）的等级划分，进行等级情况赋分，具体方法是：若处在第一等级则赋值4分，第二等级赋值3分，第三等级赋值2分，第四等级赋值1分，据此得到2016年中国30个省份的等级分（见表6－5）。

表6－5　　2016年中国30个省份等级分分布

省份	生态文明建设	等级	经济发展	等级	社会进步	等级	生态环境	等级	等级分	类型
北京	3.40	1	2.24	1	1.78	1	0.94	3	442	Ⅱ
浙江	3.26	1	1.75	2	2.06	1	0.94	3	342	Ⅰ
广东	3.15	1	2.00	1	1.90	1	0.99	3	442	Ⅰ
福建	2.94	1	1.69	2	1.37	2	1.06	3	332	Ⅰ
上海	3.37	1	2.37	1	2.02	1	0.62	4	441	Ⅱ
江苏	3.29	1	2.11	1	2.01	1	0.82	4	441	Ⅲ
天津	3.12	1	2.07	1	1.76	1	0.82	4	441	Ⅱ
山东	3.04	1	1.66	2	1.77	1	0.88	4	341	Ⅲ
重庆	2.72	2	1.60	2	1.27	2	1.10	3	332	Ⅳ
江西	2.63	2	1.46	3	1.23	2	1.18	2	233	Ⅳ
安徽	2.62	2	1.38	4	1.58	1	0.92	3	142	Ⅳ
吉林	2.58	2	1.56	2	1.24	2	1.28	2	333	Ⅳ
湖南	2.58	2	1.48	3	1.29	2	1.03	3	232	Ⅳ
辽宁	2.56	2	1.54	3	1.27	2	1.13	2	233	Ⅳ
陕西	2.56	2	1.48	3	1.18	3	1.03	3	222	Ⅳ
内蒙古	2.82	2	1.55	3	1.13	3	1.69	1	224	Ⅴ
黑龙江	2.57	2	1.43	3	1.17	3	1.51	1	224	Ⅴ
湖北	2.46	3	1.53	3	1.01	3	0.98	3	222	Ⅳ
四川	2.46	3	1.50	3	1.23	2	1.29	2	233	Ⅳ
宁夏	2.45	3	1.25	4	1.05	3	1.03	3	122	Ⅵ
山西	2.43	3	1.30	4	1.12	3	0.96	3	122	Ⅶ
广西	2.46	3	1.37	4	1.18	3	1.15	2	123	Ⅵ

续表

省份	生态文明建设	等级	经济发展	等级	社会进步	等级	生态环境	等级	等级分	类型
海南	2.45	3	1.52	3	0.88	4	1.15	2	213	Ⅴ
云南	2.44	3	1.29	4	1.18	3	1.27	2	123	Ⅵ
河南	2.48	3	1.42	3	1.30	2	0.82	4	231	Ⅶ
河北	2.46	3	1.37	4	1.23	2	0.88	4	131	Ⅶ
贵州	2.35	4	1.32	4	1.12	3	1.10	2	123	Ⅵ
甘肃	2.34	4	1.25	4	1.12	3	1.33	2	123	Ⅵ
青海	2.31	4	1.25	4	0.75	4	1.97	1	114	Ⅴ
新疆	2.28	4	1.29	4	0.79	4	1.27	2	113	Ⅴ

以2016年中国30个省份的等级分为基础，综合考虑生态文明建设水平，同时兼顾区位联系、主体功能区定位等，将30个省份划分为七个生态文明建设类型区（见表6－5）。其中，Ⅰ类是均衡发展型，Ⅱ类是经济社会发达型，Ⅲ类是生态环境滞后型，Ⅳ类是相对均衡型，Ⅴ类是生态环境优势型，Ⅵ类是经济社会滞后型，Ⅶ类是经济—生态环境滞后型。七类区域是根据生态文明建设水平及二级指标的结果而划分的，而追溯原因就是不同的人地系统地域特征，实质也是人地系统“三元”结构在不同地域的差异性体现。

（二）不同类型区域人地系统特征分析

七个类型区域生态文明建设的构成情况有显著差异，经济发展、社会进步和生态环境分别对应着人地系统的“三元”结构，因此，七大类型有不同的人地系统特征，分别从经济（产业）、社会文化和生态环境等方面分析不同类型区域的特征。

1. 均衡发展型人地系统特征分析

均衡发展型是指经济发展、社会进步、生态环境和生态治理相互协调、共同促进的区域，同时生态文明建设水平整体状况表现最好。这一类型包含浙江、广东、福建和江苏四个东部省域，其人地系统特征如下。

（1）经济发展水平持续增高，区域发展模式相对集约。

改革开放以来，浙江、广东、福建和江苏这四个省份在对外开放政策下，凭借良好的区位优势和优厚的招商引资条件，实现了经济总量的持续快速增长，尤其是自2000年以来，人均GDP持续增长，始终高于全国平均水平（见图6-5）。2016年浙江、广东、福建和江苏这四个省份的人均GDP分别是83538元、72787元、73951元和96887元，四个省份的平均值为81790.75元，比全国平均水平57486元高出42.3%。四个省份人均GDP均在1万美元以上，达到中等发达国家水平。从时间跨度来看，2016年与2000年相比浙江、广东、福建和江苏的人均GDP分别增长了5.3倍、4.7倍、5.4倍和7.2倍，2000—2016年这16年间经济腾飞式发展。从发展趋势看，人均GDP增长继续保持快速发展势头，且四个省份人均GDP的平均值与全国人均GDP的平均值差距有不断扩大的趋势，说明经济发达省份的潜力依然很大，依靠科技创新实现产业的升级转型和持续增长。

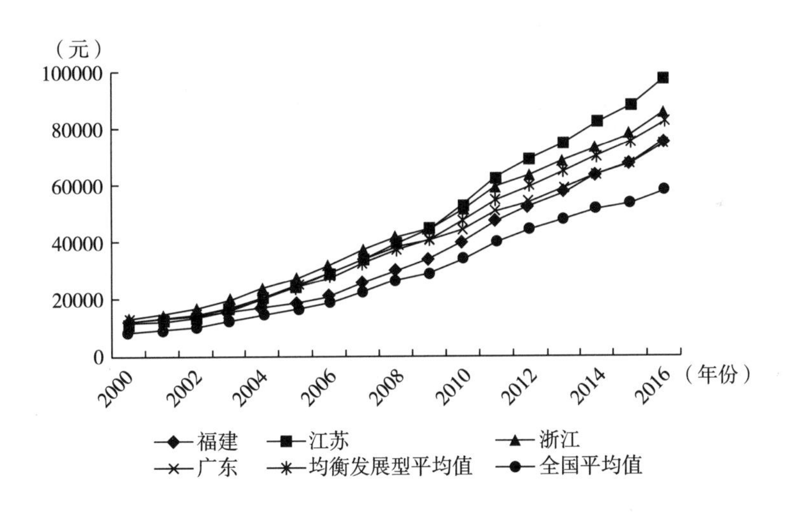

图6-5　2000—2016年均衡发展型四个省份的人均GDP变化

从四个省份分别来看，2009年以前浙江省人均GDP居全国前列，但与江苏、广东差别不大，福建的人均GDP略低于其他三个省份。自2010年以来江苏省的人均GDP处于全国领先地位，以7%左右的速度持续增长，浙江次之，福建和广东的人均GDP在2012年以后呈现同步增长趋势。从经济效率来看，2016 年浙江省、江苏省、广东省和福建省的全员劳动生产率分别为 12.4 万元/人、16.0 万元/人、23.2 万元/人和 14.2 万元/人，均衡发展型四个省份的平均值约为 16.5 万元/人，比中国全员劳动生产率的平均值 94825 元高出 68.7%；另外，万元 GDP 能耗、万元二氧化硫排放量和万元 GDP 的化学需氧量排放量比全国平均水平低且不断下降，说明均衡发展型区域的经济效率高，经济发展模式相对集约。经济的快速增长必然有其深层次的原因，地理位置上的开放优势和良好政策条件的推动是一方面，科技创新驱动下的产业结构优化与升级是实现经济腾飞发展的必经之路。2000—2016 年均衡发展型的四个区域产业结构都在不断优化（见图6－6）。

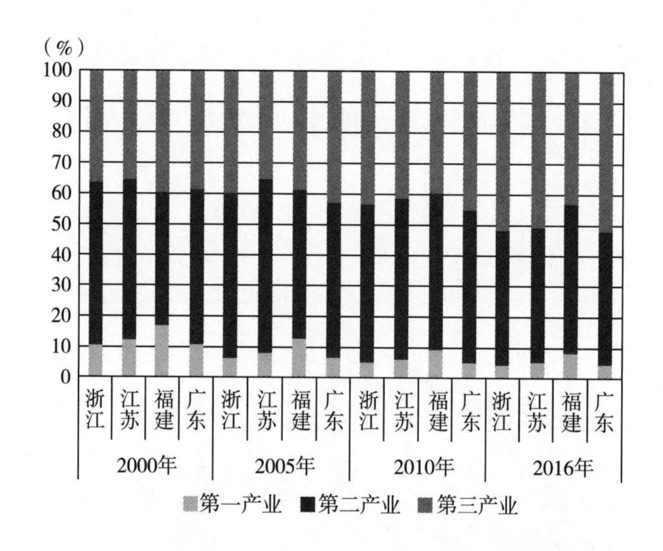

图 6－6　2000 年、2005 年、2010 年和 2016 年均衡发展型的产业结构

（2）生态环境质量相对较好，资源环境形势依然严峻。

均衡发展型四个省份的人均资源量和生态保护在国内相对较好，但资源环境形势依然严峻。根据国际标准，人均水资源低于 3000 立方米为轻度缺水，低于 2000 立方米为中度缺水，低于 1000 立方米为重度缺水。2016 年浙江省和广东省都是轻度缺水，而江苏省是重度缺水区域。联合国粮农组织确定的人均耕地警戒线是0.053公顷，浙江、福建和广东均低于国际人均耕地警戒线，而且单位耕地面积的化肥施用量和农药施用量均超出国际公认的安全上限，耕地保护和粮食安全问题亟须重视。2016年我国人均公园绿地面积约13.4平方米，浙江、福建两省低于全国平均水平。江苏省森林覆盖率在全国较落后，单位土地面积二氧化硫和化学需氧量排放量高于全国平均水平，浙江和广东的单位土地面积化学需氧量排放量也偏高。广东省局部地区水土流失依然严重，水土流失面积14217平方千米，占全省土地总面积的7.91%，且浙江、福建、广东等地易受台风影响，洪涝、风暴潮等自然灾害频发，生态环境系统比较脆弱。均衡发展型四个省份的生态环境有很大提升空间，仍需逐步完善空间治理体系和加强市场型环境规制水平。

2. 经济社会发达型人地系统特征分析

经济社会发达型是指经济发展、社会进步居全国前列，但生态环境有约束作用，经济社会发展与生态环境之间的协调程度有待提高，但生态文明建设水平排名比较靠前，包括北京、上海和天津三个直辖市，其人地系统特征如下。

（1）城镇化水平持续提高，城镇高质量发展有待提升。

城镇化水平是保持经济健康持续发展的重要引擎和产业结构转型升级的重要"把手"，因为内需是我国经济发展的根本动力，扩大内需的最大潜力在于城镇化。同时，"城镇化带来的创新要素集聚和知识传播扩散，有利于增强创新活力，驱动传统产业升级和新兴产业发展"①，因此，城镇化水平是区域经济发展社会程度的重要标志。根据钱纳里对发展中国家工业化的实证研究，城镇化作为工业化先行指标，其发展水平应高于工业化，北京、天津和上海三个直辖市自2000年以来城镇化率都在70%以上，2016年达到80%以上（见图6－7），且2016年人均GDP都在1.7万美元以上，北京、天津和上海的三产比重

① 中共中央、国务院：《国家新型城镇化规划（2014—2020年）》，《人民日报》2014年3月16日第1版。

分别为0.5∶19.3∶80.2、1.2∶42.3∶56.4和0.4∶29.8∶69.8。根据城镇化水平、人均GDP和三产比重这三项指标，目前三个直辖市处在后工业化时期的发达经济初期阶段。

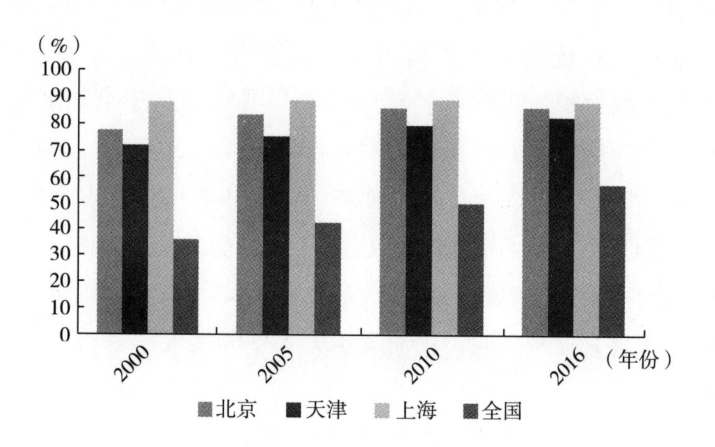

图6－7　2000年、2005年、2010年和2016年经济社会发达型城市与全国城镇化水平

但是三个直辖市在发展过程中面临一些突出矛盾和困难，人口与资源环境问题矛盾重重，如人口过多、交通拥堵、房价高涨、环境污染等“大城市病”，城镇功能空间布局有待优化，城市文明程度和服务管理水平不够高，生态文化的理念尚未完全融入市民消费行为，北京的人均生活用水量、用电量，上海的人均生活用水量、用电量和能源消耗量，天津的人均用电量和人均能源消费量均高出全国平均水平，绿色、低碳、循环发展理念有待推进，以节约集约利用土地、水、能源等资源来提高城市综合承载能力；法制建设与发达国家相比还有不小差距，因此，城镇高质量发展有待提升，目前经济社会发达型的城镇化进入以提升质量为主的转型发展阶段，应推动形成绿色低碳的生产生活方式和城市建设运营模式。

（2）居民生态环境意识较强，资源环境压力矛盾突出。

经济社会发达型区域居民的生活质量提高后，生存需求、物质需求甚至精神需求得到不同程度的满足，因此，居民开始转向良好生态环境质量的生态需求，因此北京、天津和上海三地的居民生态环境意识相比国内其他地区较强，但资源环境供给的有限性与居民对良好生活环境需求的无限性构成矛盾。具体体现在，北京和天津的大气污染问题——雾霾，2016 年北京市细颗粒物（PM2.5）年平均浓度为 73 毫克/立方米，超出国家标准 1.09 倍，可吸入颗粒物（PM10）年均浓度为 92 毫克/立方米，超出国家标准 0.31 倍，全年累计启动重污染预警 17 次共 36 天，其中有 6 天重污染红色预警。2016 年天津市 PM2.5 平均浓度为 69 毫克/立方米，超出国家标准 0.97 倍；PM10 平均浓度为 103 毫克/立方米，超出国家标准 0.47 倍。颗粒物污染的主要来源是燃煤、机动车尾气排放和转换、扬尘等，能源结构不合理、气象条件不利扩散和周边地区工业污染排放传输是京津两地大气污染的主要原因。大气污染成为影响居民身体健康的“隐形杀手”。人均水资源方面，2016 年北京、天津和上海三市分别是 161.6 立方米、121.58 立方米和 252.33 立方米，按照国际人均水资源划分标准，低于 500 立方米属于极度缺水区域。人均耕地面积京、津、沪三地也都远没有达到联合国粮农组织 0.053 公顷的标准。造成这一结果的根本原因在于人口数量太多与资源环境禀赋条件低之间的矛盾关系。2016 年北京、天津和上海的人口密度及主要人均资源量与全国和世界平均水平比较如表 6-6 所示。

表 6-6　　2016 年经济发达型城市与中国、世界人口资源比较

指标	人口密度（人/平方千米）	淡水资源（立方米/人）	可耕地（公顷/人）	森林面积（公顷/人）
北京	1323	161.60	0.01	0.03
上海	1300	121.58	0.03	0.01
天津	3810	252.33	0.01	0.00
中国	144	2349.40	0.11	0.20
世界	49	9200	0.26	0.55

由表 6-6 可见，三个地区人口密度大，人均资源量远低于中国

及世界平均水平，以天津为例，人均淡水资源量仅占世界平均水平的2.7%，而人均森林面积仅相当于世界平均水平的0.5%。不甚理想的资源要素结构、相对低下的人均资源水平以及资源开发利用过程中造成的损耗，决定了经济社会发达型区域在发展过程中始终面临着来自资源环境基础方面的挑战，资源环境供给的有限性和居民不断增加的对良好生态环境需求的矛盾，成为这三个地区人地关系全面协调发展的制约性因素。

（3）生态文明制度逐步完善，区域协同治理有待加强。

经济社会发达型地方性生态文明制度体系逐步完善，例如，天津市生态文明制度体系包括：①法律法规明确规定生态环境保护标准。颁布实施《天津市大气污染防治条例》及47个相关配套文件、《天津市水污染防治条例》等，修订《天津市环境保护条例》等法规文件，颁布实施《天津市城镇污水处理厂污染物排放标准》等12个地方标准。②政策手段宏观调控减污治污。推进排污收费改革，实施差别化排污收费制度。提高二氧化硫、氮氧化物、化学需氧量等污染物的排污收费标准，电力、钢铁等重点排污行业企业污染物减排效果显著。③建立网络化监测体系。分别建成大气、地表水、声环境、扬尘等监测网络。全市工业燃煤量占比95%、排水量占比90%以上的工业企业安装自动监控设施。271个乡镇街、工业园区和重点区域安装空气质量自动监测系统，视频监控覆盖近400个建筑工地和各类堆场，以检测扬尘排放情况。创建全国首家节能环保综合服务平台。④落实环保责任体制。制定了《天津市清新空气行动考核和责任追究办法（试行）》，严格实行党政同责。实施大气污染防治网格化管理，基本实现管理无死角、监察无盲区、监测无空白。⑤划定生态保护红线。率先以地方立法形式划定永久性保护生态区域，全市25%国土面积纳入永久性保护范围，颁布《天津市永久性保护生态区域管理规定》，制定实施《天津市永久性保护生态区域考核方案（试行）》。219.79平方公里海域和18公里海岸线划为海洋生态红线区。

三个地区生态文明制度体系不断完善，可以为其他地区提供借鉴，同时，也应该加强区域协同治理，一方面是与周边地区的协同，另一方面是区域内部城乡之间的协同。北京、天津应该融入京津冀联防联控污染防治圈中，根据《关于推进京津冀联防联控治理污染的实施意见》，深化京津冀区域大气、水、土壤污染防治协作，上海融入长江经济带环境污染防治圈中。

3. 生态环境滞后型人地系统特征分析

生态环境滞后型是指生态环境问题突出，成为生态文明建设的最大阻碍，经济社会发展水平均高于全国平均值，但有待提高，生态文明建设水平比较靠前，该类型代表区域是山东省，其人地系统有如下特征。

（1）经济规模持续扩大，资源环境约束作用增强。

山东省在对外开放政策、良好区位条件及 FDI 推动下，实现了经济规模的持续扩大。2016 年 GDP 总量为 68024. 49 亿元，仅次于广东省、江苏省，位居全国第 3 位，相比 2000 年 GDP 总量增加了 6. 96 倍，经济总量优势突出。2016 年人均 GDP 为 68733 元（如图 6 – 8 所示），是 2000 年人均 GDP 的 7. 19 倍，居全国第 9 位，人均 GDP 排名相对 GDP 总量靠后。2016 年山东省人口 9947 万，略低于广东省人口（10999 万），居全国第二位，占全国总人口的 7. 2%。2000—2016 年人均 GDP 平均增速为 13%，但 2014 年以来人均 GDP 增速有放缓趋势，因为山东省经过改革开放四十多年的高速发展，已经进入经济发展新常态，转方式、调结构、新旧动能转换是新时期发展的重要方向。但山东省工业历史悠久，产业转型压力大。山东经济发展仍然是以工业为主，而且产业层次和结构水平较低，因此经济增长具有资源型、高耗能、高污染排放的特点，对资源环境造成很大压力，相应的资源环境处理成本增加，资源环境对经济增长的约束作用随之增强。山东省土地总面积 15. 8 万平方千米，约占全国土地总面积的 1. 64%，居全国第 19 位，人均土地面积 0. 16 公顷不到全国平均水平的 20%，是世界水平的 7% 左右。人均耕地面积 0. 077 公顷，不及全国平均水平（0. 114 公顷）。2016 年山东省水资源总量为 220. 32 亿立方米，仅占全国水资源总量（32466. 4 亿立方米）的 0. 68%，人均水资源量 222. 59 立方米，是全国人均水资源量的 9. 47%，占世界人均水资源量的2.37%，属于极度缺水区域。全省一般年份缺水100亿立方米，每年因缺水减产粮食30亿千克，因缺水造成的经济损失超过150亿元，水资源严重短缺成为制约山东省经济发展的瓶颈因素。与此同时，存在水资源污染和浪费的情况，加剧了水资源的供需矛盾，水资源短缺造成河流径流量不足，河流水自净能力差。为了满足工农业生产需求和居民生活需求，地下水开采逐年增加，造成地下水位的持续下降和海水入侵。2016年年末全省平原区浅层地下水位漏斗区面积为14100平方千米，占山东省土地面积8.92%，地下水超采导致海水入侵、地面沉降、地下水质污染、机井大批报废和泉水枯竭等问题突出。导致山东省水资源供需矛盾尖锐的主要原因是粗放、低效的经济增长方式以及对地表水利用率不高。

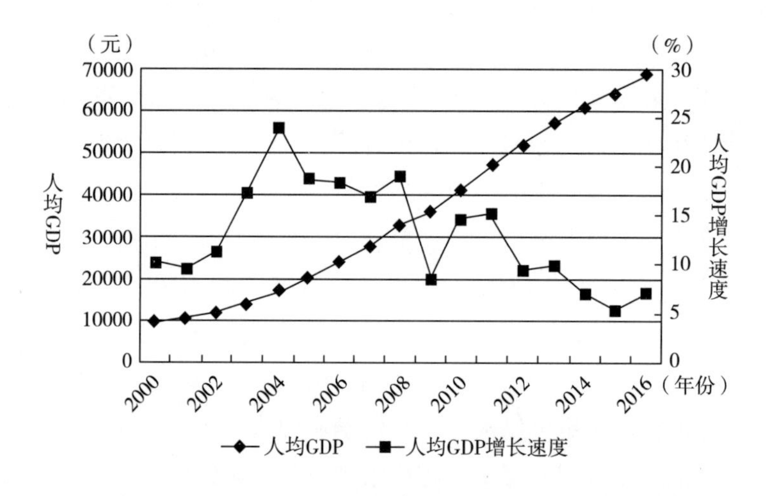

图6－8　2000—2016年山东省人均GDP和人均GDP增长速度

（2）高新技术产业发展不足，污染产业结构比例过高。

2016年山东省三次产业结构由7.9∶46.8∶45.3调整为7.3∶45.4∶47.3，实现产业结构由“二三一”模式向“三二一”模式的历史性转变，且山东省第三产业呈上升趋势，但高新技术产业发展不足，2016年高新技术产业占GDP比重为14.7%，远低于上海（34%）、江苏（40.6%）、广东（42.3%）等省市。产业结构污染密集型产业偏重、能源结构以煤为主、污染物排放量大是山东省目前生态环境存在的主要问题。

2000—2016年山东省污染密集型产业占全省工业产值比重在40%—50%（见图6-9），虽然有力地推动了经济的发展，但同时也给山东省生态环境带来沉重压力，二氧化硫、氮氧化物、化学需氧量排放总量2016年居全国第一，其他主要污染物排放总量也在全国前列。污染密集型产业众多（见表6-7），污染物排放量大，环境容量远不能满足污染物排放的需求，尤其是水环境容量，与水污染物实际排放量差距巨大，2016年全省化学需氧量排放总量53.1万吨，是环境容量的6倍多。近年山东污染密集型产业增长速度有放缓趋势，这与山东省不断调整优化产业结构的政策及实践有关，随着山东省新旧动能转换实施和产业结构管控力度加大，旧动能将逐步被新动能取代，产业结构向高层次化、协调化方向发展。

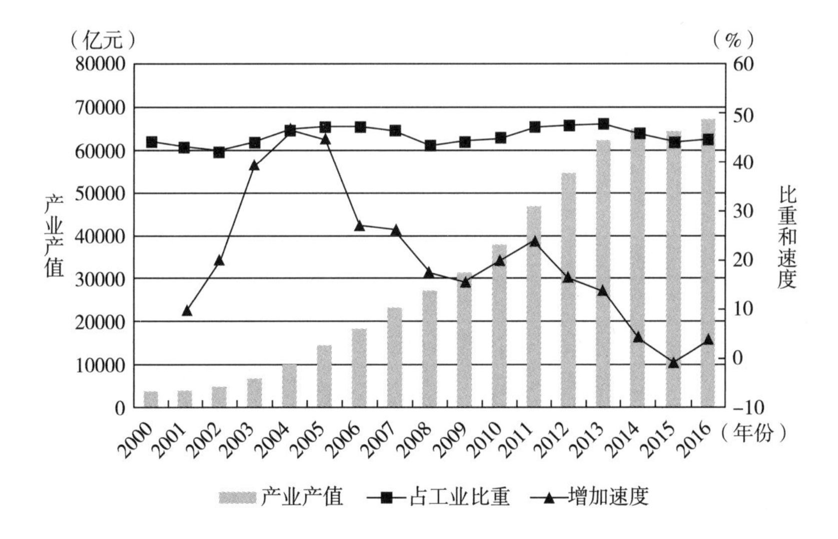

图6-9 2000—2016年山东省污染密集型产业产值、增长速度和占工业比重

表6-7 山东省污染密集型产业

行业	污染综合指数	行业	污染综合指数
采掘业	0.32	纺织业	0.19
黑色金属冶炼及压延加工业	0.32	化学纤维制造业	0.11

续表

行业	污染综合指数	行业	污染综合指数
化学原料及化学制品制造业	0.30	有色金属冶炼及压延加工业	0.08
非金属矿物制品业	0.26	医药制造业	0.07
造纸及纸制品业	0.22	石油加工、炼焦及核燃料加工业	0.07

（3）生态环境脆弱，人地矛盾突出。

森林具有涵养水源、保持水土、防风固沙、净化空气等生态功能。山东省的森林覆盖率比较低，2016 年仅为 16.73%，只占全国森林覆盖率平均水平的一半左右，人均森林面积 0.026 公顷，仅占全国平均水平（0.199 公顷）的 13%，在全国排第 23 位，因此，山东省森林的生态功能低，系统稳定性较差，而且结构不合理、抗逆性不强，全省经济林、防护林面积较大，占林地面积的 90.7%，而且以幼龄林为主（61.6%），全省森林造林树种较单一，结构简单，生物多样性受到威胁。

水资源的严重短缺，森林覆盖率偏低，涵养水源、保持水土的生态功能有限，导致山东省水生态平衡失调，生态用水缺失，全省水土流失面积达到 2 万多平方千米，占山东省总面积的 1/7 左右，其主要分布在鲁中南山地丘陵区、鲁西北黄泛平原区、胶东半岛地区及滨海地带。水土流失导致土壤沙化、石化面积达到 2 万公顷，还造成河道、湖泊淤积，洪涝灾害加剧。2016 年湿地面积占山东省国土面积的比重为 11.07%，略高于全国平均水平（9.23%），但仍面临着湿地面积减少、湿地的生态功能退化、湿地保护空缺等压力，从而直接影响生物多样性和水体生态功能的发挥。地下水的超采引起地下水漏斗及海水入侵。土壤盐碱化面积约为 1.4 万平方千米，约占山东省国土面积的 9% 左右。陆地生产生活污染物的大量排放超过海洋自净能力，沿海养殖业的发展以及海岸工程的建设，导致近海岸带生态系统功能受损。山东省主要生态脆弱问题如图 6 – 10 所示。

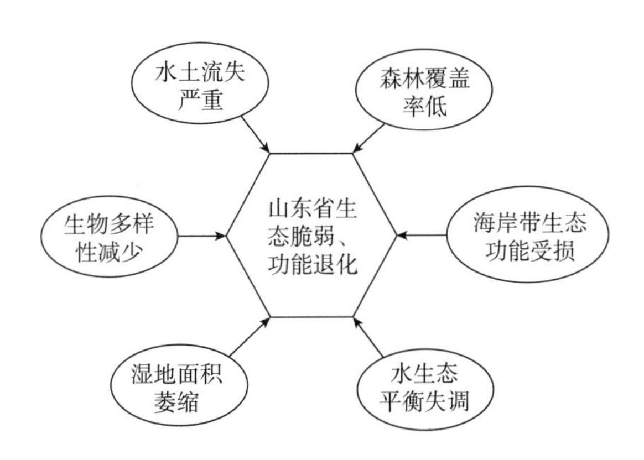

图 6－10　山东省主要生态脆弱性问题

生态环境的脆弱性加上不合理的人类开发利用活动使人地矛盾不断呈现并日渐严重，区域人地矛盾突出，山东省极速城市化带来的城市空间蔓延式、粗放式扩张，城市化工业化不断挤占生态空间，生态环境问题不断呈现，农村生活污染、城市转移的污染增多，农业生产中化肥使用、养殖废弃物排放等，引起农村水、土壤污染，而农村处理污染物的基础设施落后，从而导致面源污染突出。

4. 相对均衡型人地系统特征分析

相对均衡型是指生态文明建设水平处在第二等级，经济发展、社会进步、生态环境中没有明显的“短板”，但发展水平都不高，与全国平均水平接近，属于该类型的地区有重庆、四川、安徽、湖南、湖北、江西、陕西、辽宁和吉林九个省市，分布于中部、西部和东北地区，其人地系统特征如下。

（1）经济社会发展水平有待提高，产业转型升级活力不足。

人均 GDP 方面，重庆、湖北、吉林三省市稍高于或相当于全国平均水平，安徽、江西和四川三省人均 GDP 较低。湖北、辽宁农村居民人均纯收入略高于全国（12363.4 元），其他省市均低于全国，陕西省农村居民人均纯收入为 9396.5 元，在全国排倒数第五位。城镇居民人均可支配收入 9 个省市均低于全国水平，辽宁省在相对均衡型的 9 个省市中最高，城镇居民人均可支配收入居全国第十位，吉林在

9个省市中最低，居全国倒数第二位。产业结构方面，重庆、四川和辽宁三省市第三产业比重高于第二产业，其他省份产业结构均呈“二三一”特点。辽宁省万元GDP能耗和万元GDP二氧化硫排放量略高于全国平均水平，其他省市均低于全国。湖北、重庆、安徽、湖南、辽宁五省市实验和发展经费占GDP比重均高于全国。在要素驱动减弱和创新驱动不足双重制约下，该九省市产业转型升级活力不足。相对均衡型9个省市都面临着产业结构的转型升级，因此要结合地区条件发展特色优势产业，同时，加强区域联动协同创新是带动经济社会发展水平的路径。四川省2016年15岁及以上文盲人口4799人，文盲率达8.22%，居全国最高，教育支出占财政支出比重为16.3%，居全国平均水平，因此提高居民的受教育水平、注重人才培养是提升创新能力的关键。

（2）人口密度大，资源开发利用负面效应突出。

九个省市中除四川西北部区域和陕西省北部一小部分之外，其余地区都在“胡焕庸线”东南侧。人口密度大以及经济活动集中，对资源开发利用强度加大。人均水资源只有江西、湖南两省超过3000立方米，江西人均水资源量为4850.62立方米，是全国平均水平的2倍多，居全国第四位。湖南人均水资源量是3229.11立方米，是全国平均水平的1.37倍，陕西、辽宁两省人均水资源量低于1000立方米，属于重度缺水区域。人均耕地面积吉林省为0.256公顷，是全国平均水平的2.24倍，居全国第三位。陕西和辽宁与全国平均水平相当，其他省市低于全国。吉林、陕西、四川和江西四省人均森林面积高于全国平均水平。重庆市人均公园绿地面积16.86平方米，仅次于内蒙古和山东居全国第三位。辽宁省万元GDP能耗和万元GDP二氧化硫排放量均高于全国平均水平，安徽、江西、四川三省万元GDP的化学需氧量高于全国，其余省市均低于全国平均水平。

5. 生态环境优势型人地系统特征分析

生态环境优势型是指生态环境的优势作用突出，在主体功能区划上生态功能服务区比例大，区域开发利用强度相对不高，经济社会发展水平比全国平均水平略低，总的生态文明建设水平不高。属于该类

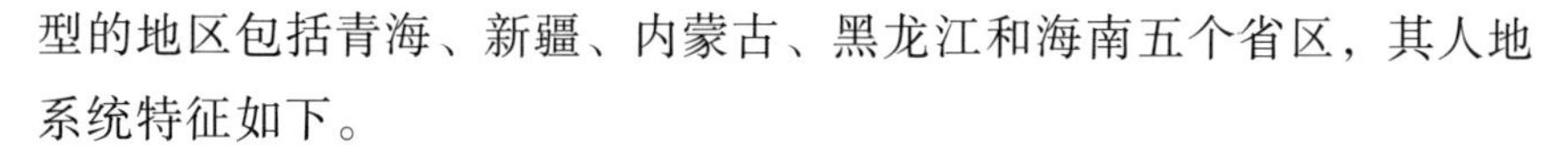

型的地区包括青海、新疆、内蒙古、黑龙江和海南五个省区，其人地系统特征如下。

（1）人均资源量较高，但整体生态环境相对脆弱。

青海、新疆、内蒙古、黑龙江和海南五省区 2016 年人均水资源量分别是 10375.95 立方米、4596.05 立方米、1695.49 立方米、2217.05 立方米和 5359.96 立方米，内蒙古和黑龙江低于全国平均水平（2349.4 立方米），青海省居全国首位，是全国平均水平的 4 倍多，海南次于福建居全国第三位，但海南省水资源时空分布不均，容易造成干旱、洪涝等灾害。人均土地面积五省区分别是 12.16 公顷、6.92 公顷、4.69 公顷、1.25 公顷和 0.39 公顷，除海南外，四省区人均土地面积均高于全国平均值（0.70 公顷），黑龙江、内蒙古、新疆人均耕地面积分别是全国平均值的 4 倍、3 倍、2 倍左右，地广人稀、人均资源丰富是青海、新疆、内蒙古和黑龙江四个省区的共同特点。青海地区氯化钾、氯化镁储量分别占全国的 97%、99.7%，新疆是我国陆地获取石油新产量和新储量的主要地区，但青海绝大部分处在高寒缺氧的青藏高原，新疆、内蒙古又处在干旱半干旱区，自然条件的不利因素使农牧业劳动生产率低，而相对封闭的区位条件使水利、交通、通信等基础设施落后，对外交易成本高，自然资源优势得不到充分发挥，再加上不合理的开发利用，或水土流失或风蚀沙化现象严重，新疆、青海、内蒙古三个省区土地沙化面积分别达到 62.24 平方千米、2.99 万平方千米和 2.97 万平方千米，土地沙漠化及水土流失使土地产能不断下降，资源环境承载能力低。内蒙古中度以上生态脆弱区域占国土面积的 62.5%，其中，重度和极重度占 36.7%，森林覆盖率低于全国平均水平，草原退化、沙化、盐渍化面积近 70%，天然湿地大面积萎缩。在全国主体功能区规划中，限制开发和禁止开发地区所占比例较高，例如，青海省境内三江源地区是黄河、长江和澜沧江的发源地，是我国重要生态功能保护区。海南省森林覆盖率为 55.38%，森林生态系统稳定且生物多样性丰富，但生态区域相对较小且相对独立，生态系统一旦破坏，恢复难度很大，而且热带气旋、雷暴、暴雨等自然灾害频发，热带气旋与暴雨引发的洪水是主要自然灾害类型，严重威胁居民的生命和财产安全，因此，生态环境比较脆弱。

（2）经济社会发展模式有待转型，资源环境压力较大。

生态优势型的共同特点是经济社会发展水平不高，因其生态环境脆弱性，以及生态补偿制度的缺失，资源环境优势往往不能转换成经济优势，资源的开发利用并没有给当地居民带来经济上的收益，贫困人口并没有减少，“富有的贫困”现象突出，如内蒙古、新疆、青海三地，而贫困的后果是加大向生态环境的粗放式索取，导致原本脆弱的环境问题更加突出。以内蒙古为例，内蒙古的产业结构以煤炭、电力、煤化工等能源资源型为主，对资源的依赖性强，而且资源的开发利用粗放、低效，经济社会发展的需求加大了对资源环境的压力。

海南省与生态优势型的其他四个地区依赖资源发展略有不同，海南省的第三产业产值占比54.3%，第一、第二产业产值比重相当，依托独特的海岛生态环境优势而发展旅游业，其发展中的主要问题是城乡“二元”经济结构特征明显，农业设施和农村公共设施较落后，城乡居民收入差距大，城镇化率较低，东部、西部和中部地区发展不均衡，中部山区、少数民族地区生活水平较低。

因此，生态优势型五个区域的经济社会发展模式有待转型，除海南外的四个资源型区域应改变粗放低效的发展模式，提高绿色生产技术和循环利用技术，集约利用自然资源，协调经济社会发展与生态环境的关系，提升生态文明建设水平。

6. 经济社会滞后型人地系统特征分析

经济社会滞后型是指经济社会发展水平靠后，处于全国第三等级或第四等级，生态环境位于第二等级，但生态环境优势不如生态优势型区域突出，生态文明建设水平因经济社会滞后、生态环境优势不突出而在全国排名靠后。属于该类型的地区包括广西、云南、贵州、甘肃和宁夏五个省区，其人地系统特征如下。

（1）经济社会发展水平较低，容易形成生态贫困。

2016年广西、云南、贵州、甘肃和宁夏五省区人均GDP分别是38027元、31093元、33246元、27643元、47194元，均低于全国平均水平（53980元），在产业结构方面（见图6－11），甘肃第三产业比重与全国相当，其他四省区第三产业比重均低于全国平均水平；高新技术产业比重五省区中广西最高为6%，贵州次之占4.8%，其余三个省区都在2%左右，高新技术产业比重过低，经济发展水平和人力资本限制是主要原因。从经济效率比较，五省区第三产业劳动生产率均低于全国平均水平，云南、甘肃和宁夏第一产业劳动生产率低于全国，第二产业劳动生产率除宁夏外其余四省区均低于全国。生态经济方面，云南、贵州、甘肃和宁夏万元GDP能耗、万元GDP二氧化硫排放量和万元GDP化学需氧量排放量均高于全国平均水平，宁夏二氧化硫排放总量23.69万吨，总量相对不高，但万元GDP二氧化硫排放量是全国的3.54倍、万元GDP能耗是全国的2.35倍，是全国最低的北京的6.39倍，万元GDP化学需氧量排放量是全国的2.31倍，反映了经济社会滞后型省份经济发展模式比较粗放，经济效率低下。此外，2016年宁夏人均能源消费量8.01吨标准煤，是全国的2.16倍，是全国人均能源消费量最低省份江西（1.84吨标准煤）的4.35倍，其他省份区低于全国平均水平，这与宁夏煤炭、电力热力、有色金属冶炼等重点用能企业的节能减排技术低下、能源消费结构以煤炭为主的单一结构，再加上工业化和城镇化对能源消耗强度不断增加有关，因此，宁夏亟须发展低碳经济、循环经济、绿色经济以便降低能耗、减少排放，并加强监控和治理等方面制度建设。

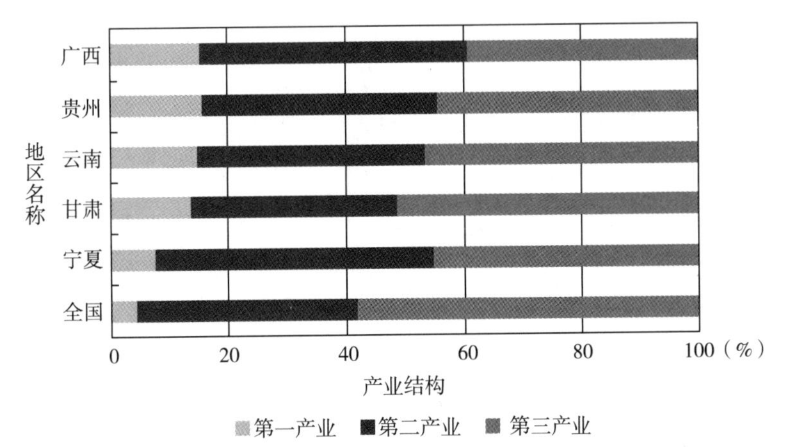

图6-11　2016年全国及经济社会滞后型五个省区产业结构比较

社会进步方面，五省区城镇居民人均可支配收入、农村居民人均纯收入均低于全国平均水平，在全国排名靠后，甘肃农村居民人均纯收入、城镇居民收入都是全国最低，仅为全国平均水平的一半左右，农村人均收入不及最高省份上海的1/3，城镇居民收入不及上海市的一半。实验与发展人员全时当量以及实验与发展经费占GDP比重都在全国最低行列。

经济社会发展水平低下，居民的生活水平不高，生态意识不强，往往会加剧向生态环境的索取，造成生态贫困与经济贫穷相伴相生的局面。在我国，连片贫困区也往往与生态脆弱区和重点生态功能区在空间上重叠。2016年我国有7017万贫困人口，其中广西、贵州和云南三地的贫困人口均超过500万，云南有67个贫困县，仅次于贫困县最多的西藏，贵州、甘肃、广西分别有50个、43个、27个贫困县，宁夏有8个贫困县，这些区域同时也是生态贫困区，因为居民生活水平低，需求层次处在生存需求、物质需求阶段，迫切需要发展经济，对环境质量要求不高，甚至进行掠夺式开发和利用，导致生态环境的退化，最终陷入生态贫困的怪圈（见图6－12）。

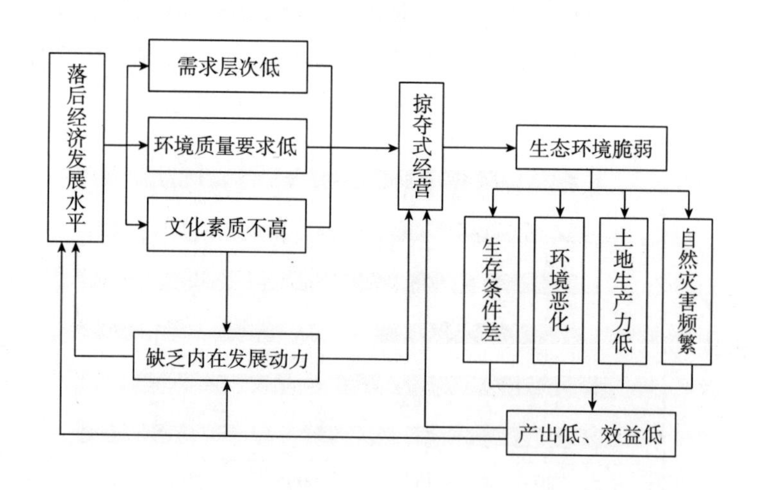

图6－12　经济社会发展水平低下生态贫困的形成机理

（2）生态环境较脆弱，人口资源环境压力大。

经济贫穷与生态贫困的局面相伴出现，导致区域生态环境脆弱，人口与资源环境压力大。甘肃和宁夏因为地理和历史因素，干旱少雨、严重缺水，难以发展相关产业，再加上历史上由于生态意识薄弱造成的环保欠账问题，生态环境极其脆弱。宁夏是我国西部重要的生态屏障，在国家生态安全战略中具有重要地位。86%的地域年降水量在300毫米以下，北、西、东三面分别被乌兰布和沙漠、腾格里沙漠和毛乌素沙地包围，水资源短缺、水土流失严重、土地沙化、森林覆盖率低且抗逆性差、湿地生态功能退化、土地盐渍化，生态环境脆弱。耕地质量不高产量低且后备耕地资源不足。宁夏、甘肃人均水资源量分别为142.96立方米、646.65立方米，约是全国平均水平的1/16、1/4，水资源严重匮乏，一方面是由于气候条件比较干旱，另一方面是工业化、城市化对水资源的需求加大且水资源利用率不高、水污染现象严重。人均森林面积宁夏、甘肃分别是全国平均水平的3/5、1/3左右，生物多样性较少，水土流失严重，使本就脆弱的生态环境更加恶化，再加上燃煤为主的能源结构以及经济发展模式的粗放性，向环境排放的废弃物多，甘肃省2016年工业二氧化硫排放达标率、工业废水排放达标率在全国垫底，资源环境承载能力不断下降，人地矛盾更突出。

云南、贵州、广西三个省区石漠化片区、重要生态功能区和水电矿产等资源开发区在空间上重叠，区域开发与生态保护的矛盾尖锐。广西岩溶面积占全区面积的35%，石漠化面积占广西土地面积的1/10，森林覆盖率为56.51%，在全国居前列，但森林结构单一、质量不高，海洋生态系统受到威胁，部分地区外来物种入侵。云南和贵州同属云贵高原地形区，属典型的高原喀斯特地貌，居民的过度垦殖、陡坡开垦，雨季时地表径流对坡面的侵蚀作用强烈，水土流失严重，土地石漠化现象严重。两省人均水资源量和人均耕地面积均高于全国平均水平，云南的人均森林面积和森林覆盖率居全国前列，生态环境良好、生物多样性丰富，是我国西南的生态安全屏障，但生态系统比较脆弱，干旱、地震等自然灾害频发，农业农村面源污染问题突出，局部地区生态安全面临风险，资源环境约束趋紧。

7. 经济—生态环境滞后型人地系统特征分析

经济—生态环境滞后型是指经济发展水平和生态环境同时落后，社会进步与全国平均水平相当，生态文明建设水平在全国位于第三等级或第四等级，属于该类型的地区包括河北、河南、山西三个省份，其人地系统特征如下。

（1）经济发展模式粗放，产业结构不合理。

2016 年河北、山西万元 GDP 能耗分别是 0.917 吨标准煤、1.485 吨标准煤，均高于全国平均水平（0.7275 吨标准煤），山西万元 GDP 二氧化硫排放量是全国平均水平的 2.49 倍，万元 GDP 化学需氧量排放量是全国的 1.06 倍。三省均属二氧化硫排放高值区域，二氧化硫是造成大气污染、酸雨形成的主要原因，2016 年山西 13 个酸雨站年平均降水 pH 为 5.53，弱酸雨等级。山西、河南三次产业劳动生产率均低于全国。从山西的资源要素空间组成特征来看，淡水、耕地、森林、草场、矿产和能源六大资源环境要素中，矿产和能源两类资源占了整个要素综合评价比重的 84.3%，煤炭资源开采引发的生态问题严重，再加上历史遗留的区域生态环境问题突出，区域资源开发、城市建设与生态环境冲突严重。河北虽然是东部地区，且作为京津冀协同发展的一部分，被纳入国家战略，但与京津的产业结构、生态环境、城乡面貌差距大，经济发展模式粗放，处在“东部区位、中部水平”的尴尬位置。应借由京津冀协同发展战略打造全国现代物流商贸基地，借此提高产业结构层次并转变经济发展模式。

产业结构方面，河北、河南是“二三一”模式，山西是“三二一”模式，但高新技术产业比重都不高。2016 年河北、山西和河南第三产业贡献率分别是 41.5%、55.5% 和 41.8%，传统产业特别是能源原材料产业比重大。山西规模以上工业增加值构成中，重工业占 92.2%，产业结构重工业偏重、污染物排放量偏大。河北、河南三产比重分别是 10.9：47.6：41.5 和 10.6：47.6：41.8，工业内部以高耗能、高污染的重工业为主，河北是钢铁大省，钢铁产业对资源依赖度较高且发展粗放，另外，玻璃产业能源消耗和污染排放也较大。河北、山西和河南三省高新技术产业比重分别是 5%、4% 和 9.5%，共同特点是知识密集型产业比重偏低，起步较晚。河南是人口大省，但人口素质整体不高，造成就业结构不合理，2016 年河南三次产业从业人员构成比为 38. 4∶30. 6∶31. 0，全国三次产业平均就业结构为 27. 7∶28. 8∶43. 5，第一产业存在大量剩余劳动力，第二产业对就业的带动作用不强，第三产业对劳动力吸纳不足，导致就业结构和产业结构有很大偏差，三省产业结构有待进一步优化与调整，经济和生态环境协调程度有待提高。

（2）人均资源优势不突出，环境质量状况堪忧。

2016 年河北、山西和河南三省人均水资源量分别是 279. 7 立方米、365. 1 立方米和 354. 8 立方米，都属于极度缺水区域。2016 年人均耕地面积河北、山西和河南三省分别是 0. 087 公顷、0. 11 公顷和 0. 085 公顷，均低于全国平均水平（0. 114 公顷），人均森林面积分别是 0. 059 公顷、0. 077 公顷和 0. 038 公顷，是全国平均水平的 1/3、2/5 和 1/5。山西省煤炭资源基础储量 916. 19 亿吨，占全国总储量的 36. 76%，居全国第一位，且规模大、埋藏浅、煤种齐全，但燃煤取电消耗大量水资源，而山西属于极度缺水区域，水资源匮乏制约了煤炭经济的发展，资源型经济发展不足、结构不优、效益不高等困局有待破解。全省多数城市属于因煤而兴的资源型城市，形成了污染企业群与人口密集区共存的特有城镇化模式，随着城镇化快速推进，污染物在时间上的累积和区域空间上的复合效应更加明显。河北石油储量丰富，占全国总储量的 7. 6%，居全国第六位。河北、山西和河南湿地面积占比分别是 5. 04%、0. 97% 和 3. 76%，低于全国平均水平 9. 23%。污染排放方面，废水中化学需氧量排放量高，三地分别是 41. 12 万吨、22. 71 万吨、46. 43 万吨，三地化学需氧量排放量占全国的 10. 54%。废气中二氧化硫排放量三地占全国的 17. 13%；一般工业固体废物产生量三地占全国的 24. 69%，环境污染治理和生态治理难度大、投资多。2016 年河北、山西和河南三省工业污染治理投资分别是 248465 万元、300742 万元和 651538 万元，占全国的 14. 7%。

总之，经济—生态环境滞后型地区人均水资源、耕地资源、森林资源等优势不突出，虽然能源资源储量丰富，但带来了大气污染、水污染、土壤污染等一系列环境问题和资源开发引起的生态问题，增加了环境污染治理和生态修复成本，改善环境质量的边际效益下降，导致影响公众健康、社会稳定的环境突发事件风险不断加大。

（三）七大生态文明建设类型规律总结

根据以上生态文明建设水平的评价和时空格局分析，可以得出以下规律：

一是均衡发展型和经济社会发达型集中于东部，东部生态文明建设领先，但生态环境相对落后。均衡发展型和经济社会发达型都位于东部地区，生态文明建设水平居全国前列，且与其他省份差距有拉大趋势。均衡发展型的重心偏南，属于东南沿海地区，由于经济以外向型为主且人力资本水平较高，经济社会发展水平较高，生态文明建设水平总体较高。经济社会发达型三个直辖市的生态环境，相对于均衡发展型人均资源量明显不足，尤其是人均水资源量和人均耕地面积，所以，这里的“均衡”“发达”都是相对其他省份而言的，均衡发展型和经济社会发达型共七个省份某些二级指标仍有短板，存在较大的提升空间。由于地理位置接近，人力资本、科技创新能力、基础设施等发展条件相似，均衡发展型和经济社会发达型七个省份的生态文明建设可以相互借鉴，经济社会发达型可以通过城市职能分散转移人口、提高资源能源利用率等方式不断提高人均资源拥有量、减少资源环境压力，补齐短板从而逐步达到均衡发展；均衡发展型省份可能在某一时期某些方面的工作不到位，而导致生态文明建设的某些指标排名靠后，进而转向其他类型，例如人均用水、用电、用能等消费水平太高，绿色消费指标下降。总体上，均衡发展型和经济社会发达型省份容易相互转换。

东部地区中河北属于经济—生态环境双滞后型，生态文明建设情况是“东部区位、中部水平”，经济发展和生态环境的协调有待推进，“发展和治理”的双重矛盾亟须解决；山东为生态环境滞后型，山东是人口大省且生态环境较脆弱，人均资源量严重不足，控制人口增长并提高资源环境承载能力是关键。东部的海南为生态优势型，建设国际旅游岛是其生态文明建设的抓手和契机。东部地区的河北、山东两

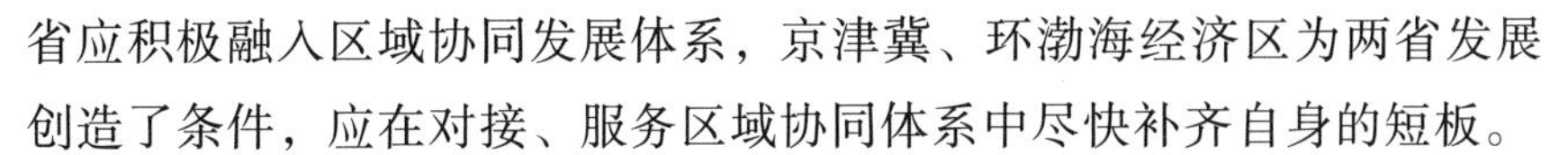

省应积极融入区域协同发展体系，京津冀、环渤海经济区为两省发展创造了条件，应在对接、服务区域协同体系中尽快补齐自身的短板。

二是生态环境优势型和经济社会滞后型外围化，西北部生态文明建设屏障作用突出。生态优势型主要集中于西部、北部地区，也包括东北的黑龙江。这些省份自身资源较丰富、位于“胡焕庸线”西北侧人口密度小，且国家重点生态功能区分布面积大，开发力度不大，具有较为明显的生态或环境优势，生态环境优势型分布外围化，为国家生态文明建设提供了生态安全屏障；同时，也提高了全国的环境容量库存，对国家生态安全具有重要意义。

经济社会滞后型和生态环境优势型可以相互转换，比如云南、贵州、广西三地，空气、水等环境质量相对东、中部某些省份较好，但这三个地区的重点生态功能区相对于生态优势型占比较少，农产品开发区和重点开发区面积占比大，经济、社会发展水平是其短板，提高经济、社会发展水平将有利于提高整体生态文明建设水平。同样，生态优势型的经济社会发展水平也比较滞后，经济贫穷、居民收入低、生活质量不高容易导致生态贫困，因此，这两类区域应该在保持生态优势的基础上，有序提高经济社会发展水平，生态补偿是可行路径。

三是生态环境滞后型和经济—生态环境滞后型地区重心偏北，相对均衡型地区分布在中部，中北部生态文明建设亟待崛起。经济—生态环境滞后型的河北、河南和山西三省，生态环境滞后型的山东，重心偏北。这些地区经济发展效率较低、人口过多、资源环境承载能力弱、经济和生态环境协调发展能力有待提升。相对均衡型主要分布在国土中部，也包括东北的吉林、辽宁，生态文明建设水平低于均衡发展型和经济社会发达型地区，在全国居中等靠前位置，没有明显的劣势，但也没有显著的长板，经济社会发展、生态环境总体比较均衡，整体优势不明显，有些省份的某些领域还相对落后，如陕西省经济社会发展水平都相对落后。北部经济—生态环境滞后型与中部相对均衡型一起成为中国生态文明建设的凹点，综合发展动力和活力不足、生态文明建设的特色发展不明显，亟待崛起。

第三节 中国省域人地系统优化状态评价与分析

根据前面章节投入产出视角下人地系统优化分析可知，人地系统优化是一个动态过程，其实质就是以较少的自然资源消耗和较低的废弃物排放获取较大的经济发展和社会福利，推动经济过程的生态转型。换句话说，人地系统优化的过程就是单位资源投入下期望产出不断增大的过程。建立人地系统优化的投入产出指标体系，可运用 DEA 模型评价人地系统优化的状态。

一 基于投入产出视角的人地系统优化评价

根据前面章节分析，可从投入—产出视角构建人地系统优化的评价指标体系。

（一）评价指标体系

人地系统中投入要素包括水、土地和能源等自然资源，产出包括经济发展、社会福利和废弃物排放，社会福利以联合国人类发展指数（人均收入、人均预期寿命和人均教育水平）来衡量，人地系统评价指标体系如表 6 - 8 所示。

表 6 - 8 人地系统优化的投入产出指标体系构建

指标类别	类型	具体指标
投入指标	自然资源要素	用水总量（亿立方米）
		建设用地面积（万公顷）
		能源消费总量（万吨标准煤）
产出指标	经济产出	GDP（亿元）
	社会福利	人类发展指数
	污染排放	二氧化硫排放量（万吨）
		化学需氧量排放量（万吨）
		固体废弃物排放量（万吨）

（二）研究方法

DEA 方法不需赋权，也无须对数据进行量纲处理，其在效率计算中被广泛应用。研究选用 DEA－SBM 来测度人地系统优化的效率值。SBM 是非径向距离函数模型，采用比例有效增加决策（DMU）单元作为投入变量，计算出有效效率值，并将决策单元增加其投入而保持相对有效性的最大比值作为其新效率 θ。假设有 n 个省级行政单位，每个单位为一个决策单元，m、r 为投入、产出指标个数，计算公式如下：

$$\min\theta$$

$$\text{s.t.}\begin{cases}\sum_{j=1}^{n} X_{(i,j)}\lambda_j + s_i^- = \theta X_j\ ,\ i=1,\ 2,\ \cdots,\ n\\ \sum_{j=1}^{n} Y_{(k,j)}\lambda_j - s_k^+ = Y_j\ ,\ k=1,\ 2,\ \cdots,\ r\\ \lambda_j \geqslant 0,\ j=1,\ 2,\ \cdots,\ n\\ s_i^- \geqslant 0,\ s_k^+ \geqslant 0\end{cases}$$

式中，s_k^+ 为输入超量，s_i^- 为输出亏量，λ_j 为计算权重系数；若 $\theta<1$，且 $s_k^+\neq0$，表示相同投入下产出过少应增加输出；若 $s_i^-\neq0$，说明相同产出下投入过多应减少输入；若 $\theta=1$，且 $s_k^+\neq0$ 或 $s_i^-\neq0$，说明仍需调整投入或产出结构，可以不缩减输出为条件，减少输入，或不增加输入为条件，扩大输出。若 $\theta=1$，且 $s_k^+=0$ 或 $s_i^-=0$，决策单元 DEA 有效。

（三）数据来源

自然资源要素、社会经济要素和经济产出指标主要来源于 2000—2016 年《中国统计年鉴》，个别来自专业统计年鉴，例如实验与发展人员全时当量数据来自《全国科技经费投入统计公报》。污染排放数据来自《中国统计年鉴》、各省份的环境公报以及《中国能源统计年鉴》。人类发展指数这个指标由人均收入、人均预期寿命和人均教育水平三个指数构成，将三个指数分别做标准化处理，然后按照权重各占 1/3，加权得到各地区的人类发展指数。

二　人地系统优化状态的评价结果分析

以中国大陆30个省域（西藏除外）为DMU，以DEA－SOLVER Pro 5.0软件为运行平台，选用SBM Oriented（SBM－O－C）模型，对四个时间断面2000年、2005年、2010年和2016年的效率值进行计算，并按照30个省域四个年份效率值的平均值由高到低排序，如表6－9所示。

表6－9　2000年、2005年、2010年和2016年中国30个省域人地系统优化效率值

地区	2000年	2005年	2010年	2016年	地区	2000年	2005年	2010年	2016年
上海	0.07	0.20	0.61	1.00	河南	0.02	0.04	0.10	0.27
北京	0.06	0.18	0.52	1.00	四川	0.01	0.02	0.08	0.27
广东	0.13	0.19	0.36	1.00	黑龙江	0.03	0.04	0.10	0.20
天津	0.03	0.07	0.36	1.00	辽宁	0.01	0.02	0.08	0.23
海南	0.13	0.18	0.35	0.53	广西	0.01	0.02	0.06	0.24
江苏	0.07	0.10	0.28	0.72	陕西	0.01	0.02	0.090	0.20
浙江	0.08	0.13	0.29	0.59	河北	0.01	0.02	0.06	0.14
福建	0.07	0.08	0.21	0.52	云南	0.01	0.02	0.06	0.12
山东	0.03	0.05	0.14	0.38	贵州	0.00	0.01	0.06	0.11
湖南	0.03	0.04	0.12	0.36	内蒙古	0.01	0.01	0.05	0.10
湖北	0.02	0.04	0.12	0.36	山西	0.00	0.01	0.04	0.09
重庆	0.02	0.04	0.10	0.36	甘肃	0.01	0.01	0.05	0.07
安徽	0.02	0.04	0.13	0.30	新疆	0.02	0.02	0.04	0.04
吉林	0.02	0.03	0.11	0.30	青海	0.02	0.01	0.02	0.04
江西	0.02	0.03	0.12	0.26	宁夏	0.00	0.00	0.01	0.03

根据表6－9人地系统优化效率值的计算结果，运用ArcGIS 10.2软件，采用自然间断点分级法（Jenks）分别将四个年份的人地系统优化效率值分成四个等级。结合表6－9可以看出，全国层面人地系统优化的效率平均值呈不断增加趋势，从2000年的0.03增长到2016年的0.36。分区域看，东部经济发达地区的效率值最高，西部经济欠

发达地区效率值最低。北京、上海、天津、江苏、浙江、广东和海南等地效率值领先，2016年上海、北京、广东和天津四地的效率值达到1.00，表明这四地相对于其他地区单位资源能源消耗下的产出较高。甘肃、新疆、青海和宁夏等西部地区效率值排名靠后，虽然效率值也在缓慢提高，但与其他地区相比差距大，以上海和宁夏为例，给定同样投入的情况下，宁夏的产出应该在现有基础上提高3倍，才能达到上海的效率水平，说明效率落后地区的发展潜力较大，经济发展方式比较粗放，需要通过技术创新提高资源、能源利用效率，增加单位资源能源投入下的经济产出和社会福利。另外，效率值是一个相对值，达到1.00并不意味着没有提升的空间了，例如北京2016年效率值是1.00，但人均水资源严重缺乏、大气质量状况堪忧等问题仍存在，需在环境管理、科技创新等方面进一步完善，此外，区域的协同治理也很关键，因为污染物会扩散转移，区际间应加强人地系统优化的合作与交流。

（一）区域差异指数分析

为反映2000年、2005年、2010年和2016年人地系统优化效率值的空间差异，分别计算30个省份的基尼系数、变异系数和泰尔指数，结果如表6-10所示。根据人地系统优化的差异指数表可以看出，基尼系数取值在0.40—0.50，比生态文明建设水平的基尼系数大得多（0.07—0.08），表明人地系统优化的地区差异较大。基尼系数与变异系数、泰尔指数的变化趋势一致，2005年小幅上升后呈下降趋势，总体上，虽然差异呈减小趋势，但区域差异依然较大。不同主体功能区划导致地区间开发利用的范围、强度和作用方式不一，发展程度各异，处在不同发展阶段的地区在资源开发利用效率、经济发展水平、社会福祉、生态环境意识和保护等方面存在较大差距，但随着国家均衡发展相关战略的制定和实施，地区间差异呈缩小趋势，为进一步反映区域差异的空间分布，运用四个年份的趋势面分析来直观体现。

表 6-10　　中国人地系统优化的效率值差异指数

人地系统优化效率值	2000 年	2005 年	2010 年	2016 年
基尼系数	0. 50	0. 51	0. 47	0. 40
变异系数	1. 04	1. 04	0. 95	0. 83
泰尔指数	0. 19	0. 19	0. 16	0. 14

（二）趋势面分析

根据趋势面分析图（见图 6-13）（Y 指向北，X 指向东）可看出，整体上，2000—2016 年东西方向人地系统优化的效率值呈扩大趋势，而南北方向的差距呈缩小趋势。东部、南部地区人地系统优化的效率值最高，西部、北部地区相对较低。东南沿海地区经济发展水平较高，技术、资金、人力资本等社会经济要素条件优越，而且公众对生态环保的意识和要求较高，对自然资源利用效率高，污染排放少，单位自然资源投入下的产出高，而西部、北部地区是我国重要的生态

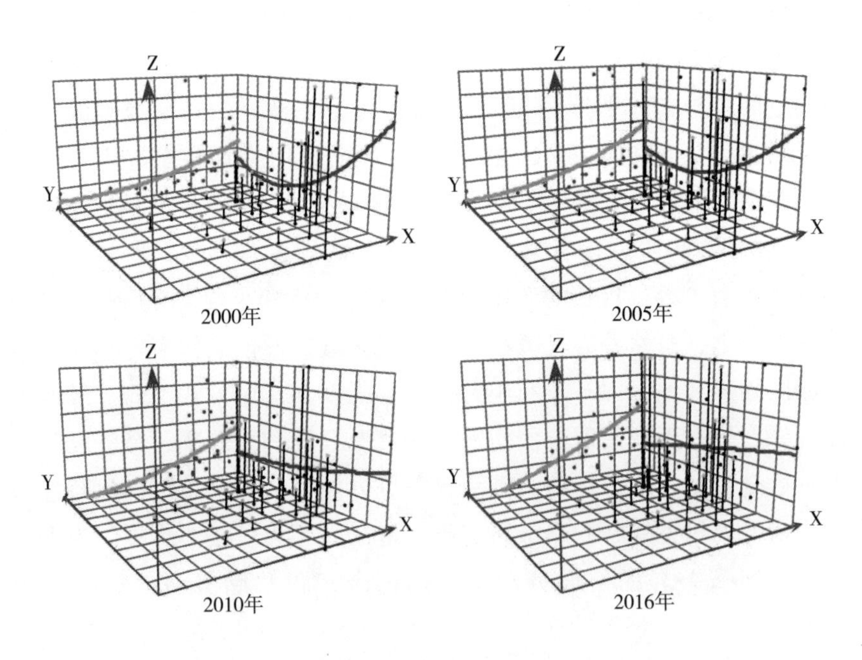

图 6-13　2000 年、2005 年、2010 年和 2016 年中国人地系统优化的趋势面

安全屏障也是资源能源丰富地区，生态功能的提供和维系以及生态环境的脆弱性，使其资源开发利用的规模要适度，经济发展缓慢，因而效率值较低。2000 年，南北方向的差距最大，中部地区是凹点区域，之后中部地区发展较快，2016 年与南北方向其他地区的差距缩小，不再是凹点。东部地区人地系统优化的效率值迅速提高，与西部、中部地区的差距在不断拉大，但由于南北方向的差距在不断缩小，从上面的差异指数分析可以看出，总体的人地系统优化效率值仍然在缩小。

（三）空间关联分析

进一步研究中国人地系统优化的空间积聚格局，通过全局空间自相关分析，计算出 Moran’s 指数均大于 0，且 P 值小于 0.01，说明存在显著的空间集聚效应，运用热点分析得到中国人地系统优化的冷热点分布图。从图中可以看出，中国省域人地系统优化呈现出一定的空间集聚，热点区域重心在东南部，冷点区域重心偏西北部。2000—2016 年，安徽、浙江、福建三地始终是热点区域，即高高类聚集区，本区域和周边省份的人地系统优化效率值相对较高，青海、甘肃和四川三地始终是冷点区域，即低低类聚集区，本省域和相邻省份的人地系统优化效率值较低。热点区域 2016 年相比 2000 年重心由南移向北，南北方向差距在缩小。而冷点区域的重心有向西、向北移动的趋势，东西方向差距在扩大。2016 年次热点区域相比次冷点区域位置靠东，相比 2000 年格局变化较大，而且集聚态势更加明显，总体上，热点向冷点过渡呈现由东南向西北的趋势。

第四节　中国省域生态文明建设与人地系统优化的协同发展度分析

人地系统优化是一个动态发展的过程，实质就是以较少的自然消耗获取较大的经济、社会福利，这与生态文明建设的目标是一致的。通过人地系统优化这个“因”达成生态文明建设这个“果”。理论上人地系统优化的投入产出效率值越高，生态文明建设水平就越高，从二者的评价结果看，有相近的时间演化趋势和空间分布格局。通过复合系统协同度的计算，可以定量地验证生态文明建设和人地系统优化的过程协同结果，但是两个复杂巨系统的协同过程十分复杂，而且人地系统本身存在巨大地域差异，在该巨大差异基础上的优化发展水平决定了生态文明建设的水平，即使协同度在不断提高，但区域类型差异仍然悬殊。因此，在协同度分析的基础上也要关注两个分系统，尤其是不同生态文明建设类型区域的人地系统优化。实质上，不同人地系统的优化内容也是不同区域生态文明建设的任务指向，这也是两者协同上升的过程。

一　研究方法

生态文明建设和人地系统优化二者有着显著的协同机理，两个分系统通过耦合协同作用形成一个复杂的、非线性的开放的巨系统。本部分采用复合系统协同度模型，来分析二者的协同发展度，模型如下①：

$$DTS = \theta^{n}\sqrt{\prod_{i=1}^{n} \left| D_j^1(x_i) - D_i^0(x_i) \right|}$$

$$\theta = \frac{\min[D_i^1(x_i) - D_i^0(x_i) \neq 0]}{\left| \min[D_i^1(x_i) - D_i^0(x_i) \neq 0] \right|}$$

式中，*DTS* 代表生态文明建设和人地系统优化的复合系统协同度，DTS∈［-1，1］，值越接近于1，说明协同发展水平越高，反之越低。D_i^1（x_i）代表第 t_1 时刻的值，D_i^0（x_i）代表第 t_0 时刻的值。n 代表分系统的个数，研究中涉及生态文明建设水平和人地系统优化效率两个分系统，因此，$n=2$。θ 取值为 -1 或 1。由于生态文明建设水平的投影值大于1，将其投影值标准化后再与人地系统优化的效率值做协同发展度分析。

二　省域生态文明建设和人地系统优化的协同发展分析

运用复合系统协同度模型，2005 年、2010 年和 2016 年分别和

① 邹卓君、郑伯红：《高铁站区与城郊产业园区协同发展研究——以京沪、京广高铁沿线城市为例》，《经济地理》2017 年第 3 期。

2000年的生态文明建设水平、人地系统优化效率做协同度计算，按三年协同度平均值由高到低顺序排列，得到表6-11。为了更清楚地比较各省域的发展阶段，根据方创琳团队的关于城市群协同发展度的研究成果，将协同度划分为八个不同等级（见表6-12）。

表6-11　2005年、2010年和2016年相比2000年协同度结果

地区	2005年	2010年	2016年	地区	2005年	2010年	2016年
上海	0.15	0.54	0.78	陕西	0.05	0.18	0.31
北京	0.16	0.40	0.75	四川	0.04	0.13	0.32
广东	0.09	0.32	0.71	广西	0.03	0.13	0.32
天津	0.07	0.34	0.63	河南	0.03	0.14	0.30
江苏	0.06	0.28	0.63	辽宁	0.03	0.14	0.26
浙江	0.07	0.26	0.53	内蒙古	0.01	0.16	0.23
海南	0.11	0.30	0.42	贵州	0.03	0.13	0.22
福建	0.03	0.21	0.44	河北	0.03	0.13	0.22
山东	0.04	0.19	0.41	黑龙江	0.02	0.13	0.22
重庆	0.05	0.17	0.42	云南	0.03	0.12	0.21
湖南	0.03	0.18	0.41	山西	0.02	0.11	0.19
湖北	0.04	0.18	0.38	甘肃	0.02	0.10	0.15
吉林	0.04	0.17	0.35	新疆	0.02	0.07	0.08
安徽	0.04	0.16	0.35	宁夏	0.00	0.06	0.10
江西	0.04	0.18	0.34	青海	0.02	0.04	0.09

表6-12　协同度等级划分①

协同度（%）	协同等级	协同度（%）	协同等级
0—10	原始协同	40—50	中级协同
10—20	初级协同	50—70	中高级协同
20—30	低级协同	70—85	高级协同
30—40	中低级协同	85—100	顶级协同

① 方创琳：《京津冀城市群协同发展的理论基础与规律性分析》，《地理科学进展》2017年第1期。

（一）时序特征分析

根据三个年份协同度结果可以看出，中国 30 个省域协同度均逐步提高，三个年份协同度平均值分别约 0. 05、0. 19 和 0. 36，由原始协同到初级协同进而到中低级协同，说明中国生态文明建设和人地系统优化朝着协同方向演进，这与生态文明建设在中国自上而下的推行有关，“两型”社会建设、新型城镇化和生态文明先行示范区等战略决策的实施，促进了经济结构、消费结构不断优化，从而使我国迈向了经济发展、社会进步和生态环境整体最优的方向。各省份协同演进的速度不一，2005—2016 年宁夏协同度上升幅度最大，由 2005 年的 0. 00 上升至 2016 年的 0. 10，提高了约 51 倍，但 2016 年协同度水平仍然较低，处在初级协同的早期。海南协同度上升幅度最小，由 2005 年的 0. 11 增长到 2016 年的 0. 42，由初级协同发展成中级协同。同时，2005—2016 年省份之间的差距有缩小趋势，2005 年协同度最高的北京（0. 16）是最低的宁夏（0. 00）的 82 倍，2010 年协同度最高的上海（0. 54）是最低的青海（0. 04）14 倍，2016 年最高的仍是上海，协同度为 0. 78，是最低的新疆 0. 08 的 9 倍多，这与前面分析生态文明建设水平、人地系统优化的差距都呈缩小趋势是吻合的，尽管差距在缩小，但地域差距仍然较大。2016 年中级协同以上省份（协同度 0. 40 以上）占 11 个，有 19 个省市区仍处在中低级协同及以下，其中初级协同及以下省市区有 5 个。面对公众日益增长的对良好生态环境的需求，仍需以人地系统优化为路径，促使其与生态文明建设走向更高等级的协同，迈向顶级协同的方向。顶级协同将是生态文明实现的时刻，这是一个长期的、艰巨的任务，人地系统地域差异大的现实基础决定了生态文明建设的复杂性和阶段性。

（二）空间差异分析

分别从区域差异指数、趋势面分析和空间格局三个方面来分析协同度的空间差异，并与前面不同生态文明建设类型区域做比较。

1. 区域差异指数

计算 2005 年、2010 年和 2016 年生态文明建设和人地系统优化的协同度的区域差异指数（见表 6 – 13），从表 6 – 13 可以看出，变异系数、基尼系数和泰尔指数变化趋势一致，都呈缩小趋势，说明省域层面协同度的空间差异在缩小，从基尼系数的值看，介于0.29—0.38，比人地系统优化效率值的差异小（0.40—0.50），比生态文明建设水平的差异大（0.07—0.08），但二者差异都呈缩小趋势，这反映了随着2003年党的十六届三中全会提出统筹城乡发展、统筹区域发展、统筹经济社会发展、统筹人与自然和谐发展、统筹国内发展和对外开放“五个统筹”为核心的科学发展观战略的制定，以及国家精准扶贫、义务教育均衡发展、生态补偿等具体措施的实施。中国正朝均衡发展的方向前进，包括城乡之间的均衡、发达地区和欠发达地区间的均衡，以及政府和市场的均衡。事实证明，均衡发展策略是中国经济成功发展的正确战略，也将促使生态文明建设和人地系统优化的协同度差异不断缩小，使它们整体迈上一个新台阶。为进一步科学反映协同度在地域空间分布上的差异，采用趋势面分析的方法来直观显示。

表6-13　2005年、2010年和2016年相比2000年协同度的区域差异指数

协同度	2005年	2010年	2016年
变异系数	0.79	0.56	0.52
基尼系数	0.38	0.29	0.29
泰尔指数	0.11	0.06	0.06

2. 趋势面分析

运用ArcGIS软件下的地理空间分析命令（Geostatistical Analyst），得到2005年、2010年和2016年协同度的趋势面（见图6-14）（图中Y代表北，X代表东）。从图6-14可以看出，东西方向差异大于南北方向差异，且2005—2016年东西地区差异逐步扩大，东部地区始终领先，南北差异呈缩小趋势，南部地区高于北部，结合区域差异指数，协同度的空间差异整体在缩小。中部地区崛起较快，由2005年协同度的凹点区域发展成2016年的凸点区域，2005年中部六省的生态文明建设和人地系统优化都是原始协同状态，2010 年都达到初级协同，2016 年湖北、湖南、江西和安徽都达到中级协同，河南达到中低级协同，除山西外，其余五省都得到较大程度提高。

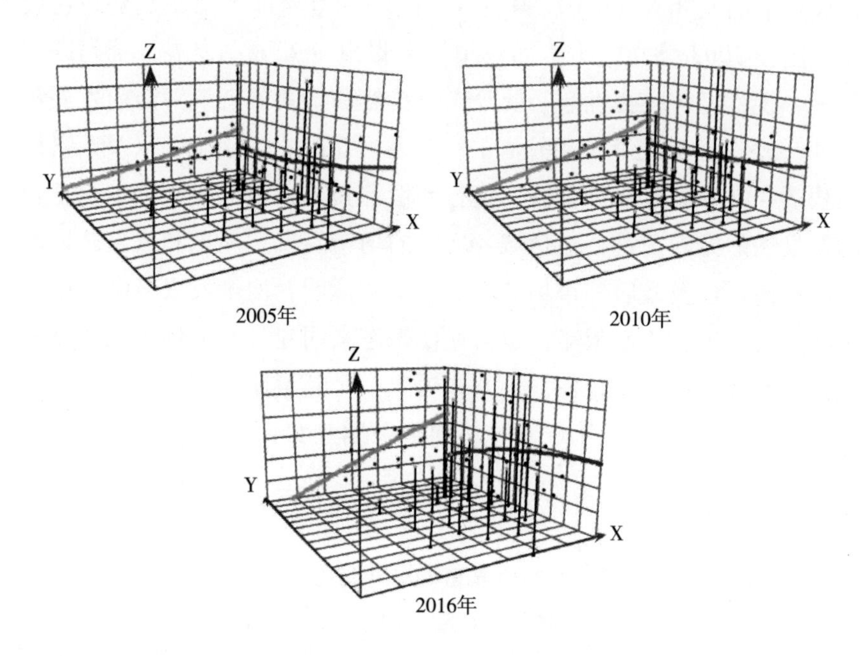

图 6－14　2005 年、2010 年和 2016 年协同度的趋势面

3. 空间格局分析

根据表 6－12 的协同度等级划分，将 2016 年中国省域生态文明建设和人地系统优化的协同度借助 ArcGIS 软件呈现出来。总体上看，东部地区协同度最高，除河北外，都处在中级协同及以上状态；西部地区协同度最低，重庆协同度最高，是中级协同状态，其他地区都在中低级协同及以下；中部地区湖南协同度最高是中级协同；东北地区吉林最高是中低级协同。

2016 年上海、北京、广东三地达到高级协同状态，即生态文明建设和人地系统优化协同发展程度较高。三地人地系统优化的效率值居全国前列，同时，生态文明建设水平也处于领先地位，二者处于良性互动状态。其原因是三地科技水平、人力资本、资金等条件优越，单位资源能源的产出效率高，同时，污染排放少，因而，人地系统不断优化，从而促成经济发展、社会进步和生态环境的协调发展，即生态文明建设水平不断提高。天津、江苏、浙江三地协同度介于 0.50—0.70，为中高级协同状态，也处于全国前列，但与北京、上海相比还有差距。2016 年江苏、浙江两地人地系统优化的效率值分别是 0.72、0.59，而北京、上海、广东和天津四地都是 1.00。万元 GDP 的二氧化硫、化学需氧量排放量和固体废弃物排放量减小，将有助于提高江苏和浙江人地系统优化的效率值。天津效率值较高，但生态文明建设水平值相比其他几个发达省份略低，生态环境中的资源禀赋是主要制约因素，人均资源量在全国排名靠后。控制人口规模、集约利用资源，以及生态文化理念指导下的绿色消费，是有效解决天津资源短缺问题的重要路径。

高级协同和中高级协同的六个省域，也是生态文明建设水平排在前六位的省市，属于均衡发展型和经济社会发达型两类，资源环境的压力和约束是两类区域共同的短板。人口密集、人均资源短缺、环境压力大，居民的环保意识高，构成了资源环境有限供给和居民无限需求之间的矛盾，因此，如何将生态文化的理念输入到地方政府、企业和公众的思维观念中，并用于指导管理行为、生产行为和消费行为，是能否迈向顶级协同、实现生态文明的关键。

海南、福建、山东、重庆和湖南五地处于中级协同状态，虽然同处于中级协同，但生态文明建设的类型不同。海南是生态环境优势型，人地系统优化的效率值在 2000 年是全国最高的，2005—2016 年的提升幅度在 30 个省域中是最慢的，处在平稳发展中，2016 年居全国第 7 位，以人均收入、人均预期寿命和人均受教育年限三项衡量人类发展指数的这个指标，海南在全国排第 21 位。城乡二元结构差异明显是制约海南发展的主要因素，2016 年包含城乡空间协调在内的社会进步指标居全国倒数第三位，不均衡发展的矛盾制约了海南的总体发展。福建、山东的生态文明建设总体水平处在第一等级，但资源环境的约束作用较强。福建的人均耕地资源仅为全国平均水平的 1/3 左右，且单位耕地面积的化肥施用量较高，次于广东居全国第 2 位。山东是生态环境滞后型，人地关系的矛盾仍然存在，人地系统优化有很大的提升空间，因此生态环境制约是福建和山东的共同点。湖南、重庆的地理位置、人力资本、技术水平相比东部发达地区有差距，人地系统优化的效率值略低，分别居全国第 11、12 位，生态文明建设水平分别居全国第 13、9 位，属于相对均衡型，处在中级协同的五个省份发展潜力较大。

中低级协同状态的省份最多，有湖北、吉林、安徽、江西、陕西、四川、广西和河南 8 个省份，以中西部地区居多，与相对均衡型有 6 个省域是相一致的（广西和河南除外），人地系统优化的效率值居全国中等位置，经济、社会和生态环境的协调发展是推动这些省份人地系统进一步优化的关键。河南属于经济—生态环境滞后型，经济发展模式粗放，人地系统优化的效率值居全国第 16 位，生态文明建设和人地系统优化的协同度为 0. 30，刚达到中低级协同水平。低级协同的有辽宁、内蒙古、贵州、河北、黑龙江和云南 6 个省份，协同度介于 0. 20—0. 30。河北是东部地区，但生态文明建设和人地系统优化的协同度低，经济发展和生态环境双滞后，生态文明建设水平在全国排名倒数第 5 位，污染排放高导致人地系统优化的效率值也较低，在全国排倒数第 9 位。辽宁、黑龙江两地生态文明建设水平居全国中等位置，但投入产出效率相对较低，辽宁万元 GDP 能源消耗总量大，且污染物排放量大，尤其是固体废弃物排放量始终在全国前列，2016 年固废排放量达 32434 万吨，仅次于最高的河北 35372 万吨，是固废排放量最低的海南（422 万吨）的 76. 9 倍，二氧化硫排放量居全国前列。黑龙江生态环境相对较好，但万元 GDP 耗水量大，仅次于新疆和宁夏，居全国第三位，建设用地面积和能源消耗总量也较大，相对来说，单位投入下的产出较低，效率值低。

山西、甘肃和宁夏三地是初级协同状态，新疆和青海仍处于原始协同状态。原始协同和初级协同状态的省份生态文明建设水平和人地系统优化的效率值均较低，在地域上是契合的，受技术水平、人力资本、资金等因素限制，总体发展水平都不高。虽然协同类型一致，但各省状况不一，山西是经济—生态环境滞后型，矿产和能源资源占资源比重在80%以上，资源开采引发严重的生态问题，同时，资源利用效率不高，污染排放高，万元GDP能耗、水耗以及万元GDP的二氧化硫化学需氧量排放量均高于全国平均水平，经济效率低。甘肃、宁夏是经济社会滞后型，经济发展效率低，人地系统优化的效率值分别是全国倒数第4位、倒数第1位。新疆和青海两地重点生态功能区所占比重大，限制开发和禁止开发区占绝大部分，且生态环境脆弱，因此，开发利用程度低，都属于生态环境优势型区域，但经济、社会发展水平低，生态文明建设水平低。

4. 空间关联分析

运用ArcGIS软件的空间统计工具进一步研究中国省域层面生态文明建设和人地系统优化的协同度空间积聚格局，分析模式中的空间自相关分析，计算出莫兰指数均大于0，且P值小于0.05，说明存在显著的空间正向集聚效应，再用聚类分布制图中的热点分析（Getis-Ord Gi*）得到中国人地系统优化的冷热点分布情况，协同度省域层面呈现一定的空间集聚格局。也就是说，协同度高的省域毗邻，本省域和相邻省域协同度均较高，为高高类聚集区，同样，协同度低的省域在空间上也是集聚分布，为低低类聚集区，也就是冷点区域，介于两者之间的是由高向低过渡，分别是次热点区和次冷点区。可以看出，江苏、浙江、福建、安徽和湖南五省始终是热点区域，分布在东部和中部地区。青海、甘肃和四川三省始终是冷点区域，位于西部地区。东北地区的辽宁在2005年、2010年是热点区域，2016年成为次热点区域。新疆由2005年的次冷点区域变成2010年和2016年的冷点区域，重庆和江西也发生跃迁，分别由冷点区域跃迁到次冷点区域、由次热点区域到热点区域。但总体来看，2005—2016年协同度冷热点的空间格局变化不大、具有相对稳定性。协同度冷热点与生态文明建设、人地系统优化的冷热点大致格局相同，总体呈现出由东、南部地区向西、北部地区形成由热到冷的格局，但具体到个别省域仍有差别，例如，2016年北京、天津和山东都是生态文明建设的热点区域，但人地系统优化是次热点区，两者的协同度也是次热点区，说明人地系统优化应加强与周边地区的协同发展，在优化、提高本省人地系统的同时，帮扶相邻省域提高绿色经济效率，实现区域协同发展。

综上所述，通过生态文明建设和人地系统优化的协同度的定量评价与分析，能在一定程度上反映不同省域二者的过程协同结果。但因为是两个复杂巨系统之间的协同，即使处在相同的协同度状态，仍有不同的区域类型差异。通过生态文明建设这个“果”的评价，追溯人地系统这个“因”，划分出不同类型。地域差异基础上形成的人地系统存在巨大差异，而在人地系统差异基础上的优化发展水平又决定了生态文明建设的水平，因此，不同人地系统的优化内容也是不同区域生态文明建设的任务指向，这也是二者真正意义上的协同。

第七章

中国生态文明建设和人地系统优化的协同实现路径

生态文明的实现不是一蹴而就的，需要几代人、不同地域、不同国家的人们共同努力建设才能实现。生态文明超越了现实中的国界、民族、文化、价值观和意识形态等的束缚，使人类在关注自身命运的旗帜下达到空前的统一①。发达国家凭借先发优势已经实现工业化，占用更多的自然资源且造成对环境的危害，占有了更多的物质财富且对其他国家进行了盘剥，无疑应该在生态文明建设中承担更多的责任和义务，向发展中国家的生态文明建设提供技术和资金支援，同时以生态文化的理念调控自身的生产和消费模式，发展中国家不能沿袭发达国家先污染后治理的发展模式，应实行符合生态文明要求的发展。中国作为发展中国家，以生态文明建设作为中国特色社会主义的重要内容，关系人民福祉和民族未来也关乎国际社会发展。生态文明建设的根本路径是人地系统优化，由以物质财富追求为目标的价值观和“人类中心主义”的文化观转向生态文化观，通过不断规范自身的行为，实现人与自然、人与人的高度和谐共存。

① 叶文虎、毛峰：《三阶段论：人类社会演化规律》，《中国人口·资源与环境》1999年第2期。

第一节　整体框架

生态文明建设的本质就是人地系统优化，生态文明建设中的生态经济、生态文化分别对应着人地系统“三元”结构中的经济（产业）子系统、社会文化子系统，而在经济、文化和制度前面加上生态，就是在经济社会发展的过程中与生态环境协调发展，对应着人地系统中的生态环境子系统。因此，生态文明建设的本质就是优化人地系统“三元”结构以达到系统整体最优的效果，而通过人地系统不断优化最终实现生态文明，这是一个漫长而连续的过程，具有时间上的阶段性特点，在不同发展阶段有可能会有短期实现目标，但人与人、人与自然高度和谐相处的终极目标是明确的，其具体体现是生活质量好、生态环境美、生产效率高，即生活、生态和生产空间的协调和完善，但这一目标的实现宏观层面离不开国家和地区间的协同发展，微观层面少不了政府、企业和公众的共同参与，人的层面既是生态文明建设的主体，也是人地系统中的主导者和能动者。中国生态文明建设和人地系统优化的协同实现路径整体框架如图 7－1 所示。

一　原则与依据

生态文明建设和人地系统优化的协同需要一定的依据和原则来指导，包括协同的主体和切入点——人的角度、协同的基础和约束——地的角度、协同的最终目标——人地协调共生、协同的内在力——发展理念、协同的区域性和阶段性等。具体指导原则如图 7－2 所示。

（一）以生态文化理念为协同引领力

意识形态领域的变革始终是领先于社会变革的，意识形态的主体是人，既是人对事物的客观理解和认知，也包括人的价值观、意识形态、文化观念的理性思考。中国生态文明建设选择在工业化中期进行，是一种跨越式发展和生产方式的变革，这一变革需要意识和文化作为引领，而中国要迈向生态文明，生态文化理念具有毋庸置疑的引领作用。人的生产、生活活动都是在观念和文化的支配与指导下的有

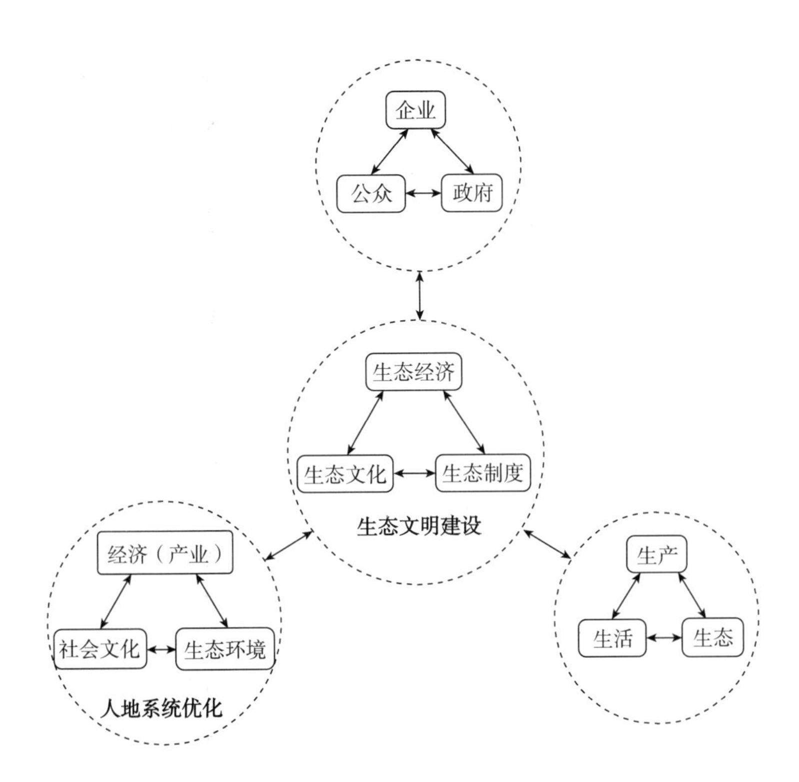

图 7－1　生态文明建设和人地系统优化的协同实现路径框架

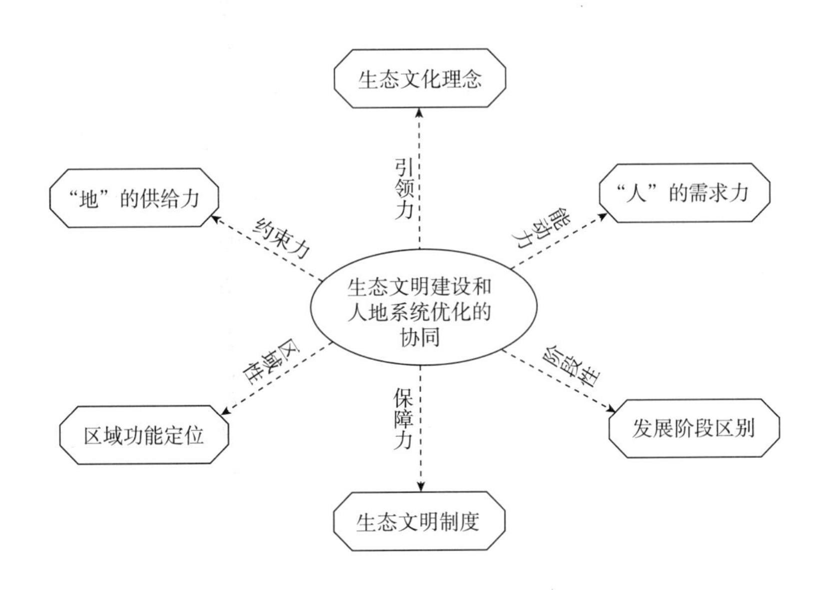

图 7－2　生态文明建设和人地系统优化的协同原则与依据

意识的行为，所以，文化既可以对生态环境带来破坏性和毁灭性，如“人类中心主义”文化观念指导下的人类向自然资源的恣意掠夺、向生态环境的大肆排放，导致生态环境的负效应；文化也可以引领人类对生态环境进行修复和建设，引起生态环境的正效应。

根据系统工程理论的因果反馈机制，如果人类活动引起生态环境的负效应，则生态环境的变化使不合理的人类活动减少，在这个过程中由输出变为输入而对人类活动产生负反馈，进而引发人的观念、文化、意识方面做出改变；如果人类活动作用于生态环境引起正效应，则正的因果反馈关系使人地系统远离初始状态而向更优方向发展，这也是传统发展观走向可持续发展观的原因，因此，文化、意识、观念的发展是一个自发的过程，能通过生态环境的因果反馈而自觉检测是否在正确的轨道上。生态文化正是在“人类中心主义”观念下生态危机问题爆发后的一种自我调控，最终将引领生态文明这趟列车步入正轨。因此，生态文化理念是生态文明建设和人地系统优化的内在引领力，没有生态文化的引领，就谈不上人地系统的优化，生态文明建设的方向也将迷失。

（二）以“人”的需求力为协同能动力

根据前面理论基础中关于耗散结构理论的分析，人地系统是一个有开放性的、非平衡、自组织的耗散结构系统，内部各子系统之间具有非线性的相互作用机制，人地系统整体以及子系统的发展和演进、功能的维持均需要不断从外界获取负熵，才能向有序方向发展，人具有识别和获取负熵物质、能量和信息的能力，能通过生态的修复、保护和建设而有效增加地理环境子系统的负熵，也能通过从地理环境获取大量的资源、环境和生态存量，减少自身人口增加、经济社会活动产生的正熵，进而促进人地系统耗散结构不断从低级向高级、从无序向有序演化，因此，人是实现人地系统和谐发展的关键性因素，而人的需求则是人地系统发展和演化的催化剂。

人类在不同发展阶段有不同的需求层次，从生存需求到物质需求再到精神需求和生态需求，人的角色演变经历了“自然人”—“经济人”—“生态人”的过程，人对自然的价值观念随之转变，继而生产

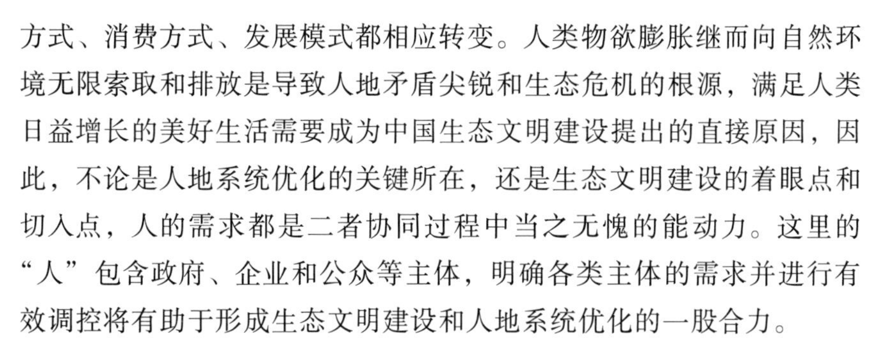

方式、消费方式、发展模式都相应转变。人类物欲膨胀继而向自然环境无限索取和排放是导致人地矛盾尖锐和生态危机的根源，满足人类日益增长的美好生活需要成为中国生态文明建设提出的直接原因，因此，不论是人地系统优化的关键所在，还是生态文明建设的着眼点和切入点，人的需求都是二者协同过程中当之无愧的能动力。这里的“人”包含政府、企业和公众等主体，明确各类主体的需求并进行有效调控将有助于形成生态文明建设和人地系统优化的一股合力。

（三）以“地”的供给力为协同约束力

地理环境作为人地系统的载体和物质基础，向人类提供气候资源、水资源、生物资源、矿产资源等，以及生产生活的环境条件，并通过生态系统服务向人类提供生态产品，但是“地”的供给具有一定的空间承载能力。人的各项生产活动、生活活动必然受制于地理环境供给的资源数量、环境条件以及生态平衡的弹性阈值约束。未考虑地理环境条件或超过地理环境供给能力的人类活动可能会给人类自身带来巨大的灾难。例如，在地震活跃地区进行页岩气开发，水力压裂作业可能会引发地震。反之，充分考虑并利用地的供给也能给人类创造巨大的财富，例如环境优美、空气清新的地区发展高新技术产业、旅游产业等。因此，“地”的供给能力决定了人类资源开发利用强度、产业结构、空间组织结构等内容，全国主体功能区划就是在地的供给能力适宜性评价的基础上进行的，根据水资源量、土地资源的丰度、环境容量以及生态重要性和脆弱性、灾害危险性等自然地理环境条件，结合人口集聚度、交通和经济发展等因素综合划定的。“地”的空间承载能力相对较强的区域，作为重点开发区和优化开发区，“地”的承载能力较弱的、以生态功能服务为主的地区则作为限制开发区或禁止开发区。

生态文明建设和人地系统优化的协同，一方面可以根据地理环境的供给能力确定其资源环境承载能力，进行有序的开发利用活动；另一方面，在已有“地”的供给能力基础上，通过科技生态化手段提高资源环境承载力的极限阈值，科技生态化以消除环境污染和生态危机、改善自然环境为使命，既能为民众创造丰裕的物质生活，也能创

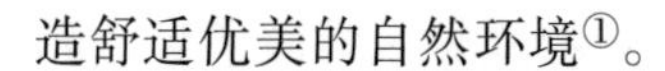

造舒适优美的自然环境①。

（四）以生态文明制度为协同保障力

无论是生态文明建设还是人地系统优化，都是理念层面、实践层面和制度层面的综合过程，其中理念层面起到实践的引领作用，而制度层面起到保障作用。习近平总书记在2014年党的十八届四中全会第一次全体会议上提道：“只有实行最严格的制度、最严密的法治，才能为生态文明建设提供可靠的保障”，在《关于做好生态文明建设工作的批示》中指出：要深化生态文明体制改革，尽快把生态文明制度的四梁八柱建立起来，把生态文明建设纳入制度化、法治化轨道。历史发展的过程告诉我们，向一种新的文明形态的转型，必然有相应的制度创新。从采集渔猎时期向农业文明转型，经历了奴隶制度的形成和发展；而农业文明向工业文明转型，经历了资本主义制度的发展过程②。转向生态文明的过程中，要取工业文明制度体系之精华，创新形成生态文明制度体系。

制度具有指导性、约束性、鞭策性、激励性、规范性和程序性，实施主体是各级政府，以生态文明制度为保障，通过生态环境法律法规体系的建立指导企业绿色生产理念和公众绿色消费理念的形成，并约束和规范有违生态文化理念的不合理经济、社会活动，通过市场机制的环境经济制度体系和环境管理制度体系的建立鞭策和激励形成权责明晰、分工合理的环境保护体系，从而多管齐下保障生态文明建设和人地系统优化的协同进行。

（五）以区域功能定位和发展阶段为差异化调控基础

中国在工业化中期跨越式地进行生态文明建设，时间尺度方面，是一个长期而又持续的历史过程；空间尺度方面，各区域由于资源环境和本底条件差异化、开发历史各异、功能定位不同，区域间发展不均衡，因此进行生态文明建设不能“一刀切”。辨识不同区域发展阶

① 陈翠芳：《生态文明视野下科技生态化研究》，中国社会科学出版社2014年版，第56—57页。

② 潘家华：《中国的环境治理与生态建设》，中国社会科学出版社2015年版，第194页。

段和区域功能定位，对于生态文明建设和人地系统优化的协同至关重要。

处在不同发展阶段的区域面临的需求结构往往有差别，其文化、观念、信息、技术等要素也有明显差异，一般而言，在低发展水平阶段的区域停留在生存需求层面，经济社会发展水平低、文化观念相对落后、信息闭塞，发展方式相对粗放、投入产出效率低，生态环境负效应问题突出。相比较低发展水平阶段区域，高发展水平阶段的区域需求层次较高，生存需求和物质需求满足后转向精神需求和生态需求。人的需求力是推动人地系统走向优化和生态文明建设的关键。

生态文明建设和人地系统优化应按照因地制宜的原则进行，要明确区域功能定位和识别发展阶段，这是差别化实施生态文明建设和人地系统优化的基础。具有不同功能定位的区域在人口、资源、生态环境、经济和社会活动强度等方面具有很大的差异性，因此呈现差别化的供给能力和约束力。

综上所述，对于生态文明建设和人地系统优化的协同要根据区域的功能定位和发展阶段进行空间协调和优化，逐渐摒弃区域之间趋同或者盲目竞争现象，实现每个区域生产、生活和生态空间的空间协调，以及区际间的协同发展。

二 架构思路

生态文明建设和人地系统是两大内容复杂的主题，但却有紧密的内在关联，人地互为作用的过程就是生态文化从隐性到显性、从简单到复杂不断发展的过程。生态文化与人地作用过程中形成的其他物质文化、精神文化和制度文化一起构成了生态文明的重要内容，而生态文明建设的过程就是将这些文化、文明成果应用到人地矛盾的修复和优化中，以生态文明的理念为指导进行人地系统优化，最终实现生态文明建设的目标，而这一目标就是人与地、人与人的和谐共生。可见，生态文明建设与人地系统优化的目标不谋而合，两大主题之间理论上有着显著的协同机理。二者的协同是因为人地系统内部的自组织能力，生态环境子系统具有一定的承载力，同时具有一定程度的缓冲力和恢复力，如果人利用改造自然的度在地的承载和恢复弹性范围内，则生态环境子系统能够在受到扰动后通过自净和再生重新恢复生态平衡；而且人除了具有把自然资源转化为产品和服务的生产力之外，也具有不同程度的调控力和需求力，根据自身对良好生态环境的需求对生态环境进行保护和修复。人地矛盾的产生就是生态文明建设和人地系统优化协同乐章中的不和谐音，对于不协同因素的识别并实施针对性的优化路径将对生态文明建设和人地系统优化的协同产生正向反馈（见图7－3）。

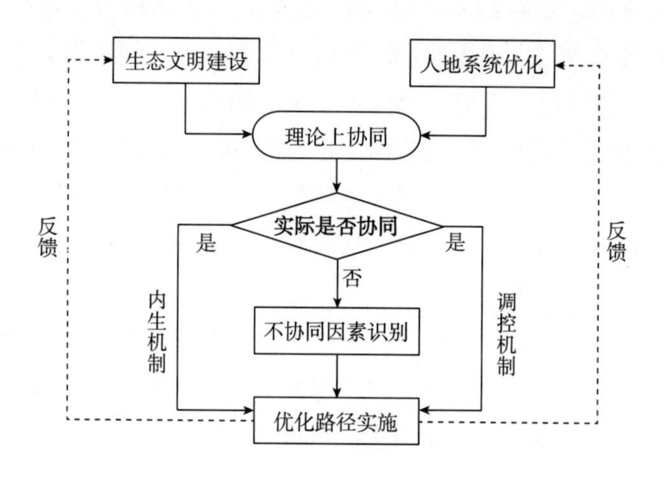

图7－3　生态文明建设和人地系统优化协同的架构思路

第二节　中国生态文明建设和人地系统优化协同的具体路径

通过生态文明建设和人地系统优化协同的影响因素分析，以及不协同因素识别，二者的协同发展实现路径也呼之欲出。生态文明建设的实现基础是人地系统优化，而人地系统优化的上层建筑是生态文化理念。人地不断互为作用、人地系统不断优化的过程为文化提供了源源不断的生产力，生态文化的形成是文化生产力发展到一定阶段的生产关系，是生态环境与经济社会和谐共生的关系，生产关系形成又会反作用于生产力，用生态文化的理念指导人地系统的优化，最终实现生态文明建设和人地系统优化的协同发展。二者的协同，生态文化建设应该放在首要地位。二者如同 DNA 的两条脱氧核糖核酸链，在文化这个氢键的连接下相互影响、互为指导，螺旋上升，形成了美丽中国建设的基因并且将世代相传。

一　生态伦理视角下的生态文化建设

党的十九大报告明确指出，加快构建以政府为主导、企业为主体、社会组织和公众共同参与的环境治理体系。生态文化作为“软”手段，相比较行政、法治等“硬”手段，具有较强的导向力和推动力。依靠文化的导向、凝聚力量，可以内省式地引导全社会上下形成一股生态文明建设的合力，将生态文化转变为一种责任、意识和价值观念，但这不是一蹴而就的过程，是一个长期而综合的过程，需要多措并举、多方聚力，才能整体推进生态文化建设工程。

生态文化建设总的指导思想是生态伦理学，即人与人之间的平等和人与物之间的平等，这与我国传统文化中的生态智慧是相通的。现实问题是不仅人与自然是不平等的，人对自然的物质占有也渗透到人和人之间的关系中，物质利益至上成为人际社会的处世原则，人际关系已经异化和错位，物质的丰裕取代了精神追求。有学者犀利地指出，生态危机首先表现出生态环境的恶化，其次是人际关系的冷漠，最后是人的精神世界的空前空虚[①]。长此下去，人将沦为“物质人”“机器人”“消费人”，这是人类中心主义的价值观念对人的异化，因此，首先要进行以人为本的生态文化的建设，强调人的主体性和客体性的统一，自然性和社会性的统一，因此，以人为本的“人”不仅仅是个人，而是最广大人民群众，不仅要保护自然体现客体性，也要发展实践彰显主体性；“本”是最广大人民群众的根本利益，为了维护好、发展好这个“本”，需要协调好各种利益关系，包括部门利益和群众利益、个人利益和整体利益、当前利益和长远利益等关系，这需

① 王茜：《生态文化的审美之维》，上海世纪出版集团 2007 年版，第 180 页。

要生态文明建设各主体的共同努力和营建。

（一）政府职能的“人性”转变

以人为本使政府执政理念转向“公共服务型”，致力于解决当前广大人民群众对美好生活的需要和当前不均衡、不充分发展之间的矛盾，对于已经出现的环境问题，在投入资金提高绿色生产技术、排污标准的同时，各级政府应组织开展生态文化理论和公共政策研究，成立生态文化公共政策智库和专业研究队伍，定期推出理论研究成果并广泛开展生态文明建设示范活动。通过对各级政府领导干部的培训，逐步提高领导干部的环境决策能力，另外，生态文明建设不仅仅是环保部门的事情，生态文化应该融入经济、社会和政治建设的全过程，因此，各部门、各区域之间应该是联动的，尽快实行绿色 GDP 核算考核制度。同时，应该将生态文化建设融入国民素质教育体系中，俄罗斯的生态教育值得借鉴和学习，在各阶段学校教育中都有生态教育的内容，高等教育学校甚至成立生态教育教研方法中心，另外，定期组织生态教育活动，例如生态学奥林匹克竞赛，脱颖而出者将免试进入国立高等院校攻读生态学专业。

综上所述，政府层面的生态文化建设路径有组织开展生态文化理论和公共政策研究、将生态教育不同程度地纳入各阶段学校教育体系，以及各级政府政绩绿色考核制度的改革和对领导干部的生态教育培训。

（二）公众绿色生态文化建立

目前，公众对生态文明的总体认识是“高认同度、中认知度、低实践度”，对于生态文化、生态信仰的认识更是少之又少，生态文化下的生态信仰应该是在充分认知自然之后，源自内心和灵魂深处对自然之母的尊重和敬畏，既不是采集渔猎时期对自然无知懵懂状态下的盲目崇拜，也不是生态危机爆发后为了人类生存和发展而不得不退而求其次的委曲求全。生态信仰是一种正视自然的“存在性价值”，进而培养人们与自然血脉相通的一种生命关系，要求人们对自然规律有尊敬之理，对万物生命有敬畏之心，知天理、懂人情，精神世界充盈，但同时，物质家园丰富。物质与精神的“双赢”，主体性与客体性的统一，这是生态文化建设的终极目标所在，而这个过程是漫长的，是经济社会发展与生态环境协调发展到一定程度后才能达到的一种“诗意的生存”。

现实问题是现代人受物质主义和享乐主义影响，过度消费、及时行乐，幸福以物欲的满足程度来衡量，只知道物质财富和权力的价值，“拼命学习，当官发财，有钱有权”是很多年轻人的梦想，内心的自省自律、宁静的精神境界已经荡然无存。从消费观念看，攀比消费、过度消费等畸形消费方式带来了资源的浪费、对生态环境的破坏，甚至珍稀野味、动物皮毛也是人们奢华消费的一部分，直接导致生物多样性减少，生态系统结构的简单化和脆弱化。

心中有生态信仰、眼中有自然的消费观念应该是适度的、绿色的、可持续的。日本是汽车制造业大国、发达国家，但各阶层都选择小排量汽车，而且数十年的电梯、电器等仍在正常使用，杂货店里出售各种塑料瓶可以反复循环利用。丹麦盛行自行车出行的绿色文化，上至政要下至普通民众多以自行车代替汽车。德国自 1904 年开始垃圾分类回收，已形成垃圾处理产业体系并实行严格的监管，垃圾分类的理念早已深入人心而成为生活的一部分。这些发达国家的做法值得我们借鉴。目前，中国自 2008 年实行“限塑令”以来已经走过 12 个年头，源头上的控制使塑料袋的使用有所减少，但居民的消费习惯并没有改变，五角钱左右的塑料袋并不会给消费者带来消费负担，塑料袋使用局面仍呈猖狂之势，因此，民众的消费意识培养关键在于生态文化理念的引导。

（三）企业生态生产力的构建

过去几十年来，中国多数企业所从事的是一种“资源—产品”“资源—废弃物”的线性经济活动，由于缺乏监管和引导、公共环境的外部性以及绿色生产技术落后等多方面原因，大多数企业的管理者缺乏生态责任意识，以资源消耗和环境牺牲换取经济利益的最大化。由于企业自身生态文化的缺失，想方设法逃避监管或者心存侥幸铤而走险，有的企业宁愿缴纳污染罚款也不改进生产工艺，这都是因为企业生态文化下的生态责任缺失。

习近平总书记指出，改善生态环境就是发展生产力。因此，企业履行生态责任不仅仅是管制压力和市场压力下的被迫行为，更是一种自我发展的内在动力。从长远来说，生态生产力是一种更先进的生产力，能给企业带来更大的效益。企业应该摒弃经济理性的生态观，从自身发展的维度构建生态文化体系，生态文化是企业之魂，是企业获得长远发展的前提和基础。但是在企业生态文化建立后的实施阶段，企业需要投入大量资金和人力用于绿色生产技术的研发，政府应该给予大力支持，扶持环境友好型企业，帮助其培育生态文化品牌，同时，营造一种激发生态创新活力的市场环境和政策环境，使企业生态生产力的构建成为一种内驱力，而不是外在的压迫力，这样才能凸显企业在生态文明建设中的主体作用。

二 “三元”结构下的产业体系优化

自 18 世纪产业革命开始，人类经济活动逐步形成了以煤、石油等化石能源和矿产资源为主要原材料和能源动力，以机械制造、化学合成等为主要内容的工业文明产业体系①。不管是农业文明还是工业文明，抑或是正在建设的生态文明，产业始终是各个文明时期人类经济活动的主体，是联结人类活动系统与生态环境系统的重要纽带与载体，产业从简单到复杂、从低级到高级的过程，也是经济与自然之间的物质变换广度和深度不断发生变化的过程。农业文明时期，农业是主要产业，土地资源是主要的生产资料，直接以土地资源、气候资源、水资源等自然物为对象进行种植业、林业、牧业和渔业生产，构成第一产业部门；工业文明时期，以利用金属、非金属等矿产资源和化石能源并进行加工的第二产业形成，包括采掘业、机械制造业、石油化工业、轻工业等第二产业部门；与此同时，满足人们衣食住行等日常生活的非物质生产活动也在进行，包括餐饮业、旅游业、交通运输业、金融业、教育产业、公共服务业等，构成国民经济发展的第三产业。三次产业划分的依据是原材料、加工、流通、消费这一物质流

---

① 李慧明、左晓利、王磊：《产业生态化及其实施路径选择——我国生态文明建设的重要内容》，《南开学报》（哲学社会科学版）2009 年第 3 期。

动过程，属于“资源—生产加工—消费—废弃物排放”这一线性经济发展模式，高消耗、高排放是其主要特征，为了维持经济发展模式的运行必须不断投入资源，肆意排放废弃物，生态足迹不断扩大。

为了缓解这种线性发展模式的弊端，20 世纪 70 年代兴起了清洁生产，不同国家对其称呼不同，不管是“污染预防”还是“少废无废工艺”“绿色工艺”“生态工艺”，其核心就是减少废弃物的排放。直到 20 世纪 90 年代初，国际上才逐步统一说法，称为“清洁生产”。清洁生产变线性发展模式为循环发展模式，极大地提高了资源利用效率并减少了废弃物排放，但是并没有将生态环境和产业体系作为一个整体结合，只是局限于物质循环利用阶段，只是末端治理的一种高级形式，并不能从源头上解决资源和环境压力趋紧的局面。

中国生态文明建设以构建资源节约型和环境友好型“两型”社会为目标，因此，生态文明建设的产业体系构建应该致力于解决传统发展模式资源耗竭和环境污染这两大弊端。生态文明建设的路径是人地系统优化，生态文明建设产业体系的建立应该是人地系统“三元”结构下的产业体系优化，把前面人地系统“三元”结构图略微调整一下形成图 7 - 4。

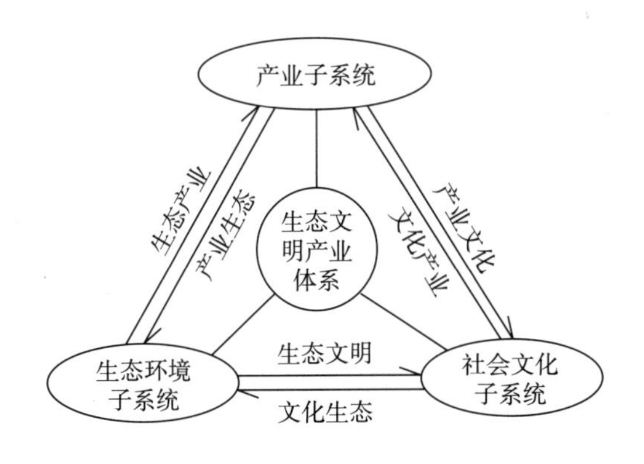

图 7 - 4　人地系统“三元”结构下生态文明建设产业体系构建

人地系统的优化应该以三个子系统的优化以及两两子系统之间的优化为基础，产业子系统与生态环境子系统的协调优化即生态产业和产业生态化，产业子系统与社会文化子系统的协调优化即产业文化和文化产业，而生态文明产业体系必然以生态文明、生态文化的理念为基础，因此，生态文明的产业体系在传统产业体系的基础上向前后向延伸，前面增加第零产业——生态文化产业，后面增加第四产业——生态修复产业，形成生态文明的五个产业体系（见图7－5）。

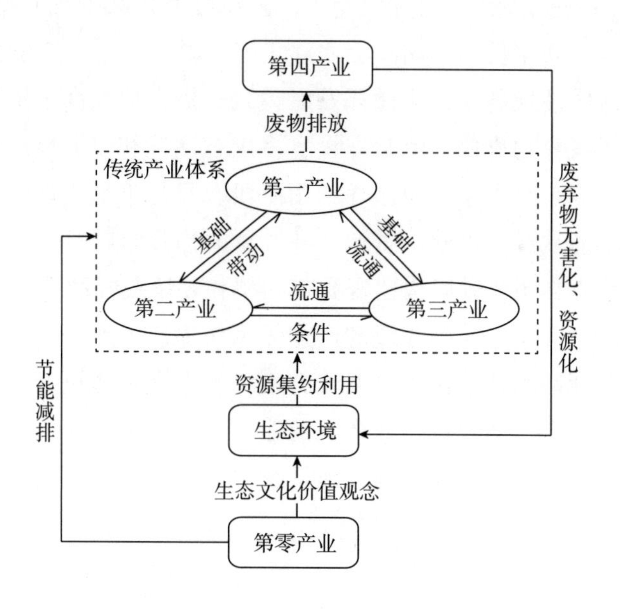

图7－5 生态文明建设五次产业体系

由五次产业构成的生态文明产业体系改变了传统产业体系的线性生产模式，将产业发展与生态环境和社会文化相结合，形成多条产业链，从而使生态环境与产业形成一个闭合回路，实现良性互动和循环。

生态文化产业是以生态资源为基础，以文化创意为内涵，能够提供多样化的生态文化产品和生态文化服务，通过媒体宣传、文化展览会、生态文化培训会、知识教育基地、示范基地等各种形式和路径向公众、企业甚至政府部门传播生态的、文明的信息与意识，协助企业建立生态文化根基，引领整个社会建立生态文化的价值观念，而不是娱乐文化至上。只有生态文化的理念根深蒂固，企业才会增强科技创新活力，用于绿色生产技术研发，从源头上进行绿色设计，生产过程中提高资源利用效率、减少排放，同时，生产过程后的排放物能够回收循环利用，节约资源的同时减轻第四产业的负担。具有生态文化理念的公众才会发自内心地热爱自然并自觉实践绿色消费和有利于资源节约和环境保护的行为，制度硬性约束在监管不力的情况下容易滋生侥幸心理，而且缺乏主人翁意识。生态文化产业构建的目的是实现生态、产业、文化的协调发展，也就是人地系统“三元”结构的协同发展，实现生态文明建设和人地系统优化的协同发展。

生态修复产业充当着以废弃物为作用对象，以生态文化为指导思想，以废弃物的“变废为宝”和无害化为目标的“分解者”角色。传统的三次产业产生的废弃物经由第四产业加工，将能够资源化的“弃物”加工处理后作为再生性资源重返生态环境，而不能资源化的“废物”，进行无害化处理后再集中处理。通过生态修复产业可以帮助自然生态系统提高净化能力、提高投入产出效率从而提高资源环境的承载能力。

五次产业之间可以相互联系形成多条产业链条，例如第零产业和第一产业结合形成“生态农业产业链”，可以在城市中开设农业文化展览，并形成生态农产品的开发、培育、运输、消费等绿色生态农业产业链；第零产业和第二产业协同形成“生态工业产业链”，生态工业园区为生态工业产业链提供了一种重要的形式和载体，还可以开发工业文化的旅游展览，例如青岛啤酒博物馆就是以啤酒制造过程为主题的啤酒文化展，还有德国的老牌工业区——鲁尔区，在工业的繁荣和铅华退却后，在原来工业区旧址修建了工业文化主题的博物馆；第零产业和第三产业结合，可以开发生态文化旅游等。当然，生态产业和产业生态的实施都离不开科技创新，生态育种技术的使用才能减少农业、化肥的使用；绿色设计技术才能使废弃物重新资源化。

总之，生态文明产业体系的构建是生态文明建设的核心内容，五次产业体系集生产者、消费者和分解者为一体，是实现发展和保护“双赢”的重要路径，也是人主体性和客体性的平衡，更是在生态文化价值观念指导下与自然和谐共生的最佳方式。

三　地域分工视角下的生态文明重点建设

中国生态文明建设的路径遵循统一的路径，包括前面生态伦理视角下的生态文化建设、人地系统“三元结构”下的产业体系优化，但不同地域有不同的本底条件、产业布局和地域分工。吴传钧强调：“任何区域开发、区域规划和区域管理都必须以改善区域人地相互作用结构、开发人地相互作用潜力、加快人地相互作用在人地关系地域系统中的良性循环为主要目标。”[①] 在生态文明建设水平评价基础上，结合主体功能区规划进行的中国生态文明建设类型划分形成了不同的地域类型，这些不同类型的人地相互作用结构、功能和潜力成为生态文明建设和人地系统优化的协同基础。以下以生态环境优势型和生态环境滞后型两类区域为例进行分析。

（一）生态环境优势型区域生态文明重点建设

根据前面第五章中关于生态优势型区域的人地系统特征分析可知，生态优势型区域的主体功能区划限制开发区和禁止开发区的比例较大，因此，生态优势型区域以生态功能服务为主。这些地区资源比较丰富，而且构成了中国生态文明建设不同方面的生态屏障，生态环境保护优先使这类地区的经济社会发展水平相对不高，很多地区成为全国的经济贫困县，而经济贫穷也可能导致生态贫困，再加上生态优势型区域生态环境往往比较脆弱，不合理的开发利用极有可能导致生态系统崩溃。因此，对于生态优势型区域，保护与发展同等重要。生态文明重点建设应该从以下几个方面进行：

第一，以生态产业为支柱产业。生态环境优势型区域应发展生态产业，一方面充分利用当地的生态优势，另一方面生态产业对自然环境的干扰和破坏最小，而生态环境优势型区域往往生态环境脆弱，因此生态产业尤为必要。生态农业方面，青海、新疆、内蒙古和黑龙江可以发展特色生态农牧业和生态种植业，建设高标准基本农田和牧区，内蒙古和新疆两个自治区水资源紧缺，可以发展生态节水农业和

---

① 吴传钧：《论地理学的研究核心——人地关系地域系统》，《经济地理》1991 年第 3 期。

旱作农业，另外，针对水土流失问题，借助工程技术、生态方法等综合手段开展坡耕地综合治理。生态工业方面，青海、新疆和内蒙古都有开发利用风能、太阳能等清洁能源的优势，青海还应利用好水力发电优势，壮大发电主业的同时，拓展相关的新兴产业领域。另外，环境优势是这类区域的共同特征，例如海南定位于建立国际旅游岛，发展特色旅游的同时还应该强化旅游景区的环境监管体系建设，逐步朝生态旅游方向发展。

第二，构建区域生态补偿机制。为了提供生态服务功能，生态环境优势型地区的开发强度远低于沿海等重点开发区和优化开发区，因而造成了经济社会发展水平的巨大悬殊，因而，构建生态补偿机制以提高生态环境优势型区域的经济利益是非常必要的。人类的生态文明不是仅靠发达国家就能实现的，同样，中国的生态文明建设也不是靠几个地区的龙头作用就能实现的，而是需要各地区、各部门之间撇开利益分配关系，为促进均衡发展而做出贡献。江苏、浙江、广东、福建等几个沿海省份的生态文明建设水平较高，是均衡发展型区域，还有北京、上海、天津三个经济社会发达型区域，人均 GDP 均达到发达国家收入水平，这些地区都是生态受益地区，有能力也有责任为生态环境优势型区域提供资金、技术和管理方面的支持，帮助其发展生态型、环保型产业项目，以减少这些地区产业结构方面对自然资源和生态环境的依赖，并提高受补偿地区的生产经验和管理水平，因为生态文明建设无边界。浙江金华市是我国最早试行异地开发生态补偿的地区。

但是生态补偿路径仅依靠政策的宏观调控是不够的，还应该建立在市场机制基础上，建立涵盖农业、牧业、林业、工业等各行业和水资源、矿产资源等各方面的生态补偿体系，为此，需要明确自然资源产权交易制度和规则，以保证市场交易顺利进行。对于提供资金补偿的地区而言，补偿基金的获取可以通过本地的用水阶梯收费、排污收费制度来实现。一方面，有利于解除补偿地区的生态环境约束，另一方面为受偿地区提供帮助以更好地使受偿地区生态受益，还可以缓解向受偿地区支付补偿基金带来的本地地方财政压力。例如，北京、天津等地的资源环境制约趋紧，人均水资源量严重不足，雾霾、地下水水质恶化等大气污染、水污染事件频发，这与本地及周边企业的污染排放脱不了干系，通过排污高额收费遏制高耗能、高排放企业的污染排放量，通过用水阶梯收费制度约束企业和公众的用水习惯，避免水资源的浪费，排污高额收费和用水阶梯收费的费用用来补偿生态环境优势型地区，减轻地方财政压力的同时改善本地生态环境。也就是说，生态补偿应该遵循一些原则，即“谁开发谁保护”“谁受益谁补偿”“谁污染谁付费”“谁保护谁得利”“顾小局保大局”等①。

（二）生态环境滞后型生态文明建设重点任务

山东是生态环境滞后型，山西、河北和河南是经济—生态环境双滞后型，这四个地区的共同特点是生态环境滞后，主要因为这些地区产业结构层次低，发展模式仍然以高消耗、高投入、高排放和低产出“三高一低”的粗放式发展为主，资源综合利用效率低。对这两类地区而言，生态文明建设的重点任务是改善产业结构，大力发展生态文化产业和生态修复产业，同时，提高传统产业的生态化水平。

山东素有“孔孟之乡，礼仪之邦”的美誉，是儒家文化的发源地，儒家“仁爱万物”“天人合一”的思想彰显了独特的生态智慧和文化，这应该作为山东省生态文化产业建设的一个抓手，此外，生态系统的文化功能还包括文化多样性、精神和宗教价值、知识系统、教育价值、灵感、美学价值、社会关系、文化遗产价值、休闲旅游等。对于生态环境滞后型省份来说，产业结构的转型和经济发展模式的转变，一方面是生态文化观念的树立和指导，另一方面依赖生态科技创新。首先，设立绿色生产专项研发资金，用于科研人员的生态科技研发，开发各行业的各类绿色技术、绿色工艺；其次，推广生态科研成果的生产力转换，推动“产学研”一体化，并通过生态科技博览会的各种形式，充分开展国内外先进生态技术成果的交流和培训；最后，建立生态环境信息网络。利用“3S”技术、人工智能等技术，建立资源环境数据库，并建立生态环境的动态检测网络和决策支持信息系

① 黄寰：《区际生态补偿论》，中国人民大学出版社2012年版，第15—17页。

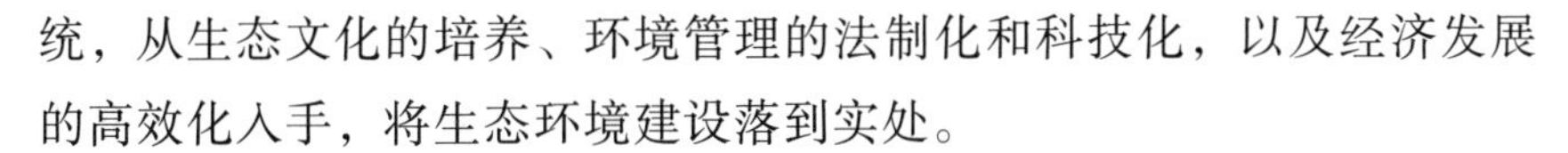

统，从生态文化的培养、环境管理的法制化和科技化，以及经济发展的高效化入手，将生态环境建设落到实处。

四　以人为主导的生态文明制度建设

生态文明制度由人设立，最终目标是实现中国民众对美好生活向往的诉求，路径是通过生态文明制度体系建设约束人对地的行为，实现人地系统优化，生态文化体系建设是“软”方面，在于使公众形成生态文化的内省力，而制度建设是“硬”方面，在内省力形成的初级阶段给予协助。中国生态文明制度建议应该包括顶层制度设计和区域政策体系两个方面。顶层制度设计包括法规政策、管理体制和市场机制三个方面。区域政策体系是在符合顶层制度设计基础上，结合区域人地系统类型的特色政策体系。

首先，有关法规和政策方面，虽然中国的环境法律法规在不断修改和增设，但仍然存在标准不具体、可操作性差等问题，在生态环境破坏赔偿、化学物质污染、遗传资源和生物安全等方面的法律法规空白；环境标准体系方面的规范也有待完善，原则性、提倡性、普适性的规定约束居多，激励性、约束性、具体性的可操作的规定少，直接导致环境执法过程中出现漏洞，超标排放的现象屡屡存在，环境监管不到位，环境执法的监督机制有待规范和完善。水、大气、土地等生态环境方面的法律法规继续修改完善，使标准体系规范、具体、可操作性强。建立健全国土空间开发保护制度，实行最严格的生态红线制度，建立健全生态环境有偿使用制度、异地生态补偿制度和排污收费制度。建立以生态环境优先为导向的政策体系，例如生态文明建设的重点项目给予税收优惠、资金扶持，激励退耕还林和生态脱贫政策。

其次，管理体制方面，推进环境治理和管理体制的创新，治理和管理的不同在于，治理有多方的协同协调在里面，而管理侧重自上而下的调控。治理的主体既有政府也有企业和公众，关键在于调动民众的积极性，完善生态文明建设的民主参与机制和监督机制，充分保障公众的参与权和监督权，定期开展公众听证会、生态环境满意度调查以及公开环境问题举报及处理情况等，逐步实现全民参与、全民共建的规范化和程序化管理体制。环境影响评价制度、环境保护责任制度和考核制度亟须完善，利用环评动态监测等技术手段，实现环境的全方位“无死角”监管，在这个基础上落实环境保护责任制度，不姑息、不纵容污染环境的相关企业和地方政府。另外，在制度层面上，应给予地方环境保护部门自主执行环保事务的权利和责任，避免受制于地方政府一味追求 GDP 的政绩观。

最后，健全市场机制，市场机制的优点在于能通过产权机制、交易机制和价格机制有效配置资源，弥补政府宏观调控中的不到位。明确资源环境的产权，并进行自然资源和生态环境存在性价值的价格核算，生态产品的供给价格，排污权的交易等手段，都可以通过市场经济体制来运营。目前，北京建立了环境交易所、上海成立了环境能源交易所、天津成立了排放权交易所等，为环境、能源权的交易服务。排污权交易也在天津、浙江、江苏等地开展，为了达到法律法规中的污染物排放标准，并在严格的环境监管下，企业要么购买排污权、要么提高绿色生产技术水平减少污染物排放，短期内企业可能倾向于购买排污权，但随着排污权的需求增加，其价格必然会上升，当排污权价格高于企业绿色生产技术的投入资金时，降低成本的内在需要必然使企业选择价格相对较低的绿色生产技术研发，而这时，排污权并没有因为需求少而降低价格，反而会因为企业绿色生产技术的提高和污染物总量排放减少而变得稀缺，成本居高不下，因此，企业不断提高绿色生产技术成为必然选择。通过市场供需引起价格变化而提高技术规避污染物排放成为经济发展和生态环境保护“双赢”的路径。当然，市场有可能会失灵，需要与政府宏观调控相结合，同时不断健全市场机制。

在符合国家法律法规中规定的生态环境保护标准之外，各区域应该根据主体功能区划的定位和生态文明建设水平类型，制定符合当地的区域生态产业标准，生态环境优势型地区以生态产业为支柱产业，其标准应该高于东部地区的一些省份。因为污染物排放往往具有扩散性、跨地域性，因此，区域生态产业标准的制定应该建立在区域协同治理的基础上。例如，河北地区应积极融入京津冀协同发展战略，京津冀地区的生态标准应该是统一的。

综上所述，生态文明建设和人地系统优化的协同发展既需要区域内部发力，也需要区域的协同合作。区域内部既需要政府的顶层设计"人性"职能的转变，也亟须构建公众的绿色生存文化和企业的生态生产力，通过生态文化产业和生态修复产业与传统三次产业的升级对接，以及政府、企业和公众的合力，搭建生态文明建设的五次产业体系。区际间分工有不同，在四大地区的空间格局上，尽快建立生态服务功能区和重点开发区或优化开发区之间的补偿机制，如东部地区和西部地区的生态补偿，有助于缓解中国的"生态二元化"问题，缩小区域间的差异，有效遏制生态贫困的恶性循环，并从根本上脱贫；在局部空间格局上，相邻省份或地区应该构建协同发展圈，例如长江经济带，下游地区应向上游提供流域补偿，美国在这方面的实践取得了良好的效果。发达国家在生态文化培养、环境经济政策的实施、生态补偿等制度的制定等生态文明建设中的部署值得我国学习和借鉴。同时，由于中国地域差异大，不同地域的人们在长期地适应自然环境过程中形成一些独特的生存文化，这些文化与地域发展是相互促进的，因而也是地域的生态文化，这构成了区域生态文明建设的基础和底色。简言之，应该扬长避短、因地制宜地进行人地系统优化，从而逐步提高各地的生态文明建设水平，早日实现美丽中国的生态文明梦。

第八章

结语与展望

经历了采集渔猎时期的“白色发展”、农业文明时期的“黄色发展”和工业文明的“黑色发展”之后，人类社会将进入生态文明的“绿色发展”时期。中国生态文明建设的提出，既是对威胁全人类生存和发展的生态危机的反思和担当，也是对中国工业化进程中经济社会发展和资源环境尖锐矛盾的应对举措。既没有发达国家工业化过程中的资源和环境容量，也没有发达国家优越的经济条件，中国生态文明建设具有艰巨性和复杂性；既不能效仿发达国家“先污染后治理”的发展道路，也没有其他国家的经验可借鉴，中国特色的生态文明建设不能“继往”、只能“开来”；既要遵循人类文明的发展轨道，又要结合中国自身发展的实际情况，中国特色生态文明建设具有普适性和特殊性。儒家、道家和佛家等中华传统思想中蕴含着丰富的生态文化智慧，在传承并发扬传统生态文化智慧的基础上，中国将走出一条具有中国特色的生态文明建设道路。

人地系统是地理学的研究核心，人地系统优化是生态文明建设的重要路径，因而，地理学是国家生态文明建设的支撑学科，在解决我国工业化过程中出现的人口、资源、环境和城镇化等方面问题发挥着重要作用，地理学的综合性和区域性、时间性和空间性为服务国家战略需求提供了多维视角。

第一节　主要观点与结论

生态文明建设和人地系统优化是两个内容复杂但又有内在逻辑关系的主题。理论层面，从生态文明的视角丰富了地理学人地系统“三元”结构理论，并提出“三元”结构下的五次产业体系划分。实践层面，以人地系统“三元”结构——经济、社会和生态环境三个方面为基础，构建了中国生态文明建设水平评价指标体系，运用投影寻踪模型测度，在此基础上划分出七个类型区域。路径层面，从生态文化、生态制度、产业体系等方面入手，结合不同类型区域的人地系统特征分析，提出了生态文明建设和人地系统优化的协同路径。

一　主要观点

地理学研究核心人地系统，与国家战略生态文明建设不论是内涵还是外延上，都有很多契合点，在两者的协同分析过程中，得到以下观点。

（一）生态文明建设和人地系统优化是上层建筑和基础路径的关系

生态文明建设和人地系统优化有着显著的协同机理，研究从二者的关系入手，深入分析生态文明建设和人地系统优化的内在协同逻辑和过程，人地系统优化是生态文明建设的基础，而生态文明是人地系统优化的上层建筑，人地互为作用产生了文化，人地系统不断优化的过程为文化提供了源源不断的生产力，生态文化的形成是文化生产力发展到一定阶段的生产关系，是生态环境与经济社会和谐共生的关系，生态文化的理念作用于人地系统的优化，最终实现生态文明建设和人地系统优化的协同发展。二者协同的影响因素包括自然地理条件、人的需求结构、文化价值取向和人的生产活动。

（二）生态文明视角下人地系统由“二元”向“三元”结构延伸

传统人地系统“二元”结构包含“人”和“地”两个子系统，人作用于地的过程中形成文化，文化形成后指导人类作用于地的方式，文化独立于两个子系统成为第三个子系统，“人”这一子系统中与地连接最密切、最直接的就是经济活动了，而经济活动中对地和人最具影响的就是产业活动，因此，经济（产业）子系统作为人地系统中的一元。“地”这一子系统的界定包含了资源、生态和环境三合一的“生态环境”，既包括自然地理环境，也包括人文地理环境中的生态部分。社会文化子系统是独立于经济（产业）、生态环境之外的第三个子系统，人地互为作用中文化的成果不断积累就会形成文明，以农业为主要产业活动的时期称为农业文明，以工业为主导产业的时期为工业文明，而以生态产业为主导产业的时期就是生态文明时期，这一过程是生态文化从无到有、从隐性到显性、从局部到全局、从简单到复杂、从朴素到辩证不断彰显的过程。

（三）生态文明建设和人地系统优化不协同关键在于人性的双重性

人地系统不断演化的内在推动力就是人地系统中的主体——人的需求结构由低层次向高层次发展的过程，由生存需求到物质需求到精神需求和生态需求，推动着人类不断适应自然、改造自然和顺应自然，因为人具有主体性和能动性，但同时，人也具有客体性，只是天地之父、自然之母的孩子，不可能超越自然而独立生存。主体性和客体性的统一决定了人性自身的矛盾性，既要依赖于自然又想征服自然，既想为所欲为又不得不受制于自然规律；既不能以“人类中心主义”自居，也不能以“生态中心主义”为旨。工业文明时期人地矛盾不断尖锐就在于人过度彰显自身的主体性，而采集渔猎时期发展缓慢的原因在于生产力水平低下，人类不得不以客体性地位自居。也就是说，“纵欲型”和“禁欲型”的人地关系都是不可取的，而两者折中的“节欲型”人地关系是可行的，是一种“无我”的境界。生态文明时期，人在掌握自然规律和认清自身的双重性基础上，理性地看待同自然的关系，既非愚昧无知，也非恣意妄为；既要发展，也要保护，实现人与人、人与自然的和谐共生。

（四）人与自然的矛盾关系深层次上是人与人之间的关系

首先，人地矛盾体现在制度体系上是人与人的矛盾。工业文明时期人地矛盾走向尖锐，最根本原因在于资本主义制度的剥削本质，资本家为了追求剩余价值的最大化而不断压榨工人，加剧向自然的掠夺并不断扩大再生产，资本主义制度下人与人之间关系的异化是最终导向人与自然关系恶化进而导致生态危机的原因，这是从制度体系方面而言的。其次，各国之间、各地区之间、各部门和各利益主体之间的分配关系也是导致人与自然矛盾关系的间接原因。例如，发达国家在面对全球气候变暖这一问题上的态度很不负责任，在以先发优势盘剥发展中国家资源的基础上实现工业化，却不愿拿出资金和技术协助发展中国家的绿色发展，导致发展中国家面临着发展和保护双重压力，经济发展和生态环境问题尖锐。最后，生态危机爆发的背后必然伴随着人的伦理危机。“人类中心主义”价值观念下的人类物欲膨胀，以追求物质财富作为最大追求，为达到目的可以不择手段地为所欲为，物欲驱使下的人与人之间关系冷漠，“遇礼不敬、临丧不哀”这是人类追求物欲下的伦理危机的直观体现。另外，当代人与后代人之间的公平性问题也是导致人与自然关系紧张的原因。只满足于当前的利益，未充分考虑到后代人享用自然资源和生态环境的权利，是人与自然关系异化的原因之一。

（五）人地系统优化和生态文明建设是“因”和“果”的关系

从投入—产出视角下进行人地系统优化分析，得出人地系统优化的实质就是以最小的资源能源投入产出最大的经济、社会发展福利，即提高单位投入下的产出效率，人地系统优化的效率值越高，生态文明建设水平越高。总体分布上，中国东部地区人地系统优化的效率值最高，西部地区最低，这也与生态文明建设水平在地域上是契合的。

二　主要结论

实证部分运用定性和定量相结合的方法，进行生态文明建设和人地系统优化的协同发展度分析，在评价基础上提出协同实现路径，得到如下结论。

（一）中国31个省域生态文明建设水平可以划分为七个类型区域

以生态文化理念为指导构建了中国生态文明建设水平评价指标体系，该评价指标体系涵盖经济发展、社会进步和生态环境3个二级指标、10个三级指标、28个四级指标的评价体系。在运用投影寻踪模型评价2000年、2005年、2010年和2016年四个时间断面中国30个省域生态文明建设水平和3个二级指标水平的基础上，分析动态演变特征，并结合主体功能区划和地域功能定位将31个省域（这里包含西藏）划分为七个类型，分别是均衡发展型、经济社会发达型、生态环境滞后型、生态环境优势型、经济—生态环境滞后型、经济社会滞后型和相对均衡型，七类区域有不同的人地系统特征。

（二）人地系统“三元”结构下应建立生态文明建设五次产业体系

传统工业文明产业体系以原材料的开采、加工、流通等为顺序分别形成第一、第二、第三产业，对资源的无度利用、污染物的无节制排放是生态危机的直接原因，那么生态文明产业体系的构建应该在传统产业基础上增加前后向延伸，前向延伸建立第零产业——生态文化产业，用生态文化理念指导人类对生态环境系统的态度和利用方式，同时，优化传统产业的结构和提升生态化水平；后向延伸建立第四产业——生态修复产业，对排放的废弃物进行资源化、无害化处理，协助担当生态系统中的“分解者”角色，将废弃物的排放降到最少、危害程度降到最低。通过五次产业体系的构建，变线性的发展方式为闭合的循环发展方式，在这个过程中实现生态文明建设和人地系统优化的协同发展。

（三）30个省域生态文明建设和人地系统优化的协同类型分为七类

运用复合系统协同度模型，对中国30个省域生态文明建设和人地系统优化的协同发展度做出评价，结合协同度等级类型的划分，可以把协同类型分为七类，北京、上海和广东是高级协同，江苏、浙江、天津是中高级协同，山东、福建、重庆、海南和湖北是中级协同，吉林、陕西、四川、广西、江西、安徽、河南和湖北是中低级协同，黑龙江、内蒙古、辽宁、河北、云南、贵州是中低级协同，甘肃、宁夏、山西是初级协同，新疆和青海是原始协同。总体上，东部地区协同度最高，中部和东北地区协同度次之，西部地区协同度最低。

第二节　研究展望

虽然本书围绕生态文明建设和人地系统优化的协同理论和实证研究进行了详细的分析，在研究过程中也力求内容的丰富性、系统性和科学性，但由于研究题目涉及两个内容庞大、逻辑复杂的主题，以及笔者在文献资料涵盖面、知识结构等方面的不足，本书研究有一定的局限性，某些立论仍需进一步细化和深入研究，在今后的研究中，将重点讨论和研究以下几个方面。

一是人地系统理论深入研究。人地系统是地理学研究的核心内容，也是全球生态文明建设的支撑理论和路径。面临全球性的资源枯竭、环境恶化和生态破坏等生态危机、环境危机，甚至伦理危机、文化危机、科技危机，人地系统的优化将是解决这些危机的突破口和切入点。人地系统的综合性和地域性特点也恰好符合生态文明建设的系统性和区域性特点，人地系统的结构和功能分析是解决生态文明建设过程中遇到问题的理论支撑和现实依据。因此，丰富人地系统理论并服务于区域、国家乃至全球的生态文明建设，将是未来研究的重点内容。

二是研究方法和技术手段的创新。研究方法方面，生态文明建设水平的评价方法需完善。生态文明建设是涉及经济、社会、文化、生态和制度等诸方面的复杂体系，本书从人地系统“三元”结构出发，建立了一套涉及经济发展、社会进步和生态环境的评价指标体系，进行了生态文明建设水平的评价，但仍存在指标体系不够完善的情况，而且对于人地系统中“社会文化”子系统的指标，主要是从绿色消费、城乡差距等方面选取的。因为“文化”是一个软环境，无法定量衡量。今后的研究中，可以结合行为地理学方面研究方法，加强问卷调查和居民文化观念指导下的行为调查，以通过生态文化建设情况综合反映生态文明建设水平，所以，科学化、体系化的生态文明建设评价指标体系还需完善。

技术手段方面，生态文明建设和人地系统优化均具有地域性特点，因此，仅靠综合指标来反映是局限的，例如，污染物排放量数据获取是一个地区在一段时间内的平均值，局部地区或某个时间段的污染物排放可能被掩盖。借助遥感（RS）和地理信息系统（GIS）手段建立污染物排放动态监测网络和数据库系统，对每个区域、每个时段、每种污染物排放进行数理统计，在此基础上进行科学管理，将会及时发现局部人地系统优化的限制性因素，从而极大提高生态文明建设效率。

三是不同尺度区域的研究。本书从省域层面进行生态文明建设水平的实证分析，属于中观尺度，存在“以面代点”“以全代偏”的问题，不能全面反映省域内部各县市的生态文明建设情况。在以后的实证研究中，应尝试从微观尺度入手，结合中观尺度的分析，结合技术手段的应用，落实人地系统的地域性矛盾，全面解析影响人地系统优化的具体的限制性因素，避免“胡子眉毛一把抓”，特别是一些局部的生态环境问题，应因地制宜地提出解决对策。

四是生态文化产业体系的构建。文中提出在传统三次体系的基础上前后向延伸，前向增加第零产业——生态文化产业，后向延伸第四产业——生态修复产业，从而构建生态文明的五次产业体系。生态文化观念的树立是进行生态文明建设的基础和前提，如何建立一种发自内心热爱自然、尊重自然、保护自然的社会主流观念将是生态文化产业体系构建的核心，而不仅仅是为应对生态危机而暂时屈从自然的权宜之计。但对于生态文化产业体系的构建，笔者仅仅是提出一个设想，尚没有系统、地域性的研究，不同地域有不同的生态文化，因而，应该结合地域文化进行区域性的生态文化产业体系构建，这将是后续研究的内容之一。

五是加强哲学视角下的研究。中国传统文化是一个巨大的智慧宝库，“无为即是大为”“无我即是有我”等哲学思想，在人作用于地的过程中对人类的价值观念有很大的启迪性，本书中人地系统优化涉及了儒家、佛家和道家的部分生态文化思想。生态文明建设和人地系统优化的不协同因素中，从哲学的角度分析了人性根源的双重性，但是分析得不够透彻。加强中国传统文化的研读，并从中提取蕴含的生态哲学，加强哲学层面的学习和领悟，从上层建筑方面指导生态文明建设和人地系统优化的协同实现，将作为今后研究的目标和重点内容之一。

参考文献

［1］北京林业大学生态文明研究中心 ECCI 课题组：《中国省级生态文明建设评价报告》，《中国行政管理》2009 年第 11 期。

［2］［美］布鲁斯·马兹利什：《文明及其内涵》，汪辉译，商务印书馆 2017 年版。

［3］曾刚：《我国生态文明建设的理论与方法探析》，《新疆师范大学学报》（哲学社会科学版）2014 年第 1 期。

［4］常俊杰、王晓峰、孔伟等：《西安市生态文明建设度评价》，《城市环境与城市生态》2009 年第 6 期。

［5］陈德钦：《生态文明建设的哲学意蕴探析》，《当代世界与社会主义》2009 年第 3 期。

［6］陈佳、吴孔森、尹莎：《水土流失风险扰动下区域人地系统适应性研究——以榆林市为例》，《自然资源学报》2016 年第 10 期。

［7］陈树文、郑士鹏：《从生态文明视角论社会和谐建设》，《中国社会科学院研究生院学报》2012 年第 2 期。

［8］陈永森、郑丽莹：《有机马克思主义的后现代生态文明观》，《福建师范大学学报》（哲学社会科学版）2018 年第 1 期。

［9］成金华、李悦、陈军：《中国生态文明发展水平的空间差异与趋同性》，《中国人口·资源与环境》2015 年第 5 期。

［10］程钰、刘凯、徐成龙：《山东半岛蓝色经济区人地系统可持续性评估及空间类型比较研究》，《经济地理》2015 年第 5 期。

［11］程钰：《人地关系地域系统演变与优化研究》，博士学位论文，山东师范大学，2014 年。

［12］程中玲、徐刚、孔圆圆：《人地关系与区域可持续发展》，

《安徽农业科学》2006 年第 15 期。

［13］戴安良：《对建设生态文明几个理论问题的认识——兼论科学发展观与建设生态文明的关系》，《探索》2009 年第 1 期。

［14］迪丽努尔・吾普尔、木合塔尔・艾买提：《叶尔羌河流域人地系统演变情况分析》，《安徽农学通报》2016 年第 10 期。

［15］杜宇、刘俊昌：《生态文明建设评价指标体系研究》，《科学管理研究》2009 年第 3 期。

［16］樊杰、周侃、孙威：《人文—经济地理学在生态文明建设中的学科价值与学术创新》，《地理科学进展》2013 年第 2 期。

［17］樊杰：《“人地关系地域系统”学术思想与经济地理学》，《经济地理》2008 年第 2 期。

［18］樊杰：《人地系统可持续过程、格局的前沿探索》，《地理学报》2014 年第 8 期。

［19］方创琳：《区域人地系统的优化调控与可持续发展》，《地学前缘》2003 年第 4 期。

［20］方修琦、张兰生：《论人地关系的异化与人地系统研究》，《人文地理》1996 年第 4 期。

［21］冯佺光：《中国山地农业资源人地结构属性及其功能区划的理论框架简论》，《中国农业资源与区划》2013 年第 3 期。

［22］傅伯杰：《地理学：从知识、科学到决策》，《地理学报》2017 年第 11 期。

［23］傅师雄：《生态文明取向的工业区域布局研究》，中国大百科全书出版社 2016 年版。

［24］甘晖：《文明的演化》，科学出版社 2015 年版。

［25］甘晖：《再论环境社会系统/生态文明建设的四种基本关系》，《中国人口・资源与环境》2011 年第 6 期。

［26］葛悦华：《关于生态文明及生态文明建设研究综述》，《理论与现代化》2008 年第 4 期。

［27］谷树忠：《生态文明建设的科学内涵与基本路径》，《资源科学》2013 年第 1 期。

[28] 郭晓佳、陈兴鹏、张子龙：《宁夏人地系统的物质代谢和生态效率研究——基于能值分析理论》，《生态环境学报》2009 年第 3 期。

[29] 哈斯·巴根、李同昇：《生态地区人地系统脆弱性及其发展模式研究》，《经济地理》2013 年第 4 期。

[30] 哈斯巴根、佟宝全：《农业地区人地系统脆弱性及其发展模式研究》，《干旱区地理》2014 年第 3 期。

[31] 何小芊：《旅游地人地关系协调与可持续发展》，《社会科学家》2011 年第 6 期。

[32] 胡鞍钢：《中国特色社会主义生态文明新时代》，《林业经济》2017 年第 12 期。

[33] 胡兆量、陈宗兴：《地理环境概述》，科学出版社 2010 年版。

[34] 胡兆量：《中国文化地理概述》，北京大学出版社 2009 年版。

[35] 黄勤：《中国推进生态文明建设的研究进展》，《中国人口·资源与环境》2015 年第 2 期。

[36] 黄毅：《生态文明呼唤经济学范式的变革》，《中华读书报》2018 年 1 月 17 日第 16 版。

[37] 贾卫列：《生态文明建设概论》，中央编译出版社 2013 年版。

[38] 克里福德·柯布、王琦、杨关玲子：《生态文明的哲学基础》，《马克思主义与现实》2009 年第 1 期。

[39] 孔翔、周尚意：《地方认同、文化传承与区域生态文明建设》，科学出版社 2017 年版。

[40] 孔翔：《基于生态文明建设的区域经济发展模式优化》，《经济问题探索》2011 年第 7 期。

[41] 孔燕：《建设生态文明：从理论到实践》，《前沿》2009 年第 6 期。

[42] 李博、韩增林：《沿海城市人地关系地域系统脆弱性研

究》,《经济地理》2010 年第 10 期。

[43] 李春芬:《地理学的传统与近今发展》,《地理学报》1982 年第 1 期。

[44] 李龙强:《生态文明建设的理论与实践创新研究》,中国社会科学出版社 2015 年版。

[45] 李香云、王立新、章予舒:《西北干旱区土地荒漠化中人类活动作用及其指标选择》,《地理科学》2004 年第 1 期。

[46] 李小建、许家伟、任星:《黄河沿岸人地关系与发展》,《人文地理》2012 年第 1 期。

[47] 李小云、杨宇、刘毅:《中国人地关系的历史演变过程及影响机制》,《地理研究》2018 年第 8 期。

[48] 李小云、杨宇、刘毅:《中国人地关系演进及其资源环境基础研究进展》,《地理学报》2016 年第 12 期。

[49] 梁文森:《生态文明指标体系问题》,《经济学家》2009 年第 3 期。

[50] 廖冰、张智光:《中国生态文明“阶段—水平”格局演化实证研究》,《华东经济管理》2019 年第 3 期。

[51] 刘凯:《生态脆弱型人地系统演变与可持续发展模式选择研究》,博士学位论文,山东师范大学,2017 年。

[52] 刘卫东、陆大道:《新时期我国区域空间规划的方法论探讨》,《地理学报》2005 年第 6 期。

[53] 刘卫星:《生态文明建设的伦理解读——基于可持续发展的视角》,《贵州师范大学学报》(社会科学版)2009 年第 6 期。

[54] 刘毅、杨宇:《历史时期中国重大自然灾害时空差异特征》,《地理学报》2012 年第 3 期。

[55] 刘志强、陈渊、程叶青:《人—地系统相互作用的因果回归模拟分析——以黑龙江省畜牧业生产为例》,《农业系统科学与综合研究》2009 年第 1 期。

[56] 卢黎歌:《生态伦理思想的觉醒与当前中国生态文明建设的困境》,《西安交通大学学报》(社会科学版)2011 年第 1 期。

［57］陆大道、郭来喜：《地理学的研究核心——人地关系地域系统——论吴传钧院士的地理学思想与学术贡献》，《地理学报》1998年第2期。

［58］陆大道、刘卫东：《论我国区域发展与区域政策的地学基础》，《地理科学》2000年第6期。

［59］陆大道：《关于地理学的“人—地系统”理论研究》，《地理研究》2002年第2期。

［60］陆大道：《中国地理学发展若干值得思考的问题》，《地理学报》2003年第1期。

［61］陆大道：《中国区域发展的新因素与新格局》，《地理研究》2003年第3期。

［62］逯承鹏、陈兴鹏、王红娟：《西北少数民族地区人地关系演变动态仿真研究——以甘南州为例》，《自然资源学报》2013年第7期。

［63］吕拉昌、黄茹：《人地关系认知路线图》，《经济地理》2013年第8期。

［64］吕拉昌：《人地关系操作范式探讨》，《人文地理》1998年第2期。

［65］吕拉昌：《中国人地关系协调与可持续发展方法选择》，《地理学与国土研究》1999年第2期。

［66］毛汉英：《县域经济和社会协同人口、资源、环境协调发展研究》，《地理学报》1991年第4期。

［67］莫凡：《马克思主义经典著作中生态思想的诠释与重构》，《中国社会科学院研究生院学报》2013年第5期。

［68］潘家华：《从生态失衡迈向生态文明：改革开放40年中国绿色转型发展的进程与展望》，《城市与环境研究》2018年第4期。

［69］潘家华：《中国的环境治理与生态建设》，中国社会科学出版社2016年版。

［70］彭建、王仰麟、叶敏婷：《区域产业结构变化及其生态环境效应——以云南省丽江市为例》，《地理学报》2005年第5期。

［71］彭建、徐建华：《西北干旱区生态重建与人地系统优化的宏观背景及理论基础》，《地理科学进展》2001 年第 1 期。

［72］彭向刚、向俊杰：《中国三种生态文明建设模式的反思与超越》，《中国人口·资源与环境》2015 年第 3 期。

［73］齐晔、蔡琴：《可持续发展理论三项进展》，《中国人口·资源与环境》2010 年第 4 期。

［74］邱桂杰：《区域开发与环境协调发展的动力与机制研究》，吉林大学出版社 2010 年版。

［75］冉鸿燕：《我国先秦时期天人关系学说中的生态伦理意蕴及当代价值》，《科学社会主义》2013 年第 5 期。

［76］任建兰、王亚平、程钰：《从生态环境保护到生态文明建设：四十年的回顾与展望》，《山东大学学报》（哲学社会科学版）2018 年第 6 期。

［77］任建兰、张淑敏：《山东省产业结构生态评价与循环经济模式构建思路》，《地理科学》2004 年第 6 期。

［78］任梅、程钰、任建兰：《成熟期石油资源型城市人地系统脆弱性评估——以山东省东营市为例》，《湖南师范大学自然科学学报》2017 年第 4 期。

［79］任启平：《人地关系地域系统要素及结构研究》，中国财政经济出版社 2007 年版。

［80］申玉铭：《论人地关系的演变与人地系统优化研究》，《人文地理》1998 年第 4 期。

［81］史丹：《中国生态文明建设区域比较与政策效果分析》，经济管理出版社 2016 年版。

［82］史培军：《人地系统动力学研究的现状与展望》，《地学前缘》1997 年第 1 期。

［83］是丽娜、王国聘：《生态文明理论研究述评》，《社会主义研究》2008 年第 1 期。

［84］宋豫秦：《生态文明论》，四川教育出版社 2017 年版。

［85］孙才志、张坤领、邹玮：《中国沿海地区人海关系地域系统

评价及协同演化研究》，《地理研究》2015 年第 10 期。

[86] 孙大伟：《生态危机的第三维反思》，社会科学文献出版社 2016 年版。

[87] 孙峰华：《中国风水地理哲学基础与人地关系》，《热带地理》2014 年第 5 期。

[88] 孙亚忠、张杰华：《20 世纪 90 年代以来我国生态文明理论研究述评》，《贵州社会科学》2009 年第 4 期。

[89] 田亚平、向清成、王鹏：《区域人地耦合系统脆弱性及其评价指标体系》，《地理研究》2013 年第 1 期。

[90] 屠凤娜：《产业生态化：生态文明建设的战略举措》，《理论前沿》2008 年第 18 期。

[91] 汪玉奇：《生态环境保护与管理体制创新》，中国社会科学出版社 2013 年版。

[92] 王彬彬：《西部地区生态文明建设的空间形态研究》，《统计与决策》2009 年第 3 期。

[93] 王超超、李孝坤、谢玲：《重庆三峡库区乡村聚落人地系统协调性评价》，《水土保持研究》2015 年第 4 期。

[94] 王朝全：《论生态文明、循环经济与和谐社会的内在逻辑》，《软科学》2009 年第 8 期。

[95] 王成超：《人地系统复杂性机理剖析》，《海南师范大学学报》（自然科学版）2010 年第 2 期。

[96] 王金南、蒋洪强、何军：《新时代中国特色社会主义生态文明建设的方略与任务》，《中国环境管理》2017 年第 6 期。

[97] 王金南、夏光、高敏雪：《中国环境政策改革与创新》，中国环境科学出版社 2008 年版。

[98] 王黎明、毛汉英：《我国沿海地区可持续发展能力的定量研究》，《地理研究》2000 年第 2 期。

[99] 王黎明：《面向 PRED 问题的人地关系系统构型理论与方法研究》，《地理研究》1997 年第 2 期。

[100] 王利华：《历史坐标上的生态文明》，《南开学报》（哲学

社会科学版）2008 年第 5 期。

[101] 王利华：《徘徊在人与自然之间——中国生态环境史探索》，天津古籍出版社 2012 年版。

[102] 王明亮：《生态文明建设与经济发展方式转变》，《城市发展研究》2008 年第 4 期。

[103] 王圣云：《人地系统演进的太极图式与模型构建》，《系统科学学报》2013 年第 3 期。

[104] 王舒：《生态文明建设概论》，清华大学出版社 2014 年版。

[105] 王长征、刘毅：《沿海地区人地关系演化及优化分析》，《中国人口 · 资源与环境》2003 年第 6 期。

[106] 温铁军：《生态文明与比较视野下的乡村振兴战略》，《上海大学学报》（社会科学版）2018 年第 1 期。

[107] 吴传钧：《论地理学的研究核心——人地关系地域系统》，《经济地理》1991 年第 3 期。

[108] 徐春：《生态文明建设与人的全面发展》，《广西师范大学学报》（哲学社会科学版）2008 年第 2 期。

[109] 徐文娟、吴礼斌：《城市生态文明建设模糊综合评价》，《上海工程技术大学学报》2017 年第 4 期。

[110] 徐中民、程国栋：《人地系统中人文因素作用的分析框架探讨》，《科技导报》2008 年第 3 期。

[111] 杨开忠：《谁的生态最文明——中国各省区市生态文明大排名》，《中国经济周刊》2009 年第 32 期。

[112] 杨青山、梅林：《人地关系、人地关系系统与人地关系地域系统》，《经济地理》2001 年第 5 期。

[113] 杨青山：《对人地系统协调发展的概念性认识》，《经济地理》2002 年第 3 期。

[114] 杨艳茹：《石油城市人地系统脆弱性评价与可持续发展模式研究》，博士学位论文，东北师范大学，2015 年。

[115] 姚介厚：《生态文明理论探析》，《中国社会科学院研究生

院学报》2013 年第 4 期。

［116］叶岱夫：《“人地关系”异化带来的环境问题》，《环境》1998 年第 1 期。

［117］叶岱夫：《从悖论浅议人地关系中的人性内涵》，《人文地理》2005 年第 2 期。

［118］叶岱夫：《人地关系地域系统与可持续发展的相互作用机理初探》，《地理研究》2001 年第 3 期。

［119］衣保中、邱桂杰：《可持续区域开发问题研究》，社会科学文献出版社 2013 年版。

［120］余谋昌：《从生态伦理到生态文明》，《马克思主义与现实》2009 年第 2 期。

［121］翟瑞雪、戴尔阜：《基于主体模型的人地系统复杂性研究》，《地理研究》2017 年第 10 期。

［122］张雷、刘毅、杨波：《国家人地关系的国际比较研究》，《自然资源学报》2017 年第 3 期。

［123］张雷、刘毅：《中国区域发展的资源环境基础》，科学出版社 2006 年版。

［124］张立新、杨新军、陈佳：《大遗址区人地系统脆弱性评价及影响机制——以汉长安城大遗址区为例》，《资源科学》2015 年第 9 期。

［125］张荣华、王绍青：《生态马克思主义对我国生态文明建设的启示》，《环境保护》2017 年第 6 期。

［126］张文奎：《人文地理学概论》，东北师范大学出版社 1989 年版。

［127］张耀光：《从人地关系地域系统到人海关系地域系统》，《地理科学》2008 年第 1 期。

［128］张智光：《新时代发展观：中国及人类进程视域下的生态文明观》，《中国人口 · 资源与环境》2019 年第 2 期。

［129］张智光：《人类文明与生态安全：共生空间的演化理论》，《中国人口 · 资源与环境》2013 年第 7 期。

[130] 张智光:《生态文明阈值和绿值二步测度:指标—指数耦合链方法》,《中国人口·资源与环境》2017 年第 9 期。

[131] 赵成:《生态文明的内涵释义及其研究价值》,《思想理论教育》2008 年第 5 期。

[132] 赵文武、刘月、冯强:《人地系统耦合框架下的生态系统服务》,《地理科学进展》2018 年第 1 期。

[133] 郑度:《21 世纪人地关系研究前瞻》,《地理研究》2002 年第 1 期。

[134] 中国科学院可持续发展战略研究组:《中国可持续发展报告——重塑生态环境治理体系》,科学出版社 2015 年版。

[135] 钟茂初:《可持续发展的意涵、误区与生态文明之关系》,《学术月刊》2008 年第 7 期。

[136] 钟明春:《生态文明研究述评》,《前沿》2008 年第 8 期。

[137] 钟祥浩:《加强人山关系地域系统为核心的山地科学研究》,《山地学报》2011 年第 1 期。

[138] 周涛:《生态文明辨析与社会主义生态文明建设》,《环境保护》2009 年第 10 期。

[139] 朱成全、蒋北:《基于 HDI 的生态文明指标的理论构建和实证检验》,《自然辩证法研究》2009 年第 8 期。

[140] 朱国宏:《人地关系论》,《人口与经济》1995 年第 1 期。

[141] 诸大建:《生态文明:需要深入勘探的学术疆域——深化生态文明研究的 10 个思考》,《探索与争鸣》2008 年第 6 期。

[142] 诸大建:《生态文明与绿色发展》,上海人民出版社 2015 年版。

[143] Angelo Paletta and Fabio Fava, "Universities, Industries and Sustainable Development: Outcomes of the 2017 G7 Environment Ministerial Meeting", *Sustainable Production and Consumption*, Vol. 19, No. 7, 2019.

[144] Bill Puzo, "Patterns of man—land relations", *Biogeography and Ecology of Southern Africa*, Vol. 31, No. 2, 1978.

[145] Brian Edwards and David Turrent, *Sustainable housing: Principles and practice*, London: E & FN Spon, 2013.

[146] Chao Gao and Jun Lei, "The Classification and Assessment of Vulnerability of Man – land System of Oasis City in Arid Area", *Frontiers of Earth Science*, Vol. 7, No. 4, 2013.

[147] Doughty C. E., "Preindustrial Human Impacts on Global and Regional Environment ", *Annual Review of Environment and Resources*, Vol. 38, No. 1, 2013.

[148] Fangfang Shi, David Weaver and Yanzhi Zhao, "Toward an Ecological Civilization: Mass Comprehensive Ecotourism Indications among Domestic Visitors to a Chinese Wetl and Protected Area", *Tourism Management*, Vol. 70, No. 6, 2019.

[149] Fernando Dias Sim? es, "Consumer Behavior and Sustainable Development in China: The Role of Behavioral Sciences in Environmental Policymaking", *Sustainability*, Vol. 8, No. 9, 2016.

[150] Freeman R. E., *Strategic Management: A stakeholder Approach*, Cambridge: Cambridge University Press, 2010.

[151] GuangHui Dong, FengWen Liu and FaHu Chen, "Environmental and Technological Effects on Ancient Social Evolution at Different Spatial Scales", *Science China Earth Sciences*, Vol. 60, No. 12, 2017.

[152] Hongwei LIN, Yihong LUO and Huishan LIN, "Incentive Contract Design for Cooperation and Win – Win of Chinese Government and Enterprise in the View of Ecological Civilization", *Canadian Social Science*, Vol. 11, No. 8, 2015.

[153] Huilan Li and Daojin SUN, "The Oretical Analysis of "Eco – Man" in Sight of Ecological Civilization", *Cross – Cultural Communication*, Vol. 10, No. 6, 2013.

[154] Jeffrey Haynes, "From Huntington to Trump: Twenty – Five Years of the 'Clash of Civilizations'", *The Review of Faith & International Affairs*, Vol. 17, No. 1, 2019.

[155] Jia – jun Qiao, Xiao – jian Li and Yun – feng Kong, "Status and Dynamic Change of Regional Manland System in View of Micro – level Quantitative Aspect", *Chinese Geographical Science*, Vol. 16, No. 1, 2003.

[156] John Bellamy Foster, "The Earth – System Crisis and Ecological Civilization: A Marxian View", *International Critical Thought*, Vol. 7, No. 4, 2017.

[157] Lei – lei Miao, Wei – bin Cai and Ai – min Wang, "On Evolution of Man – land System in Oasis", *Chinese Geographical Science*, Vol. 12, No. 3, 2002.

[158] Mette Halskov Hansen, Hongtao Li and Rune Svarverud, "Ecological civilization: Interpreting the Chinese past, projecting the global future", *Global Environmental Change*, Vol. 53, No. 11, 2018.

[159] Ping Ren, Xi Liu and Jingwei Liu, "Research on Construction of Indicator System for Evaluation of the Ecological Civilization Education in Chinese Universities", *Cognitive Systems Research*, Vol. 52, No. 12, 2018.

[160] Qing – min Meng and Guo – ping Li, "A Theoretical Discussion on Types and Measurement of Sustainable Development", *Chinese Geographical Science*, Vol. 11, No. 3, 2001.